国家出版基金项目"现代原子核物理"

重离子核反应

林承键　编著

哈尔滨工程大学出版社

内容简介

本书阐述了低能核物理领域中重离子核反应的基础知识和新近的一些进展,共分七章。第 1 章为概述,对重离子核反应作一般性的概述。第 2 章论述了核反应研究中的一个根本要素,即核 – 核相互作用势。第 3 章至第 7 章介绍了重离子核反应的基础内容,即弹性散射、准弹性散射(非弹散射和转移反应)、深部非弹性散射和多核子转移反应、熔合反应及裂变反应。

本书可作为研究生教材,也可作为从事核物理研究和教学工作者的参考书。

图书在版编目(CIP)数据

重离子核反应/林承键编著. —哈尔滨:哈尔滨工程大学出版社,2015.8
ISBN 978-7-5661-1066-4

Ⅰ.①重… Ⅱ.①林… Ⅲ.①重离子反应 – 核反应 Ⅳ.①O571.42

中国版本图书馆 CIP 数据核字(2015)第 132058 号

策划编辑　石　岭
责任编辑　张晓彤

出版发行	哈尔滨工程大学出版社
社　　址	哈尔滨市南岗区东大直街 124 号
邮政编码	150001
发行电话	0451 – 82519328
传　　真	0451 – 82519699
经　　销	新华书店
印　　刷	哈尔滨市石桥印务有限公司
开　　本	787 mm×1 092 mm　1/16
印　　张	14
字　　数	364 千字
版　　次	2015 年 8 月第 1 版
印　　次	2015 年 8 月第 1 次印刷
定　　价	75.00 元

http://www.hrbeupress.com
E-mail:heupress@ hrbeu.edu.cn

序 一

原子核物理学(简称核物理学、核物理或核子物理)是20世纪新建立的一个物理学学科,是研究原子核的结构及其反应变化的运动规律的物理学分支。它主要有三大领域:研究各类次原子粒子与它们之间的关系、分类,分析原子核的结构,并带动相应的核子技术进展。原子核物理的研究内容包括核的基本性质、放射性、核辐射测量、核力、核衰变、核结构、核反应、中子物理、核裂变和聚变、亚核子物理和天体物理等。它研究原子核的结构和变化规律,射线束的产生、探测和分析技术,以及同核能、核技术应用有关的物理问题。

原子核物理内容丰富多彩,是物理学非常活跃的研究领域,一百多年来共有七十多位科学家因原子核物理领域的优异成绩而获得诺贝尔奖。并且原子核物理是一个国际上竞争十分激烈的科技领域,各国都投入大量人力、物力从事这方面的研究工作。它是一门既有深刻理论意义,又有重大实践意义的学科。

在原子核物理学产生、壮大和巩固的全过程中,通过核技术的应用,核物理与其他学科及生产、医疗、军事等领域建立了广泛的联系,取得了有力的支持。核物理基础研究又为核技术的应用不断开辟新的途径。人工制备的各种同位素的应用已遍及理工农医各部门。新的核技术,如核磁共振、穆斯堡尔谱学、晶体的沟道效应和阻塞效应,以及扰动角关联技术等都迅速得到应用。核技术的广泛应用已成为科学技术现代化的标志之一。

核物理的发展,不断地为核能装置的设计提供日益精确的数据,从而提高了核能利用的效率和经济指标,并为更大规模的核能利用准备了条件。截至2013年3月,全世界有30多个国家运行着435座核电机组,总净装机容量为374.1 GW,核能的发展必将为改善我国环境现状作出重要贡献。

"现代原子核物理"出版项目的内容包括激光核物理、工程核物理、核辐射监测与防护等理论与技术研究的诸多方面。该项目汇集和整理了我国现代原子核物理领域最新的一流水平的研究成果,是我国该领域的科学研究、技术开发的一个系统全面的出版项目。

值得称道的是,"现代原子核物理"项目汇集了国内核物理领域的多位知名学者、专家毕生从事核物理研究所积累的学术成果、经验和智慧,将有助于我国核物理领域的高水平人才培养,并进一步推动核物理有关课题研究水平的提高,促进我国核物理科学研究向更高层次发展。该项目的出版将有助于推动我国该领域整体实力的进一步提高,缩短我国与国外的差距,使我国现代原子核物理研究达到国际先进水平。

该系列丛书较之已出版过的同类书籍和教材,在内容组成、适用范围、写作特点上均有明显改进,内容突出创新和当今最新研究成果,学术水平高,实用性强,体系结构完整。"现代原子核物理"将是我国该领域的一个优秀出版工程项目,它的出版对我国现代原子核物理研究的发展有重要的价值。

该系列丛书的出版,必将对我国原子核物理领域的知识积累和传承、研究成果推广应用、我国现代原子核物理领域高层次人才培养、我国该领域整体研究能力提高与研究向更深与更高水平发展、缩短与国外差距、达到国际先进水平有重要的指导意义和促进作用。

我衷心地祝贺"现代原子核物理"项目成功立项出版。

潘自强

中国工程院院士
中核集团科技委主任
2013 年 10 月

序 二

中国原子能科学研究院创建于1950年,是我国核科学技术的发祥地和先导性、基础性、前瞻性的综合性核科学技术研究基地。低能重离子核反应是原子能院长期从事的基础研究领域之一,在国际上享有良好的学术声誉。

20世纪七八十年代是低能重离子核反应研究的黄金时期,各种现象的发现,如垒下熔合增强、光学势的阈异常、深部非弹性散射和准裂变机制等,促使该领域的研究迅猛发展,至今低能重离子核反应研究仍是核物理研究的基础前沿之一。作为重离子物理最基础的知识,十分有必要出版一部关于低能重离子核反应的书籍。

该书系作者以核工业研究生部多年讲授"重离子核反应"课程的讲义为基础编写而成,阐述了低能重离子核反应领域的基础知识以及新近的发展动向。作者长期从事低能重离子核反应的基础研究工作,对该领域有深入的理解。近年来的一些研究进展在书中有一定的体现,这是本书特色之一;该书注重实验现象及其理论解释,由实验引申出相关的理论,这是本书的另一特色。目前,国内缺乏关于重离子核反应方面的专业书籍。该书的出版将弥补这方面的缺憾,对低能重离子核反应这一专业性很强的基础研究有普及和推动作用。该书对于从事核物理研究和教学的工作者以及高年级学生来说是一本很有价值的参考书。

张焕乔

中国科学院院士
中国原子能科学研究院研究员
2015年6月16日

前　言

本书以作者多年来在核工业研究生部讲授"重离子核反应"课程的讲义为基础编写而成，主要讲述低能核物理领域中重离子核反应的基础知识和新近的一些进展。本书侧重实验核物理方向，从实验现象出发，牵引出相关的理论模型，力求对重离子核反应机制作一个比较系统的阐述。

全书共分七章：第1章为概述，对重离子核反应作一般性的介绍；核-核相互作用势是重离子核反应研究的一个根本性的要素，故独立成章于第2章；第3章至第7章分别介绍了弹性散射、准弹性散射（包括非弹性散射和少数核子转移反应）、深部非弹性散射和多核子转移反应、熔合反应和裂变反应，这些是重离子核反应的基础内容。

作为我国核物理基础研究的重要基地之一，中国原子能科学研究院自20世纪80年代起长期开展低能重离子核反应机制的研究，有着深厚的积淀。"重离子核反应"课程开设于20世纪90年代初，旨在为初学者提供必要的基础知识，是一门特色课程。本书主要以作者的研究积累为素材，在理解的基础上汇集成书，所涉及的内容在重离子核反应领域不过是沧海一粟。其中，基础部分的内容主要参考了Springer-Verlag公司1980年出版的R. Bass所著 *Nuclear Reactions with Heavy Ions* 一书，其他内容以及新近的进展主要来自各章节之后的参考文献，也包括了课题组所开展的一些研究内容。

在1994年读研期间，本人聆听过刘祖华老师讲授的"重离子核反应"，印象深刻。2005年，本人受聘于研究生部（兼职），开始讲授该课程。刘老师的授课为后来的讲义和本书的形成打下了良好的基础。撰写过程中，张焕乔先生为本书提出了许多宝贵的意见。杨磊、孙立杰、马南茹和王东玺录入了本书初稿的部分章节，课题组其他成员，贾会明、徐新星和杨峰等给予了大力支持。在此，谨向他们表示衷心的感谢。

本书可作为研究生教材，对从事核物理研究和教学的工作者亦有参考价值。读者需要初步具备核反应理论的基础知识。由于撰写十分仓促和本人学识有限，书中错误和不妥之处在所难免，欢迎读者斧正，不胜感激。

林承键

中国原子能科学研究院
2015年6月

目 录

第 1 章 概述 1
  1.1 重离子核反应研究范围 1
  1.2 重离子核反应的一般特点 3
  1.3 反应运动学:实验室系与质心系的转换 6
  1.4 在纯库仑场中的散射 8
  1.5 散射和反应截面 10
  1.6 重离子散射的强吸收模型 12
  参考文献 15

第 2 章 重离子相互作用势 18
  2.1 库仑势 18
  2.2 核势 20
  2.3 形变势 31
  2.4 离心势 32
  2.5 讨论 33
  参考文献 34

第 3 章 弹性散射 37
  3.1 弹性散射角分布的测量 37
  3.2 弹性散射类型与角分布的特征 39
  3.3 弹性散射的参数化 41
  3.4 光学势的抽取 43
  3.5 光学势的模糊性 45
  3.6 阈异常 46
  3.7 (半)经典图像 52
  3.8 (近)对称体系散射 56
  参考文献 59

第 4 章 准弹性散射 63
  4.1 库仑激发 63
  4.2 近垒和垒上非弹性散射 65
  4.3 转移反应的角分布和能量分布 67

4.4 转移反应的谱因子和选择定则 ·································· 75
4.5 转移反应的参数化 ·································· 80
4.6 转移概率的斜率反常 ·································· 82
参考文献 ·································· 90

第 5 章 深部非弹性散射和多核子转移反应 ·································· 94
5.1 重离子核反应机制和特征时间 ·································· 94
5.2 深部非弹性散射的实验特征 ·································· 97
5.3 深部非弹性散射中集体自由度的弛豫 ·································· 106
5.4 深部非弹性散射的理论模型 ·································· 114
5.5 多核子转移反应 ·································· 118
5.6 高 Z 元素的产生——合成丰中子重核的途径 ·································· 125
参考文献 ·································· 130

第 6 章 熔合反应 ·································· 134
6.1 熔合反应的描述 ·································· 134
6.2 近垒及垒下熔合异常的实验现象 ·································· 138
6.3 近垒及垒下熔合异常的理论解释 ·································· 141
6.4 势垒分布 ·································· 149
6.5 新近的热点问题 ·································· 159
参考文献 ·································· 168

第 7 章 裂变反应 ·································· 177
7.1 熔合-裂变过程的基本图像 ·································· 177
7.2 裂变的实验观测 ·································· 183
7.3 全熔合裂变 ·································· 185
7.4 快裂变、准裂变和预平衡裂变 ·································· 191
7.5 熔合-裂变碎片角分布各向异性的异常 ·································· 203
参考文献 ·································· 209

第1章 概 述

1.1 重离子核反应研究范围

重离子(heavy-ion)一般指比α粒子(^{4}He)重的原子核,有时也将α粒子称为轻的重离子。核反应的发生,要求碰撞的两个原子核之间具有一定的相对运动能量。通常,将其中一个原子核电离成离子,然后由加速器加速产生一定的能量,作为炮弹去轰击固定的靶,使反应得以发生。在考虑原子核反应时,核外的电子影响(弱相互作用)微乎其微,仅考虑离子状态的原子核之间的相互作用(强相互作用)即可。习惯上,我们称这种反应为重离子核反应。

1.1.1 重离子核反应的发展方向

20世纪90年代初期,人们在展望重离子核物理的未来时,常常用一个三维的坐标轴来解说其发展方向,如图1.1所示[1]。图1.1中,T为同位旋,代表向原子核稳定极限发展的方向,包括滴线核、超重核岛等远离β稳定线的核;J为自旋,代表向(超)高自旋发展的方向,与核结构的演化相关;E为能量,代表向高反应能量发展的方向,包括高温高密核物质研究、基本粒子相互作用过程等。经过二十余年的发展,如今在这三个方向上均取得了令人瞩目的成果。

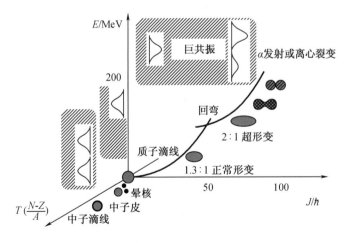

图1.1　重离子核物理发展的三个方向

1. 在同位旋方向上

一方面,人们致力于β稳定线两侧核素的探索,挑战滴线。目前可以产生远离稳定线的放射性核、滴线核,甚至滴线外的核,这对传统滴线的定义形成了挑战。观察到了传统幻数的消失和新幻数的产生[2-3]、反转岛(island of inversion)[4]、核形状共存[5]、晕结构[6]与集团结构[7]、奇特的双质子发射性[8-10]和双中子放射性[11-12]等一系列新现象。放射性核束物理已成为核物理中的一个重要的分支,促成了一批放射性核束工厂的建设,如日本的放射性同位素束流工厂(Radioactive Isotope Beam Factory,RIBF)[13],德国的反质子与离子研究装置(Facility for Antiproton and Ion Research,FAIR)[14],美国的稀有同位素束流装置(Facility for Rare Isotope Beams,FRIB)[15]等。

另一方面,人们向元素周期表的高限发起新一轮挑战,一系列 $Z \geqslant 110$ 的超重新元素被合成[16]:德国 GSI 在 1994 年合成 110 号元素(Darmstadtium,Ds)和 111 号元素(Roentgenium,Rg),1996 年合成 112 号元素(Copernicium,Cn);俄罗斯 Dubna 在 1998 年合成 114 号元素(Flerovium,Fl),2000 年合成 116 号元素(Livermorium,Lv),2002 年合成 118 号元素(Oganesson,Og),2003 年合成 115 号元素(Moscovium,Mc),并在其 α 衰变中发现了 113 号元素,2010 年合成 117 号元素(Tennessine,Ts);日本理化学研究所在 2004 年合成 113 号元素(Nihonium,Nh),这是亚洲人合成的第一个新元素。

总之,在同位旋方向上的探索,是人类对原子核稳定极限的一种挑战。

2. 在自旋方向上

观察到了高角动量下的巨超形变(hyper-deformation)[17-18]以及处于裂变核第三势阱中的巨超形变[19-20],与三轴形变相关的摇摆模式(wobbling mode)[21-22]、手征二重带(chiral doublet bands)[23]以及超越带终结的超高自旋(ultrahigh spin)态[24-25]等,发展出独特的高自旋物理。

3. 在能量方向上

2000 年在美国 BNL(Brookhaven National Laboratory)建成的 RHIC(Relativistic Heavy Ion Collider)[26]和 2009 在欧洲 EONR(European Organization for Nuclear Research)建成的 LHC(Large Hadron Collider)[27],可将粒子加速至 99.99% 光速以上。目前高能物理已成为独立于核物理之外的一门研究基本粒子的物理学科。

1.1.2 能量区间的划分

按传统一般分为三个区间。

1. 低能

指 $E \leqslant 20$ MeV/u 的能区。在此能区,原子核基本保持完整,集体自由度表现明显,反应机制丰富,主要有弹性散射、准弹性散射(包括非弹性散射和转移反应等)、多核子转移反应、深部非弹性散射、熔合(包括完全熔合和不完全熔合)反应以及裂变(包括快裂变、准裂变、预平衡裂变和全熔合裂变等)等。由于开放的反应道多,多步过程和耦合道效应显著,机制十分复杂。

2. 中能

指 $E = 20 \sim 200$ MeV/u 的能区。在此能区，原子核可被敲碎，核子自由度开始显现，反应基本上是单步过程，如碎裂(fragmentation)、敲出(knock-out)、拽出(tow-out)等，机制相对简单，核子的统计性质占优。

3. 高能

指 $E \geqslant 200$ MeV/u 的能区。在此能区，交换核力的介子自由度开始出现。能量更高时，夸克、胶子等更基本的自由度开始出现，主要涉及基本粒子、基本相互作用等，属粒子物理的范畴。

上述能量区间的划分不是严格的，随着时间推移和学科的发展，会有不同的区间划分。严格划分能量区间是没有意义的。

本书主要讨论低能重离子核反应，除介绍传统的重离子核反应图像外，也涉及当前感兴趣的奇特核结构与新反应机制、核天体物理、超重核合成机制等内容。

1.2 重离子核反应的一般特点

与轻离子核反应相比，重离子核反应具有如下特点。

1.2.1 强的库仑排斥势

两核碰撞过程中，受到长程库仑排斥力和短程核吸引力的作用。两个相互作用叠加，在某个距离处形成一个势垒，称为库仑势垒(coulomb barrier)。图 1.2 显示了 ^{16}O + ^{208}Pb 体系的库仑势 V_C 与核势 V_N 叠加形成的库仑势垒。其中，V_N 采用了现实的 Woods-Saxon 形状(V_N^{WS})和描述 r 较大时的指数形状(V_N^{exp})，与 V_C 叠加形成的相互作用势分别为 U^{WS} 和 U^{exp}。势垒的极大值称为势垒高度 V_B，对应的距离称为势垒半径 R_B。可以看出：对于势垒外部区域 ($r > R_B$)，Woods-Saxon 势和指数势的结果几乎一致。对于图 1.2 中的 ^{16}O + ^{208}Pb 体系，Woods-Saxon 势给出，$V_B \approx 76.11$ MeV，$R_B \approx 11.69$ fm[①]；指数势给出，$V_B \approx 75.77$ MeV，$R_B \approx 11.80$ fm；二

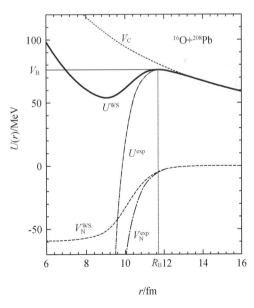

图 1.2 ^{16}O + ^{208}Pb 体系的库仑势 V_C 与核势 V_N 叠加形成的库仑势垒

---

① 1 fm = 10^{-15} m，下同。

者相差不大。

为简单起见，V_C 取简单的球形势，即

$$V_C(r) = \frac{Z_1 Z_2 e^2}{r} \tag{1.1}$$

在 r 较大时，V_N 可取为指数势，即

$$V_N(r) = V_0 \exp\left(-\frac{r-R}{a}\right) \tag{1.2}$$

式中，V_0 为势深度；$R = R_1 + R_2$，$R_i = 1.233 A^{1/3} - 0.978 A^{-1/3}$，$i = 1, 2$；$a = 0.63$ fm[28]。

两核相互作用的势为

$$U(r) = V_C(r) + V_N(r) = \frac{Z_1 Z_2 e^2}{r} + V_0 \exp\left(-\frac{r-R}{a}\right) \tag{1.3}$$

达到极值 $\mathrm{d}U(r)/\mathrm{d}r|_{r=R_B} = 0$ 时，$V_N(R_B) = -\frac{a}{R_B} V_C(R_B)$，可求出

$$R_B = 1.07(A_1^{1/3} + A_2^{1/3}) + 2.72 \quad (\text{fm}) \tag{1.4}$$

$$V_B = V_C(R_B) + V_N(R_B)$$

$$= \left(1 - \frac{a}{R_B}\right) V_C(R_B) = \left(1 - \frac{a}{R_B}\right) \frac{Z_1 Z_2 e^2}{R_B} \tag{1.5}$$

注意到 a/R_B 值很小，可以作更简单的估计，即

$$V_B \approx \frac{Z_1 Z_2 e^2}{R_B} = \frac{Z_1 Z_2 e^2}{r_{0B}(A_1^{1/3} + A_2^{1/3})}$$

$$\xrightarrow{r_{0B} = 1.45 \text{ fm}} \frac{Z_1 Z_2}{A_1^{1/3} + A_2^{1/3}} \quad (\text{MeV}) \tag{1.6}$$

式中，r_{0B} 是约化的库仑势垒半径。

这样，对于 $^{16}\text{O} + ^{208}\text{Pb}$ 体系：$V_B \approx 77.7$ MeV，$R_B \approx 11.8$ fm。

1.2.2 需要较高的反应能量

从经典图像上看，核反应的发生需要克服库仑势垒，即反应能量 $E_\text{c.m.} \geqslant V_B$。从式(1.5)或式(1.6)可以看出，当 $E_\text{c.m.} = V_B$ 时，$E_\text{c.m.}$ 与库仑势垒参数 $Z_1 Z_2/(A_1^{1/3} + A_2^{1/3})$ 之间基本上呈现一个简单的线性关系。由于重离子之间存在强的库仑排斥，核反应的发生需要较高的能量。

一般在实验室中进行核反应实验，需要将弹核的质心系能量 $E_\text{c.m.}$ 转化为实验室系能量 E_lab，从而对反应所需的能量进行一个估计。图 1.3 给出了一些典型反应体系 $E_\text{c.m.} = V_B$ 时相应的 E_lab 值(以 MeV/u 为单位)随 $Z_1 Z_2/(A_1^{1/3} + A_2^{1/3})$ 变化的情况。可以看出，对于较重的反应体系，克服库仑势垒所需能量一般在 5 MeV/u 左右，如 $^{16}\text{O} + ^{208}\text{Pb}$ 体系，约为 5.12 MeV/u。

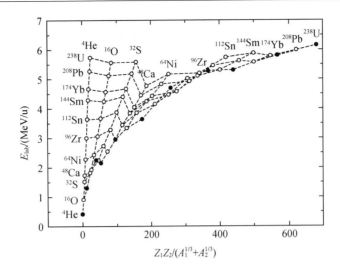

**图 1.3　一些典型反应体系克服库仑势垒所需最低
实验室系能量随库仑势垒参数的变化情况**

图 1.3 中,相同弹核用虚线相连,相同弹靶用实心圆点表示。

1.2.3　大的线性动量和轨道角动量,复合核激发能高

由于大规模质量的卷入,重离子核反应体系具有较大的线性动量和轨道角动量,复合核激发能高。

线性动量 $\boldsymbol{P} = m\boldsymbol{v}$ 与束流方向平行。在熔合反应中,所有线性动量将全部转移到复合核中。

轨道角动量 $\boldsymbol{L} = \boldsymbol{r} \times \boldsymbol{P}$ 与束流方向垂直。在熔合反应中,轨道角动量转化为复合核的自旋,可达几十甚至上百个 $\hbar$,布居到高自旋态。因此,重离子核反应是研究高自旋态核结构的最佳途径。

对于熔合反应,复合核的激发能 $E_x = E_{c.m.} + Q_{fus}$,这里 Q_{fus} 为熔合反应的 Q 值。一般复合核的 E_x 可达几十至上百兆电子伏特。

1.2.4　非相对论性、(准)经典近似成立

相对运动速度 $v = \sqrt{2E/m} \approx 0.046\,34\sqrt{E/A} \cdot c \approx 1.389\,1\sqrt{E/A}$ (cm/ns)。以能量 $E_{c.m.} = 5$ MeV/u 计算,速度仅为光速的 10% 左右,因此碰撞过程一般不考虑相对论性效应。

相对运动波长 $\lambdabar = \dfrac{\hbar}{mv} = \dfrac{\hbar}{\sqrt{2mE}} \approx \dfrac{4.571\,2}{\sqrt{AE}}$ fm。由于重离子核反应的 A 和 E 较大,$\lambdabar$ 一般为 0.1~0.2 fm,远小于核大小 R(几个飞米)。以 100 MeV 的 $^{16}\text{O} + ^{208}\text{Pb}$ 为例,$\lambdabar \approx 0.12$ fm,

$R(^{16}\text{O}) = 1.2A^{1/3} \approx 3.0 \text{ fm}, R(^{208}\text{Pb}) \approx 7.1 \text{ fm}$,因此$\lambdabar \ll R$。波数$k = \dfrac{1}{\lambdabar}$,故有$kR \gg 1$,这是经典近似成立的条件。

另外,反应体系涉及的角动量$L = Pb = \hbar k b \gg \hbar$,这里$b$为瞄准距离,也说明了经典近似成立。

因此,在重离子核反应中,经典的轨道概念是适用的。为更加精确描述反应的细节特征,可以引入量子化的修正,成为准经典近似。这是重离子核反应中常用的方法。

1.2.5 耦合道效应显著

重离子体系开放的反应道多,并且多步过程的影响不可忽略。在近库仑势垒能区,反应时间相对较长,原子核各反应道之间的自由度可以充分地耦合,耦合道效应显著。耦合机制不但使核反应与核结构(内禀自由度)密切相关,而且将各反应道有机地联系起来,这是近垒重离子反应的一个重要特征。例如,光学势的"阈异常"现象和垒下熔合的截面增强等现象均是耦合道效应导致的。因此,全反应道研究是透彻理解反应机制的必由之路,也是人们努力追求的目标。多步过程必然伴随着耦合道效应的产生,但它们的概念不同。图1.4给出了反应A(a,b)B中多步过程和耦合道机制的图像解释。

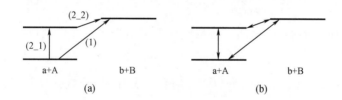

图1.4　图解多步过程和耦合道机制

(a)单步和多步过程;(b)耦合道机制

在图1.4中,多步过程中仅画出了单步过程(1)和两步过程(2_1)与(2_2),耦合道机制是各反应道之间的相互耦合。

1.3　反应运动学:实验室系与质心系的转换

在入射道,主要关心速度、能量和动量的从lab→c.m.的转换;在出射道,主要关心出射角度、能量从c.m.→lab的转换,以及微分截面(立体角)的转换等。实验室系与质心系的转换基于速度关系,如图1.5所示。

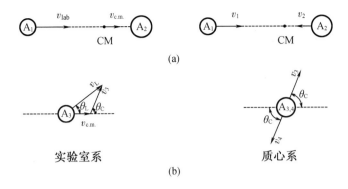

图 1.5 实验室系与质心系的转换

(a) 碰撞前；(b) 碰撞后

1.3.1 入射速度、能量和动量的转换(lab→c.m.)

$$v_1 = \frac{A_2}{A_1 + A_2} v_{\text{lab}} \tag{1.7}$$

$$v_2 = v_{\text{c.m.}} = \frac{A_1}{A_1 + A_2} v_{\text{lab}} \tag{1.8}$$

$$E_{\text{c.m.}} = \frac{A_2}{A_1 + A_2} E_{\text{lab}} = \frac{1}{2} \mu v_{\text{lab}}^2 \tag{1.9}$$

$$P_{\text{c.m.}} = \frac{A_2}{A_1 + A_2} P_{\text{lab}} = \mu v_{\text{lab}} \tag{1.10}$$

每核子能量：$\varepsilon = \dfrac{E_{\text{lab}}}{A_1} = \dfrac{E_{\text{c.m.}}}{A_{12}} = \dfrac{m_0}{2} v_{\text{lab}}^2$，$m_0$ 为每核子质量。

约化质量：$\mu = A_{12} m_0$。

约化质量数：$A_{12} = \dfrac{A_1 A_2}{A_1 + A_2}$。

1.3.2 出射角度和能量的转换(c.m.→lab)

$$\tan \theta_{\text{lab}} = \frac{v_3 \sin \theta_{\text{c.m.}}}{v_3 \cos \theta_{\text{c.m.}} + v_{\text{c.m.}}} = \frac{\sin \theta_{\text{c.m.}}}{\cos \theta_{\text{c.m.}} + \gamma} \tag{1.11}$$

或

$$\cos \theta_{\text{lab}} = \frac{\gamma + \cos \theta_{\text{c.m.}}}{(1 + \gamma^2 + 2\gamma \cos \theta_{\text{c.m.}})^{1/2}} \tag{1.12}$$

$$E_{\text{lab}} = \frac{A_1 A_3 E_{\text{c.m.}}}{A_2 (A_1 + A_2)} \left(\frac{1 + \gamma^2 + 2\gamma \cos \theta_{\text{c.m.}}}{\gamma^2} \right) \tag{1.13}$$

其中，$\gamma \equiv \dfrac{v_{\text{c.m.}}}{v_3} = \left(\dfrac{A_1 A_3}{A_2 A_4} \cdot \dfrac{E_{\text{c.m.}}}{E_{\text{c.m.}} + Q} \right)^{\frac{1}{2}}$，对于弹性散射 $\gamma = \dfrac{A_1}{A_2}$。

1.3.3 微分截面的转换

根据粒子数守恒,有

$$\sigma_{\text{lab}}(\theta_{\text{lab}},\phi_{\text{lab}})\mathrm{d}\Omega_{\text{lab}} = \sigma_{\text{c.m.}}(\theta_{\text{c.m.}},\phi_{\text{c.m.}})\mathrm{d}\Omega_{\text{c.m.}} \tag{1.14}$$

通常假定 ϕ 角各向同性,则

$$\sigma_{\text{lab}}(\theta_{\text{lab}})\sin\theta_{\text{lab}}\mathrm{d}\theta_{\text{lab}} = \sigma_{\text{c.m.}}(\theta_{\text{c.m.}})\sin\theta_{\text{c.m.}}\mathrm{d}\theta_{\text{c.m.}} \tag{1.15}$$

对式(1.12)两边微商后带入上式,可得

$$\frac{\sigma_{\text{c.m.}}(\theta_{\text{c.m.}})}{\sigma_{\text{lab}}(\theta_{\text{lab}})} = \frac{1+\gamma\cos\theta_{\text{c.m.}}}{(1+\gamma^2+2\gamma\cos\theta_{\text{c.m.}})^{3/2}} \tag{1.16}$$

1.4 在纯库仑场中的散射

在纯库仑场中的散射径迹如图 1.6 所示。

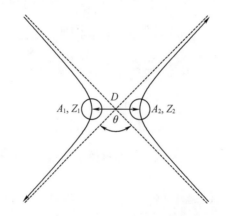

图 1.6 质心系中在纯库仑场中的散射径迹

1.4.1 最趋近距离 D 与散射角 θ

$$D = a\left(1 + \csc\frac{\theta}{2}\right) \tag{1.17}$$

其中

$$a = \frac{Z_1 Z_2 e^2}{\mu v_{\text{lab}}^2} = \frac{1}{2}\frac{Z_1 Z_2 e^2}{A_{12}\varepsilon} \quad (\text{fm}) \tag{1.18}$$

对心碰撞($\theta=\pi$)时,$a = D(\pi)/2$。在最趋近距离处,质心系能量与库仑能相等,即 $E_{\text{c.m.}} = \frac{Z_1 Z_2 e^2}{2a}$。

索末菲(Sommerfeld)参数(亦称库仑参数)为

$$\eta = \frac{a}{\lambda} = \frac{Z_1 Z_2 e^2}{\hbar v_{lab}} \quad (1.19)$$

索末菲参数是表征库仑能相对于运动学能量的一个重要参数。可以看出，索末菲参数 η 与波数 k 有着类似的物理意义：η 表达了在一半最趋近距离内的波数，$k=\frac{1}{\lambda}$ 是单位距离 1 fm 内的波数，即 $\eta = ak$。η 的大小直接决定了散射的类型，详见 3.2 节。

1.4.2 卢瑟福(Rutherford)散射截面

在质心系

$$\sigma_{Ru}(\theta_{c.m.}) = \frac{a^2}{4}\csc^4\left(\frac{\theta_{c.m.}}{2}\right) = \left(\frac{Z_1 Z_2 e^2}{4E_{c.m.}}\right)^2 \sin^{-4}\left(\frac{\theta_{c.m.}}{2}\right) \quad (fm^2/sr) \quad (1.20)$$

在实验室系

$$\sigma_{Ru}(\theta_{lab}) = 1.296\left(\frac{Z_1 Z_2}{E_{lab}}\right)^2 \left[\csc^4\left(\frac{\theta_{lab}}{2}\right) - 2\left(\frac{m_a}{m_A}\right)^2\right] \quad (mb^{①}/sr) \quad (1.21)$$

注意：$1~fm^2 = 10~mb$，$(e^2/4)^2 = 0.1296~fm^2/sr = 1.296~mb/sr$。

1.4.3 角动量 L 与 D 和 θ 的关系

在最趋近距离 D 处

$$E_{c.m.} = \frac{1}{2}\mu v_{lab}^2 = \frac{Z_1 Z_2 e^2}{D} + \frac{L^2 \hbar^2}{2\mu D^2} \quad (1.22)$$

上式中第一项为库仑能，第二项为转动能。由此可得

$$\begin{aligned} L^2 &= \frac{2\mu D^2}{\hbar^2}\left(\frac{1}{2}\mu v_{lab}^2 - \frac{Z_1 Z_2 e^2}{D}\right) \\ &= \left(\frac{\mu D}{\hbar}v_{lab}\right)^2 - 2\mu D \frac{Z_1 Z_2 e^2}{\hbar^2} \\ &= D^2 \frac{1}{\lambda^2} - 2D\left(\frac{\mu v_{lab}}{\hbar}\right)\left(\frac{Z_1 Z_2 e^2}{\hbar v_{lab}}\right) \end{aligned} \quad (1.23)$$

由此得到 L 与 D 之间两个重要关系式为

$$\begin{cases} L^2 = kD(kD - 2\eta) \\ kD = \sqrt{\eta + (\eta^2 + L^2)} \end{cases} \quad (1.24)$$

L 与 θ 之间关系为

---

① $1~b = 10^{-28}~m^2$，下同。

$$\sin\frac{\theta}{2} = \frac{a}{D-a} = \frac{\eta}{kD-\eta} = \frac{\eta}{(\eta^2+L^2)^{1/2}} \tag{1.25}$$

1.4.4 擦边角 θ_{gr} 和擦边角动量 L_{gr}

定义临界半径 R_C,当 $D > R_C$ 时,无核力作用,纯库仑散射;当 $D < R_C$ 时,有核力作用,产生核反应。由此,可认为 R_C 是有效库仑相互作用半径。在 $D = R_C$ 处,库仑势能 $E_C = A_{12}\varepsilon_C = \frac{Z_1 Z_2 e^2}{R_C}$,两核擦边(grazing)碰撞,对应的散射角为擦边角,即

$$\sin\frac{\theta_{gr}}{2} = \frac{\eta}{kR_C - \eta} = \frac{\varepsilon_C}{2\varepsilon - \varepsilon_C} = \frac{1}{2\frac{\varepsilon}{\varepsilon_C} - 1} \tag{1.26}$$

擦边角动量为

$$L_{gr} = kR_C(1 - \varepsilon_C/\varepsilon)^{1/2} = \sqrt{2m_0/\hbar^2} A_{12} R_C (\varepsilon - \varepsilon_C)^{1/2} \tag{1.27}$$

对于众多反应体系的系统学研究表明,R_C 经验值为

$$R_C = 1.12(A_1^{1/3} + A_2^{1/3}) - 0.94(A_1^{-1/3} + A_2^{-1/3}) + 3 \pm 0.5 \quad (\text{fm}) \tag{1.28}$$

库仑相互作用半径 R_C 与库仑势垒半径 R_B(见式(1.4))非常接近,一般差别小于 0.5 fm,但两者的概念不一样。

1.5 散射和反应截面

1.5.1 散射截面

根据波函数叠加原理,散射波 = 入射平面波 + 出射球面波,如图 1.7 所示。

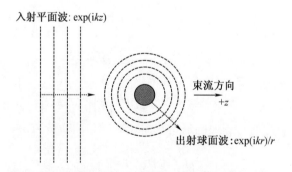

图 1.7 入射平面波和出射球面波叠加形成散射波

假定入射束斑直径为 1 mm,反应体系大小约为 10 fm,束流相当于反应体系大小的 10^{11} 倍,因此可以用平面波 $\exp(ikz)$ 来描述;对于出射波,则用球面波 $\exp(ikr)/r$ 来描述中心势的散射。在距离很远时,散射波函数为

$$\psi(r) \xrightarrow{r \to \infty} N\left[\exp(\mathrm{i}kz) + f(\theta)\frac{1}{r}\exp(\mathrm{i}kr)\right] \tag{1.29}$$

式中,N 为归一化系数,$f(\theta)$ 为散射幅度。

散射微分截面为

$$\frac{\mathrm{d}\sigma}{\mathrm{d}\Omega}(\theta) = |f(\theta)|^2 \tag{1.30}$$

将平面波作分波展开,并与薛定谔(Schödinger)方程在无相互作用区域的解作比较,可得

$$f(\theta) = \frac{\mathrm{i}}{2k}\sum_{l=0}^{\infty}(2l+1)(1-\bar{S}_l)P_l(\cos\theta) \tag{1.31}$$

式中,$P_l(\cos\theta)$ 为勒让德(Legendre)多项式,是角动量的本征函数;散射矩阵元 $\bar{S}_l$ 包含了相互作用的信息,即出射道和入射道分波幅度的渐进比值,可以分解为

$$\bar{S}_l = S_l\exp(2\mathrm{i}\sigma_l) = A_l\exp[2\mathrm{i}(\sigma_l + \delta_l)] \tag{1.32}$$

式中,σ_l 和 δ_l 分别是分波的库仑相移和核相移;A_l 是分波振幅,弹散时 $A_l = 1$,有吸收时 $A_l < 1$。

这样,散射振幅可写为

$$\begin{aligned}f(\theta) &= f_\mathrm{C}(\theta) + \frac{\mathrm{i}}{2k}\sum_{l=0}^{\infty}(2l+1)\exp(2\mathrm{i}\sigma_l)(1-S_l)P_l(\cos\theta) \\ &= f_\mathrm{C}(\theta) + f_\mathrm{N}(\theta)\end{aligned} \tag{1.33}$$

散射是库仑散射与核散射的相干叠加。其中,库仑散射振幅为

$$\begin{aligned}f_\mathrm{C}(\theta) &= \frac{\mathrm{i}}{2k}\sum_{l=0}^{\infty}(2l+1)[1-\exp(2\mathrm{i}\sigma_l)]P_l(\cos\theta) \\ &= -\frac{\eta}{2k}\left(\csc\frac{\theta}{2}\right)^2\exp\left\{2\mathrm{i}\left[\sigma_0 - \eta\ln\left(\sin\frac{\theta}{2}\right)\right]\right\}\end{aligned} \tag{1.34}$$

式中,$\sigma_l = \arg(\Gamma(l+1+\mathrm{i}\eta))$,arg 为辐角(argument of a complex number),Γ 为伽马(Gamma)函数。

由式(1.34)可得卢瑟福公式为

$$\frac{\mathrm{d}\sigma_\mathrm{C}}{\mathrm{d}\Omega} = |f_\mathrm{C}(\theta)|^2 = \frac{\eta^2}{4k^2}\left(\csc\frac{\theta}{2}\right)^4 \tag{1.35}$$

即式(1.20)。

1.5.2 反应截面

反应截面指出射波通过球面的通量。单位立体角的通量为

$$J = \frac{\mathrm{i}\hbar}{2\mu}r^2\left(\psi\frac{\partial}{\partial r}\psi^* - \psi^*\frac{\partial}{\partial r}\psi\right) \tag{1.36}$$

因此,总反应截面为

$$\begin{aligned}\sigma_\mathrm{R} &= \frac{1}{v}\iint J\sin\theta\mathrm{d}\theta\mathrm{d}\phi \\ &= \frac{\pi}{k^2}\sum_{l=0}^{\infty}(2l+1)(1-|S_l|^2) = \pi\lambdabar^2\sum_{l=0}^{\infty}(2l+1)(1-A_l^2)\end{aligned} \tag{1.37}$$

式中，$\theta \in [0, \pi]$，$\phi \in [0, 2\pi]$。该公式建立了散射与反应之间的一个重要联系。

1.6 重离子散射的强吸收模型

强吸收模型[29-30]基于重离子散射的两个基本特征：有确定的边界，在边界内全吸收。这反映出核相互作用的两个基本属性：有限程，大强度。该模型类似于光在全吸收圆球上的衍射，故又称衍射模型。

1.6.1 经典强吸收模型（classical strong-absorption model）

假定：当 $r \geq R_C$ 时，没有核相互作用，发生弹性散射；当 $r < R_C$ 时，有强的核相互作用，发生全吸收。故弹性散射截面为

$$\frac{d\sigma_{el}}{d\Omega} = \begin{cases} \dfrac{d\sigma_C}{d\Omega}, & \theta \leq \theta_{gr} \\ 0, & \theta > \theta_{gr} \end{cases} \quad (1.38)$$

在强吸收模型中临界半径 R_C 称为强吸收半径 R_{sa}。利用式(1.26)和式(1.35)，得到反应截面为

$$\sigma_R = 2\pi \int_{\theta_{gr}}^{\pi} \frac{d\sigma_C}{d\Omega} \sin\theta d\theta = \begin{cases} \pi R_C^2 (1 - \varepsilon_C/\varepsilon) = \pi \lambda^2 L_{gr}^2, & \varepsilon > \varepsilon_C \\ 0, & \varepsilon \leq \varepsilon_C \end{cases} \quad (1.39)$$

1.6.2 量子锐截止模型（quantal sharp-cut-off model）

假定：当 $l > l_{max}$ 时，$S_l = A_l = 1$，$\delta_l = 0$；当 $l \leq l_{max}$ 时，$S_l = A_l = 0$。式中 l_{max} 与经典 L_{gr} 的关系为

$$l_{max}(l_{max} + 1) \leq L_{gr}^2 < (l_{max} + 1)(l_{max} + 2)$$

弹性散射截面为

$$\frac{d\sigma_{el}}{d\Omega} = |f(\theta)|^2 = \left| f_C(\theta) + \frac{i}{2k} \sum_{l=0}^{\infty} (2l+1) \exp(2i\sigma_l)(1 - S_l) P_l(\cos\theta) \right|^2 \quad (1.40)$$

反应截面为

$$\sigma_R = \pi \lambda^2 \sum_{l=0}^{l_{max}} (2l + 1) = \pi \lambda^2 (l_{max} + 1)^2 \quad (1.41)$$

强吸收模型的弹性散射微分截面（与卢瑟福截面的比值）和反应截面的示意图如图1.8所示。

从图1.8中可以看到：

① 在量子化模型中，由于库仑散射与核散射的相干叠加，弹性散射的角分布呈现出周期性明暗变化的衍射图案；

② 对于反应截面，在能量极高时，σ_R 趋近于 πR_C^2，即半径为 R_C 的圆面积，故 πR_C^2 称为几何截面，是反应截面的上限。

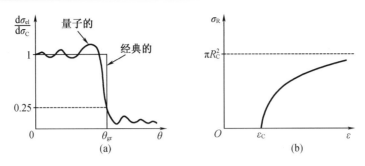

图 1.8 强吸收模型的弹性散射微分截面和反应激发函数的示意图

(a)弹性散射微分截面;(b)反应激发函数

强吸收模型虽然简单,但是它反映了有限程、强相互作用核过程的基本事实,在能量较高的情况下(核吸收效应明显,并且核结构效应可忽略),能够很好地描述实验结果。图 1.9 显示了 ^{12}C, ^{14}N, ^{16}O, ^{20}Ne + ^{197}Au 在 $E_{lab} \approx 10$ MeV/u 时弹性散射角分布实验值与量子锐截止模型理论值的比较[31]。从图 1.9 中可以看出,在边界处,如 40°附近区域,理论值与实验值存在一些偏差。这主要是由于核的边缘并非是锐截止的,而是存在一定的弥散层。为符合核表面弥散的事实,可以将锐截止作平滑化处理。

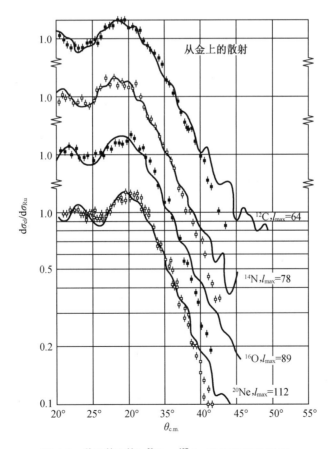

图 1.9 ^{12}C, ^{14}N, ^{16}O, ^{20}Ne + ^{197}Au 体系弹性散射角
分布实验值与量子锐截止模型理论值的比较

1.6.3 光滑截止模型(smooth cut-off model)

对锐截止模型进行光滑化的方法主要有两种。

方法 1:
$$A_l = g_A(l); \quad \delta_l = \delta(1 - g_\delta(l)) \tag{1.42}$$

方法 2:
$$\mathrm{Re}(S_l) = g_1(l) + \varepsilon_1[1 - g_1(l)]; \quad \mathrm{Im}(S_l) = \mu \frac{\mathrm{d}g_2(l)}{\mathrm{d}l} + \varepsilon_2[1 - g_2(l)] \tag{1.43}$$

式中
$$g_i(l) = \left(1 + \exp\frac{l_i - l}{\Delta_l}\right)^{-1} \quad (i = A, \delta; 1, 2) \tag{1.44}$$

光滑化方法如图 1.10 所示。图 1.11 显示了 ^{12}C + ^{181}Ta 体系在 $E_{\mathrm{lab}} = 124.5$ MeV 时弹性散射角分布实验值与量子光滑截止模型取不同参数(表中所列)时理论值的比较[32],光滑后结果更加符合实验结果。

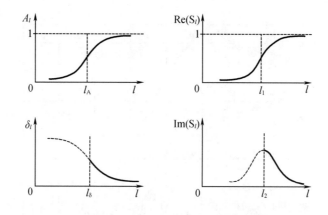

图 1.10 散射参数 A_l 和 δ_l 及 $\mathrm{Re}(S_l)$ 和 $\mathrm{Im}(S_l)$ 的光滑化

注意:本章内容属一般性考虑,与相互作用势、核结构等反应的具体信息无关。
一些常用的物理常数如下所示:
$$m_0 c^2 = 931.494\ 0\ \mathrm{MeV}$$
$$\hbar c = 197.327\ 0\ \mathrm{MeV \cdot fm}$$
$$e^2 = 1.439\ 976\ \mathrm{MeV \cdot fm}$$

精细结构常数:
$$\alpha = e^2/(\hbar c) = 1/137.036$$

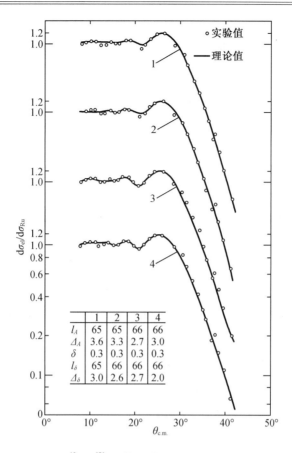

图 1.11 ^{12}C + ^{181}Ta 体系弹性散射角分布实验值与
量子光滑截止模型理论值的比较

参 考 文 献

[1] PAETZ GEN, SCHIECK H. Nuclear reactions—an introduction [J]. Lecture Notes in Physics, 2014, 882: 1.

[2] OZAWA A, KOBAYASHI T, SUZUKI T, et al. New magic number, $N = 16$, near the neutron drip line [J]. Phys. Rev. Lett., 2000, 84: 5493.

[3] SORLIN O, PORQUET M G. Nuclear magic numbers: new features far from stability [J]. Prog. Part. Nucl. Phys., 2008, 61: 602.

[4] WARBURTON E K, BECKER J A, Brown B A. Mass systematics for $A = 29 \sim 44$ nuclei: the deformed $A \sim 32$ region [J]. Phys. Rev. C, 1990, 41: 1147.

[5] HEYDE K, WOOD J L. Shape coexistence in atomic nuclei [J]. Rev. Mod. Phys., 2011, 83: 1467.

[6] JENSEN A S, RIISAGER K, FEDOROV D V. Structure and reactions of quantum halos [J]. Rev. Mod. Phys., 2004, 76: 215.

[7] FREER M. The clustered nucleus-cluster structures in stable and unstable nuclei [J]. Rep. Prog. Phys., 2007, 70: 2149.

[8] PFÜTZNER M, KARNY M, GRIGORENKO L V, et al. Radioactive decays at limits of nuclear stability [J]. Rev. Mod. Phys., 2012, 84: 567.

[9] BLANK B, PtOSZAJCZAK M. Two-proton radioactivity [J]. Rep. Prog. Phys, 2008, 71:046301.

[10] BLANK B, BORGE M J G. Nuclear structure at the proton drip line: advances with nuclear decay studies [J]. Prog. Part. Nucl. Phys., 2008, 60: 403.

[11] SPYROU A, KOHLEY Z, BAUMANN T, et al. First observation of ground state dineutron decay: ^{16}Be [J]. Phys. Rev. Lett., 2012, 108: 102501.

[12] KOHLEY Z, BAUMANN T, BAZIN D, et al. Study of two-neutron radioactivity in the decay of ^{26}O [J]. Phys. Rev. Lett., 2013, 110: 152501.

[13] RIKEN. RI Beam Factory(RIBF) [EB/OL]. http://www.rarf.riken.jp/Eng/facilities/RIBF.html.

[14] FAIR—An international facility for antiproton and ion research [EB/OL]. http://www.fair-center.com/.

[15] Facility for rare isotope beams [EB/OL]. http://www.frib.msu.edu/.

[16] THOENNESSEN M. Current status and future potential of nuclide discoveries [J]. Rep. Prog. Phys., 2013, 76: 056301.

[17] GALINDO-URIBARRI A, ANDREWS H R, BALL G C, et al. First evidence for the Hyperdeformed nuclear shape at high angular momentum [J]. Phys. Rev. Lett., 1993, 71: 231.

[18] LAFOSSE D, SARANTITES D, BAKTASH C, et al. Evidence for hyperdeformation in ^{147}Gd [J]. Phys. Rev. Lett., 1995, 74: 5186.

[19] KRASZNAHORKAY A, HUNYADI M, HARAKEH M N, et al. Experimental evidence for Hyperdeformed states in U Isotopes [J]. Phys. Rev. Lett., 1998, 80: 2073.

[20] THIROLF P G, HABS D. Spectroscopy in the second and third minimum of actinide nuclei [J]. Prog. Part. Nucl. Phys., 2002, 49: 325.

[21] ΦDEGÅRD S W, HAGEMANN G B, JENSEN D R, et al. Evidence for the wobbling mode in nuclei [J]. Phys. Rev. Lett., 2001, 86: 5866.

[22] JENSEN D R, HAGEMANN G B, HAMAMOTO I, et al. Evidence for second-phonon nuclear wobbling [J]. Phys. Rev. Lett., 2002, 89: 142503.

[23] ZHU S J, LUO Y X, HAMILTON J H, et al. Triaxiality, chiral bands and gamma vibrations in $A = 99 \sim 114$ nuclei [J]. Prog. Part. Nucl. Phys., 2007, 59: 329.

[24] PAUL E S, TWIN P J, EVANS A O, et al. Return of collective rotation in ^{157}Er and ^{158}Er

at Ultrahigh spin [J]. Phys. Rev. Lett. , 2007, 98: 012501.

[25] SHI Y, DOBACZEWSKI J, FRAUENDORF S, et al. Self-consistent tilted-axis-cranking study of triaxial strongly deformed bands in ^{158}Er at Ultrahigh spin [J]. Phys. Rev. Lett. , 2012, 98: 012501.

[26] Relativistic heavy ion collider [EB/OL]. http://www.bnl.gov/RHIC/.

[27] The large hadron collider [EB/OL]. http://home.web.cern.ch/topics/large-hadron-collider.

[28] CHRISTENSEN P R, WINTHER A. The evidence on the ion-ion potentials from heavy ion elastic scattering [J]. Phys. Lett. B, 1976, 65: 19.

[29] FRAHN W E, VENTER R H. Strong absorption model for elastic nuclear scattering [J]. Ann. Phys. (N. Y.), 1963, 24: 243.

[30] FRAHN W E, VENTER R H. Strong absorption model for elastic nuclear scattering [J]. Ann. Phys. (N. Y.), 1963, 25: 405.

[31] ZUCKER A. Nuclear interactions of heavy ions [J]. Annu. Rev. Nucl. Sci. , 1960, 10:27.

[32] ALSTER J, CONZETT H E. Elastic scattering of ^{12}C ions from Fe, Ni, ^{107}Ag, In, and Ta [J]. Phys. Rev, 1964, 136: B1023.

第2章 重离子相互作用势

核-核相互作用势是研究重离子核反应的一个基础的物理量,主要由库仑势 V_C、核势 V_N 和离心势 V_{cent} 组成,即

$$U(r) = V_C(r) + V_N(r) + V_{cent}(r) \tag{2.1}$$

一旦 $U(r)$ 确定,就可以用薛定谔方程确定反应体系的运动状态,即

$$\left(-\frac{\hbar^2}{2\mu}\nabla^2 + U(r)\right)\psi(r) = E\psi(r) \tag{2.2}$$

除库仑势是精确知道的外,核势和离心势都存在一定程度的近似。特别是核势,由于人们对核力了解尚不透彻,仅是知道了一些基本性质,因此有各种各样的模型对核势进行描述,分为宏观模型和半微观模型(在低能核物理范畴内亦可称为微观模型)。

本章将对重离子之间的相互作用势进行逐一介绍。

2.1 库 仑 势

2.1.1 两个点电荷

$$V_C(r) = \frac{Z_1 Z_2 e^2}{r} \tag{2.3}$$

2.1.2 点电荷和均匀带电球

$$V_C(r) = \begin{cases} \dfrac{Z_1 Z_2 e^2}{2R_C}\left(3 - \dfrac{r^2}{R_C^2}\right), & r < R_C \\ \dfrac{Z_1 Z_2 e^2}{r}, & r \geq R_C \end{cases} \tag{2.4}$$

式中,$R_C = r_{0C}(A_1^{1/3} + A_2^{1/3})$,$r_{0C} = 1.2 \sim 1.3$ fm。r_{0C} 的取值有一定模糊性,但对结果几乎没有影响。通常,即使 r_{0C} 存在很大的变化,也可以从核势中微小的变化来补偿[1]。

一般而言,式(2.4)已经足够好地描述了两核之间的库仑势(特别是外部势),并且形式简洁,因此得到了广泛的应用。需要注意的是:式(2.4)的一阶导数是连续的,但二阶导数在 $r = R_C$ 处是不连续的。如果需要完全连续的函数,可以考虑采用式(2.4)的近似表达式[2-3]。

2.1.3 两个均匀带电球

$$V_C(r) = \frac{9}{16\pi^2} \cdot \frac{Z_1 Z_2 e^2}{R_{C1}^3 R_{C2}^3} \int_0^{R_{C1}} \int_0^{R_{C2}} \frac{1}{r - r_1 + r_2} dr_1 dr_2 \quad (2.5)$$

假设 $R_{C1} \leqslant R_{C2}$，对上式积分后可得

$$V_C(r) = \begin{cases} \dfrac{Z_1 Z_2 e^2}{2R_{C2}^3}\left[3\left(R_{C2}^2 - \dfrac{R_{C1}^2}{5}\right) - r^2\right], & r < R_{C2} - R_{C1} \\[2ex] \dfrac{Z_1 Z_2 e^2}{R_{C1}^3 R_{C2}^3}\left[\begin{array}{l}\dfrac{1}{32}(R_{C2} - R_{C1})^4(R_{C1}^2 + 4R_{C1}R_{C2} + R_{C2}^2)\dfrac{1}{r} \\[1ex] -\dfrac{3}{20}(R_{C1} + R_{C2})^3(R_{C1}^2 - 3R_{C1}R_{C2} + R_{C2}^2) \\[1ex] +\dfrac{9}{32}(R_{C2}^2 - R_{C1}^2)^2 r - \dfrac{1}{4}(R_{C1}^3 + R_{C2}^3) r^2 \\[1ex] +\dfrac{3}{32}(R_{C1}^2 + R_{C2}^2) r^3 - \dfrac{1}{160} r^5\end{array}\right], & R_{C2} - R_{C1} \leqslant r \leqslant R_{C1} + R_{C2} \\[2ex] \dfrac{Z_1 Z_2 e^2}{r}, & r > R_{C1} + R_{C2} \end{cases} \quad (2.6)$$

式中，$R_{Ci} = r_{0Ci} A_i^{1/3}$，$r_{0Ci} = 1.2 \sim 1.3$ fm，$i = 1, 2$。

式(2.6)右边第一行对应于小球完全在大球内的情况，第二行对应于两球有部分交叠的情况，第三行对应于两球完全分开的情况[4-5]。

需要注意的是：式(2.6)的一阶、二阶和三阶导数是连续的，其四阶导数在 $r = R_{C1}$ 和 $r = R_{C2}$ 处是不连续的。同样，完全连续的表达式需要采用近似的公式[6]。

2.1.4 一般情况

$$V_C(r) = Z_1 Z_2 e^2 \iint \rho_{ch1}(r_1) \rho_{ch2}(r_2) \frac{1}{r - r_1 + r_2} dr_1 dr_2 \quad (2.7)$$

为双折叠库仑势，即将点对点库仑势(式(2.3))对电荷分布分别为 $\rho_{ch1}(r_1)$ 和 $\rho_{ch2}(r_2)$ 的两个带电集团进行积分。核的电荷分布可以由高能电子散射确定，见参考文献[7]。

虽然库仑势是精确知道的，但严格表达核-核之间的库仑势仍是不容易的。图2.1画出了三个典型体系，即点-点(point-point)，点-球(point-sphere)和球-球(sphere-sphere)的库仑势形式。从图2.1中可以看出，在交叠区域，它们之间的差别巨大；仅在 $r \geqslant R_{C1} + R_{C2}$ 的无交叠区域时，它们才趋于一致。因此，当考虑相互作用势的内部形状时，需要注意库仑势形式的选取。

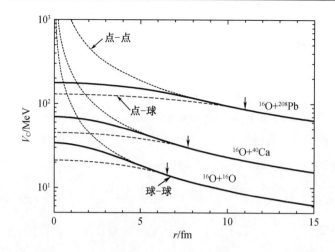

图 2.1 $^{16}O + {}^{16}O, {}^{16}O + {}^{40}Ca, {}^{16}O + {}^{208}Pb$ 体系点－点（点线）、
点－球（虚线）和球－球（实线）的库仑势

图 2.1 中箭头所指为 $r = R_{C1} + R_{C2}$ 处，这里 $R_{Ci} = r_{0Ci}A_i^{1/3}, r_{0Ci} = 1.3$ fm, $i = 1,2$。

2.2 核 势

2.2.1 光学模型势（OMP）

光学模型势（Optical Model Potential，OMP）[8]简称光学势（Optical Potential，OP），是一种宏观现象学势（唯象势），体现了光学模型的核心思想。光学模型认为：①核碰撞过程可以描述为在弹靶组成的平均场中的运动；②平均的核势场可以用一个复数的有效势（光学势）来表达，即

$$V_N(r) = V(r) + iW(r) \tag{2.8}$$

式中，实部 $V(r)$ 表示透射或反射，虚部 $W(r)$ 表示吸收。类似于光入射到玻璃球上，一部分发生折射或反射，一部分吸收，故称为光学模型。实部和虚部又可分解为体积项、表面项和自旋－轨道耦合项等几部分。

1. 体积势（volume potential）

$$V_N^V(r) = V^V(r) + iW^V(r) = -V_0^V f_V(r) - iW_0^V f_W(r) \tag{2.9}$$

式中，V_0^V 和 W_0^V 分别是实势和虚势的深度，即 $r = 0$ 处势的强度；$f_i(r)$ 称为形状因子（form factor），一般取现实的 Woods-Saxon 形状[9]，即

$$f_i(r) = \{1 + \exp[(r - R_i)/a_i]\}^{-1} \tag{2.10}$$

其中，势半径 $R_i = r_{0i}(A_1^{1/3} + A_2^{1/3}), i = V, W$。

这样，实部和虚部各有 3 个参数，分别是深度、半径和弥散参数，共 6 个可调参数。一般

取 $r_{0i} = 1.20$ fm, $a_i = 0.63$ fm, $i = $ V, W, 符合核物质密度分布的形状。体积项是光学势最基本的形式。

2. 表面势(surface potential)

$$V_N^S(r) = V^S(r) + iW^S(r) = V_0^S g_V(r) + W_0^S g_W(r) \tag{2.11}$$

此处，形状因子 $g_i(x) = df_i(x)/dx$, $x_i = (r - R_i)/a_i$, $i = $ V, W, 为 Woods-Saxon 形状的微分形式。

3. 自旋-轨道耦合势(spin-Orbit potential)

$$V_N^{LS}(r) = V^{LS}(r) + iW^{LS}(r) = \left(V_0^{LS} \frac{1}{r} \frac{df_V(x)}{dr} + iW_0^{LS} \frac{1}{r} \frac{df_W(x)}{dr} \right) \boldsymbol{L} \cdot \boldsymbol{s} \tag{2.12}$$

式中，$f(x)$（可取 Woods-Saxon 形状）对 r 进行微分并乘以 $1/r$，这称为托马斯类型(Thomas type)[10]，其中

$$\boldsymbol{L} \cdot \boldsymbol{s} = 2\left(\frac{\hbar}{m_\pi c} \right)^2 \boldsymbol{L} \cdot \boldsymbol{\sigma} \tag{2.13}$$

这里，$\boldsymbol{\sigma} = \boldsymbol{s}/s$ 为自旋单位矢；m_π 为 π 介子静止质量，约 139.570 MeV/$c^2$①，故 $\left(\frac{\hbar}{m_\pi c} \right)^2 \approx 2$ fm^2。

通常，可以考虑 V_0^{LS} 和 W_0^{LS} 随 V_0^V 和 W_0^V 变化

$$V_0^{LS} = \frac{\lambda}{45.2} V_0^V, \quad W_0^{LS} = \frac{\lambda}{45.2} W_0^V \tag{2.14}$$

此处 $\lambda = 25$，常用于束缚态。

4. 常用的光学势形式

$$V_N(r) = -V_0 f_V(r) - i\left(W_0 - 4a_W W_D \frac{d}{dr} \right) f_W(r) + \left(\frac{\hbar}{m_\pi c} \right)^2 V_{s.o.} \frac{1}{r} \frac{d}{dr} f_{s.o.}(r) \tag{2.15}$$

注意：

① 正号表示排斥势(势垒)，负号表示吸引势(势阱)；

② 实部表示真实的势相互作用，虚部表示吸收，即实吸引(attractive real)和虚吸收(absorptive imaginary)。

③ 表面项仅考虑虚部，与体积项虚部同形状，且 $W_S = 4W_D$。

④ 自旋-轨道耦合项仅考虑实部，以 $\boldsymbol{L} \cdot \boldsymbol{\sigma}$ 为单位，$V_0^{LS} \approx 2V_{s.o.}$（若以 $\left(\frac{\hbar}{m_\pi c} \right)^2 \boldsymbol{L} \cdot \boldsymbol{\sigma}$ 为单位，则 $V_0^{LS} \approx 4V_{s.o.}$）。

⑤ 式(2.15)共有 10 个可调参数。在实际使用中若将自旋-轨道耦合项取为托马斯形式，可减少 3 个参数。如果仅考虑弹性和吸收过程，可以仅考虑体积项，即式(2.9)。进一步假定实虚部的形状相同，即

$$V_N(r) = -(V_0 + iW_0) f(r) \tag{2.16}$$

---

① 此处 c 为光速。

此时仅4个可调参数。如果约束 $r_0 = 1.25$ fm，$a = 0.65$ fm，则仅有实虚部深度的2个可调参数，这是所需光学势参数最少的形式。

5. 讨论

（1）参数的约束

光学势是一种宏观唯象势，可调参数多。一方面，通过实验信息，如拟合弹性散射角分布和反应激发函数等方法，可以对光学势参数进行一个很好的约束；另一方面，通过微观势，如折叠势等方法，也可以对光学势参数进行约束。如上述 $r_0 = 1.25$ fm，$a = 0.65$ fm，与微观模型势给出的值基本符合，反映出核物质的密度分布形式。

（2）其他势形状

上述势的形状均是现实的 Woods-Saxon 形状。此外，常用的势阱形状还有：方势阱（薛定谔方程有解析解，便于理论讨论）、指数势（主要描述势的外部形状）、高斯势和汤川势（主要针对核子、高能等情况）等。

（3）光学势的系统学

自20世纪60年代至今，不断有系统学光学势的研究工作，主要针对弹核是轻粒子的情况，如 n, p, d, t, ^{3,4}He, ^{6,7}Li 等。

2.2.2 折叠模型势（FMP）

折叠模型势（folding model potential，FMP）[11] 简称折叠势（folding potential，FP），是一种半微观的相互作用势。从核子-核子散射抽取有效的核子-核子（或核子-核）相互作用势，通过核的物质密度分布折叠起来，从而得到核-核相互作用势。折叠势主要有两种：双折叠势（double folding potential，DFP）和单折叠势（single folding potential，SFP）。

1. 双折叠势（DFP）

双折叠的坐标如图 2.2 所示。

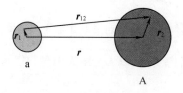

图 2.2 双折叠的坐标定义

$$V_N^{aA}(r) = \iint \rho_1(\boldsymbol{r}_1) \rho_2(\boldsymbol{r}_2) v_{12}(\boldsymbol{r}_{12}) \mathrm{d}\boldsymbol{r}_1 \mathrm{d}\boldsymbol{r}_2 \tag{2.17}$$

其中 $\boldsymbol{r}_{12} = \boldsymbol{r} - \boldsymbol{r}_1 + \boldsymbol{r}_2$，核子-核子相互作用势为

$$v_{12} = v_{00}(\boldsymbol{r}_{12}) + v_{01}(\boldsymbol{r}_{12})\boldsymbol{\tau}_1\boldsymbol{\tau}_2 + v_{10}(\boldsymbol{r}_{12})\boldsymbol{\sigma}_1\boldsymbol{\sigma}_2 + + v_{11}(\boldsymbol{r}_{12})\boldsymbol{\sigma}_1\boldsymbol{\sigma}_2\boldsymbol{\tau}_1\boldsymbol{\tau}_2 \tag{2.18}$$

包含中心项、同位旋项、自旋项及其交叉项，脚标表示（S,T）相关性。一般而言，v_{12} 还应该包括

自旋-轨道耦合项和张量项等。对于无自旋的弹靶体系,与自旋相关的项 v_{10} 和 v_{11} 也可忽略。

注意:式(2.17)为 6 重积分,可利用傅里叶变换(Fourier transform),将坐标空间变换到动量空间,从而使 6 重积分转换为 2 重积分;完成折叠后,利用傅里叶逆变换到坐标空间。

核子-核子相互作用势可由核子-核子散射的相移、氘核束缚态性质以及其他实验数据等得到。常用参数化的 M3Y 势形式主要有两个系列:M3Y-Reid 和 M3Y-Paris。一般由直接项和交换项组成,即

$$v_{nn}(r) = v^{D}(r) + v^{EX}(r) \tag{2.19}$$

其中,$v^{EX}(r)$ 来源于弹靶交换一个核子(single nucleon knock-on exchange)后所必需的反对称化要求。对于中心项 v_{00},即同位旋、自旋无关——(S,T) = (0,0)时,直接项形式为

$$\begin{aligned}\text{M3Y-Reid}: v_{00}^{D}(r) &= 7\,999.0\,\frac{e^{-4r}}{4r} - 2\,134.25\,\frac{e^{-2.5r}}{2.5r} \\ \text{M3Y-Paris}: v_{00}^{D}(r) &= 11\,061.625\,\frac{e^{-4r}}{4r} - 2\,537.5\,\frac{e^{-2.5r}}{2.5r}\end{aligned} \tag{2.20}$$

分别由两个 Yukawa 势组成,单位都为 MeV。交换项形式为

$$\begin{aligned}\text{M3Y-Reid}: v_{00}^{EX}(r) &= 4\,631.38\,\frac{e^{-4r}}{4r} - 1\,787.13\,\frac{e^{-2.5r}}{2.5r} - 7.847\,4\,\frac{e^{-0.707\,2r}}{0.707\,2r} \\ \text{M3Y-Paris}: v_{00}^{EX}(r) &= -1\,524.25\,\frac{e^{-4r}}{4r} - 518.75\,\frac{e^{-2.5r}}{2.5r} - 7.847\,4\,\frac{e^{-0.707\,2r}}{0.707\,2r}\end{aligned} \tag{2.21}$$

分别由三个 Yukawa 势组成,单位都为 MeV。

上述有效 M3Y 势的各种形式如图 2.3 所示。

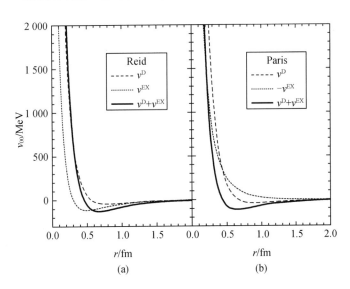

图 2.3 核子-核子相互作用势中心项的有效 M3Y 势

(a) M3Y-Reid 势;(b) M3Y-Paris 势

相互作用势的体积分为

$$J = 4\pi \int v(r) r^2 \mathrm{d}r \tag{2.22}$$

体积分反映了介子流的情况,是约束势参数的重要参量。式(2.20)和式(2.21)中各有效M3Y势的体积分为

$$\text{M3Y-Reid:} J_{00}^{D} = -145.9 \text{ MeV} \cdot \text{fm}^3, \quad J_{00}^{EX} = -770.0 \text{ MeV} \cdot \text{fm}^3$$

$$\text{M3Y-Paris:} J_{00}^{D} = 131.1 \text{ MeV} \cdot \text{fm}^3, \quad J_{00}^{EX} = -958.5 \text{ MeV} \cdot \text{fm}^3$$

在实际的应用中,交换项 v^{EX} 常用一个能量相关的体积分和一个零程赝势(δ 势)给出,即

$$v^{EX}(r) \approx \left[J^{EX} \left(1 - \tau \frac{E}{A} \right) \right] \delta(r) \quad (2.23)$$

这里 E/A 是入射弹核在实验室系每核子的能量。参数 J^{EX} 和 τ 由不同能量质子与各种靶的散射截面给出,即

$$\text{M3Y} - \text{Reid:} J^{EX} = -276 \text{ MeV} \cdot \text{fm}^3, \quad \tau = 0.005 \text{ MeV}^{-1}$$

$$\text{M3Y} - \text{Paris:} J^{EX} = -590 \text{ MeV} \cdot \text{fm}^3, \quad \tau = 0.002 \text{ MeV}^{-1}$$

显然,核内的核子-核子相互作用势与其所处的核物质密度相关,如重离子散射中的虹(rainbow)现象是在核表面区域产生的。因此,需要引入能量和密度相依的(density-dependent)修正

$$v(r, \rho, E) = f(\rho) g(E) v_{nn}(r) \quad (2.24)$$

这里,$\rho = \rho(r_1) + \rho(r_2)$。密度的形状函数 $f(\rho)$ 有 DDM3Y,BDM3Y[12] 和 CDM3Y[13] 等参数化的形式,可统一写成

$$f(\rho) = C(1 + \alpha e^{-\beta \rho} - \gamma \rho^\lambda) \quad (2.25)$$

各参数可根据核物质的饱和性定出,即在 $\rho = \rho_0 \approx 0.17 \text{ fm}^{-3}$ 处,结合能 $B_0 \approx 16 \text{ MeV}$。一些典型的密度依赖参数列在表2.1中,此时取 $\lambda = 1$。

表2.1 一些典型 M3Y 势的密度依赖参数

相互作用势	C	α	β	γ
DDM3Y – Paris	0.2963	3.7231	3.7384	0
BDM3Y – Paris	1.2521	0	0	1.7452
CDM3Y – Paris	0.3052	3.2998	2.3180	2.0
DDM3Y – Reid	0.2845	3.6391	2.9605	0
BDM3Y – Reid	1.2253	0	0	1.5124

能量依赖函数 $g(E)$ 由简单线性关系给出(参见式(2.23)),即

$$g(E) = 1 - \tau \left(\frac{E}{A} \right) \quad (2.26)$$

对于 M3Y – Reid 势,$\tau = 0.002 \text{ MeV}^{-1}$;对于 M3Y – Paris 势,$\tau = 0.003 \text{ MeV}^{-1}$。

选定核子-核子相互作用势后,代入式(2.17)对两个核的密度分布积分,得到双折叠势。需要注意的是,这里的密度分布指核物质的密度分布。通常,从高能电子散射得到的

是电荷密度分布[8],它们之间存在一些差别。如果假定核内的质子分布和中子分布一样,则可简单用电荷密度分布代替物质密度分布(需要作 A/Z 的归一化)。除了使用高能电子散射得到实验的核物质密度分布外,通过一些微观理论,如壳模型,从波函数也可构建出理论的核物质密度分布。

折叠的过程比较繁杂,有一些程序专门作此计算,如:Fortran 版本的 DFPOT[14],C 语言版本的 DFMSPH(球形核)和 DFMDEF(形变核)[15-16]等。作为参考,图 2.4 和图 2.5 给出了折叠模型的一些结果。

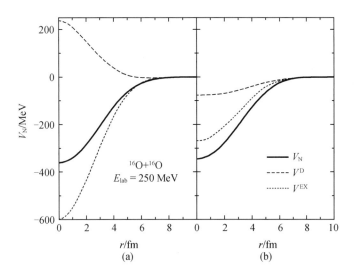

图 2.4　^{16}O + ^{16}O 在 E_{lab} = 250 MeV 时的
相互作用势(DDM3Y 形式)

(a) M3Y-Paris;(b) M3Y-Reid

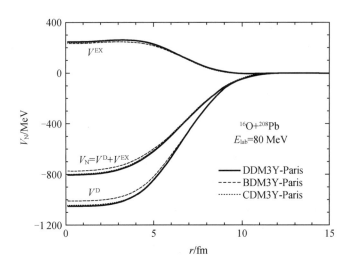

图 2.5　^{16}O + ^{208}Pb 在 E_{lab} = 80 MeV 时的
相互作用势(M3Y-Paris 系列)

2. 单折叠势(SFP)

将双折叠势(见式(2.17))对其中一个核(如核 a)积分,得到核子-核相互作用势,即

$$V_N^{na}(r_{a2}) = \int \rho_1(\mathbf{r}_1) v_{12}(\mathbf{r}_{12}) \mathrm{d}\mathbf{r}_1 \tag{2.27}$$

式中,$\mathbf{r}_{12} = \mathbf{r} - \mathbf{r}_1 + \mathbf{r}_2$。

这样,a-A 的相互作用势可以用核子-核相互作用势 V_N^{na} 对另一个核 A 进行单折叠得到

$$V_N^{aA}(r) = \int \rho_2(\mathbf{r}_2) V_N^{na}(r_{a2}) \mathrm{d}\mathbf{r}_2 \tag{2.28}$$

式中,$\mathbf{r}_{a2} = \mathbf{r} + \mathbf{r}_2$。

单折叠的坐标如图 2.6 所示。V_N^{na} 可以采用唯象的系统学势,或者采用其他微观的光学势。例如,对于 $^{16}O + ^{208}Pb$ 的相互作用势,可以用核子与 ^{16}O 的相互作用势 $V_N(n + ^{16}O)$ 对 ^{208}Pb 的密度分布按照式(2.28)作单折叠得到。其中,$n + ^{16}O$ 的势采用唯象光学势,可以从拟合实验数据得到。

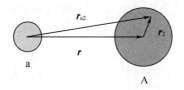

图2.6 单折叠的坐标定义

3. 讨论

(1) 折叠势的物理意义

折叠势反映了核-核相互作用是由核子-核子交换 π 介子产生核力,通过核物质的分布表现出总体的相互作用。它为光学势提供了一个微观的基础,是微观光学势的一级近似。折叠势中没有可调参数,为了与实验结果更加符合,引入了一个归一化系数,即

$$V_N(r) = N_R V_{FP}(r) \tag{2.29}$$

其中,$V_{FP}(r)$ 即为式(2.17)或式(2.28)计算得到的折叠势,归一化系数 N_R 一般为 1 左右。但对于弱束缚核体系,如 $^{6,7}Li$、^9Be 等弱束缚核引起的反应,N_R 可能在 0.5~0.8 之间[17]。

(2) 虚部势

传统上,折叠势仅给出了相互作用势的实部,没有虚部。因此,通常采用唯象光学势的虚部来代替。从方法上看,利用核子-核子散射给出的复数 G 矩阵(complex G-matrix)或者系统学核子-核的光学势(含虚部),通过折叠方法可以得到虚部势[18-19]。但是,所得到的虚部势往往不尽如人意,归一化因子 N_I 较大地偏离 1。值得思考的是,代表吸收的虚部是否可以通过折叠的方法得到? 一般而言,折叠方法得到的是体积势。对于近垒重离子核反应而言,除体吸收项外,表面吸收项也十分重要,它主导了非弹性散射和转移反应等周边反应的过程。目前还没有方法得到表面的吸收势,人们往往将表面项等效到体积项中,这可能是造成归一化因子偏差大的原因之一。

(3) 同位旋项和自旋项

为简单起见,上述折叠势讨论中核子 – 核子相互作用势仅采用了中心项 v_{00},对应于 (S,T) = (0,0) 的情况。毫无疑问,同位旋项和自旋项也是重要的,但十分复杂,可参考文献 [20] ~ 文献 [22]。

(4) 简化表达式

折叠势没有解析式,为方便使用常常用 Woods-Saxon 形状拟合计算得到的折叠势。需要指出的是,Woods-Saxon 平方的形式与折叠势符合得更好。

(5) 折叠模型的扩展和应用

① 集团折叠模型。传统上,折叠模型还是基于平均场的概念。对于具有集团结构的轻核,需要使用集团折叠模型[23-25]。

② 圣保罗势 (San Paulo Potential, SPP)。圣保罗势[26]是一种经验参数化的系统学折叠势,有两点特色:其一,使用方便,所有参数均缺省化在程序中,用户可以不必考虑参数的选择;其二,虚部常用光学势或者通过实部构建,$W(r) = N_I V(r)$,一般取 $N_I = 0.8$ 即可。

2.2.3 能量密度势 (Energy-Density Potential)

1926 年,E. Shördinger 提出用波函数描述微观粒子运动的 Shördinger 方程,原则上可以对体系中任何粒子的微观运动进行描述。但是,当体系含有众多微观粒子时,这样的描述难以实现。1927 年,L. H. Thomas 和 E. Fermi 各自提出以电子密度表示能量的理论。他们用统计方法来研究原子中电子的分布,采用局域密度近似 (Local Density Approximation, LDA) 得到了以密度为变量的能量泛函,即 $E_{TF}[\rho(r)]$,这是密度泛函概念的首次出现。现代密度泛函理论 (Density Functional Theory, DFT) 起源于 20 世纪 60 年代的两项伟大工作。

(1) 1964 年 P. Hohenberg 和 W. Kohn[27]证明了两个重要的定理

① 密度分布函数 $\rho(r)$ 决定了外势 $v(r)$,或者说,外势 $v(r)$ 由密度分布函数 $\rho(r)$ 唯一决定;

② 能量变分原理 (基态能量最小),由此建立了 DFT 的理论框架;

(2) 1965 年,W. Kohn 和 L. J. Sham (沈吕九)[28]引入 LDA,建立了著名的 Kohn-Sham 方程,使得 DFT 能够付诸实施

在核物理领域,DFT 也得到了广泛应用[29]。如今,DFT 在物理、化学、材料和生命科学等领域的研究中发挥越来越重要的作用。

能量密度势是建立在密度泛函理论基础上。核体系的能量密度 $\varepsilon(r)$ 是此点中子密度 $\rho_n(r)$ 和质子密度 $\rho_p(r)$ 的函数,即

$$\varepsilon(r) = f[\rho_n(r), \rho_p(r)] \tag{2.30}$$

体系的能量 $\mathscr{E}$ 可以通过对 $\varepsilon(r)$ 进行全空间积分得到,即

$$\mathscr{E} = \int \varepsilon(r) \mathrm{d}r \tag{2.31}$$

体系基态能量 (结合能) 可以通过变分原理求最小值得到。式 (2.30) 的函数形式有多种,为简单起见,这里给出一个早期的参数化形式[30],即采用广义 Thomas-Fermi 的表达式

$$\varepsilon = \tau_{TF} + \rho V(\rho,\alpha) + \eta_0 (\nabla\rho)^2 + \frac{1}{2} e\rho_p V_C - 0.738\,6 e^2 \rho_p^{4/3} \qquad (2.32)$$

式中,ρ 代表核物质密度,即 $\rho = \rho_n + \rho_p$;α 是中子过剩,即中子密度与质子密度的不对称性, $\alpha = (\rho_n - \rho_p)/(\rho_n + \rho_p)$;式(2.32)的第一项 τ_{TF} 是 Thomas-Fermi 近似下的动能密度,即

$$\tau_{TF} = a_k \rho^{5/3} = \frac{3\hbar^2}{20 m_0} \left(\frac{3}{2}\pi^2\right)^{2/3} [(1-\alpha)^{5/3} + (1+\alpha)^{5/3}] \rho^{5/3} \qquad (2.33)$$

式中,m_0 是核子质量;第二项中 $V(\rho,\alpha)$ 是每核子势能

$$V(\rho,\alpha) = b_1(1 + a_1\alpha^2) + b_2(1 + a_2\alpha^2)\rho^{4/3} + b_3(1 + a_3\alpha^3)\rho^{5/3} \qquad (2.34)$$

第三项 $\eta_0 (\nabla\rho)^2$ 表征核表面区域,即核力的有限程属性;最后两项分别代表直接和交换库仑能,电荷密度取为质子密度。

式(2.32)共有 7 个参数,其中 a_1,a_2,a_3 和 b_1,b_2,b_3 可由无限核物质的性质决定:

① 当 $\alpha = 0$ 时,b_1,b_2,b_3 由每核子结合能 $E/A = -15.6$ MeV,平衡密度 $\rho_0 = 0.17$ fm^{-3} (或费米动量 $k_F = 1.36$ fm^{-1})以及不可压缩性 $K = 250$ MeV 决定;

② a_1,a_2,a_3 表征对中子过剩依赖 α 的程度,可由中子气($\alpha = 1$)的性质给出;最后 η_0 通过重现有限核物质(如 ^{40}Ca)的结合能定出。

式(2.32)中 7 个参数的数值列在表 2.2 中。

表 2.2　能量密度式(2.32)中 7 个参数的数值

b_1	b_2	b_3	a_1	a_2	a_3	η_0
-588.75	563.56	160.92	-0.424	-0.097 3	-2.25	7.23

密度分别可以取费米分布,即

$$\rho_i(r) = \frac{\rho_i(0)}{1 + \exp[(r - C_i)/0.55]}, \quad i = n,p \qquad (2.35)$$

此处,C_i 为半密度半径,$C_i = R_i(1 - 1/R_i)$,$R_i = r_{0i} A^{1/3}$,$r_{0p} = 1.128$ fm,$r_{0n} = 1.1375 + 1.875 \times 10^{-4} A$ fm,这样中心密度为

$$\rho_n(0) = \frac{3}{4\pi} \frac{N}{A} \frac{1}{r_{0n}^3}, \quad \rho_p(0) = \frac{3}{4\pi} \frac{Z}{A} \frac{1}{r_{0p}^3} \qquad (2.36)$$

假设两核(核 1 和核 2)的密度是冻结的(突然近似),相互作用势可通过积分得到,即

$$V(R) = \int [\varepsilon(\rho_{1n} + \rho_{2n}, \rho_{1p} + \rho_{2p}) - \varepsilon(\rho_{1n}, \rho_{1p}) - \varepsilon(\rho_{2n}, \rho_{2p})] d\tau \qquad (2.37)$$

注意:

① 由于能量密度式(2.32)中包含了库仑能,故 $V(R)$ 是总的相互作用势,即 $V(R) = V_N(R) + V_C(R)$;

② 积分中第一项代表体系的能量密度,第二、三项分别是核 1 和核 2 的能量密度;

③ 式中 R 是两核中心距离。

2.2.4 亲近势

亲近势(proximity potential)来源于一个朴素的思想:"…the force between two gently curved objects in close proximity is proportional to the interaction potential per unit area between two flat surfaces made of the same material, the constant of proportionality being a measure of the mean curvature of the two objects."[31]

亲近势的几何示意图如图 2.7 所示,两核处于 O 和 O',它们之间半密度的间距为 S; $S = S_0 + \frac{1}{2}\kappa_1 x^2 + \frac{1}{2}\kappa_2 y^2$,这里 S_0 是最趋近距离,κ_1 和 κ_2 与两核的曲率半径 R_1, R_2 相关。

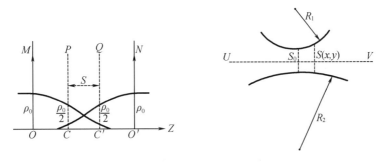

图 2.7 亲近势的几何示意图

假设单位表面积的相互作用为 $e(S)$,当两核接触时,$S = 0$,$e(0) = 2\gamma$,这里 γ 为表面张力系数,即

$$\gamma = 0.95\left[1 - 1.8\frac{(N_1 - Z_1)(N_2 - Z_2)}{A_1 A_2}\right] \quad (\text{MeV} \cdot \text{fm}^{-2}) \tag{2.38}$$

两核曲面间的相互作用势为

$$V(S_0) = -\int_{-\infty}^{+\infty}\int_{-\infty}^{+\infty} e(S)\,\mathrm{d}x\mathrm{d}y = -\frac{2\pi}{\sqrt{\kappa_1\kappa_2}}\int_{S_0}^{\infty} e(S)\,\mathrm{d}s \tag{2.39}$$

当两核均为球形核时,$\kappa_1 = \kappa_2 = \frac{1}{R_1} + \frac{1}{R_2}$,$S_0 = r - R_1 - R_2$,$r$ 为两核中心 $O-O'$ 间距,上式改写为

$$V(S_0) = -\frac{2\pi R_1 R_2}{R_1 + R_2}\int_{S_0}^{\infty} e(S)\,\mathrm{d}s \tag{2.40}$$

注意到,$e(S)$ 与两核密度相关,即 $e(S) = \int_{-\infty}^{+\infty}(F(\rho) - F(\rho_1) - F(\rho_2))\,\mathrm{d}z$。运用 Thomas-Fermi 模型和唯象 Seyler-Blanchard 核子 – 核子势[32-33],可以得到参数化的亲近势,即

$$V_N(r) = 4\pi\gamma\overline{R}b\Phi\left(\frac{r-R}{b}\right) \tag{2.41}$$

式中,$R = R_1 + R_2$;$\overline{R} = \frac{R_1 R_2}{R_1 + R_2}$,$R_i = 1.28 A_i^{1/3} + 0.8 A_i^{-1/3} - 0.76$,$R_i$ 单位为 fm;b 为弥散参数,可取 $b = 1$ fm;$\Phi(\zeta)$ 称为普适函数(universal function),即

$$\Phi(\zeta) = \begin{cases} -\dfrac{1}{2}(\zeta - 2.54)^2 - 0.0852(\zeta - 2.54)^3, & \zeta \leq 1.2511 \\ -3.437\exp(-\zeta/0.75), & \zeta > 1.2511 \end{cases} \quad (2.42)$$

普适函数与核的密度分布、具体结构等无关,仅与亲近距离 $\zeta = (r - R)/b$ 有关,其形状如图 2.8 所示。

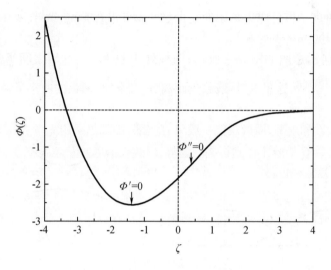

图 2.8 亲近势中普适函数的形状

上述亲近势习惯上称为 Blocki 亲近势或 Prox77 势。根据不同的需求,有不同参数化的形式,至今已有十余套参数值[34-36]。普适函数的形状在具体使用中有时不够方便,如作形变展开时不如 Woods-Saxon 形状方便。

下面介绍两个重要的 Woods-Saxon 形状参数化亲近势

$$V_0 = 16\pi\gamma \overline{R} a \quad (\text{MeV})$$

$$\overline{R} = \frac{R_P R_T}{R_P + R_T} \quad (\text{fm})$$

$$\gamma = 0.95\left[1 - 1.8\left(\frac{N_P - Z_P}{A_P}\right)\left(\frac{N_T - Z_T}{A_T}\right)\right] \quad (\text{MeV}\cdot\text{fm}^{-2})$$

(1) Akyüz-Winther Potential[37]

$$R_i = (1.20 A_i^{1/3} - 0.09), \quad i = P, T$$

$$R = R_P + R_T$$

$$a = \left\{1.17\left[1 + 0.53(A_P^{-1/3} + A_T^{-1/3})\right]\right\}^{-1}$$

(2) Broglia-Winther Potential[38]

$$R_i = (1.233 A_i^{1/3} - 0.98 A_i^{-1/3}), \quad i = P, T$$

$$R = R_P + R_T + 0.29$$

$$a = 0.63$$

式中，R_i, R, a 单位均为 fm。

这两个参数化的亲近势在低能重离子核反应中得到了广泛的应用。

2.2.5 讨论

上面介绍了重离子核反应中常用的几种核-核相互作用势：光学势、折叠势、能量密度势和亲近势。其中光学势是宏观势（唯象势、现象学势），折叠势和能量密度势是微观势，而亲近势则是介于宏观和微观之间的一种势，其参数从拟合大量实验数据而得到，效果较好。本节需要说明以下几点。

1. 虚部

光学势含有实部和虚部，而微观势一般只有实部，虚部仍采用光学势。当然，也可以从核子-核子散射的复数 G 矩阵中得到折叠的虚势，但效果不尽如人意。

2. 非定域性（nonlocality）

折叠势和能量密度势都包含核内部的坐标（密度分布），是非定域的，来源于 knock-on 交换过程。在积分成定域势后，相互作用势随能量存在一个缓慢的变化，称为"伪"能量相依，即非定域性效应。此外，反应过程中的某些机制，如耦合道效应，会产生一种动力学的非定域性，有时也称为时间非定域性（参见 3.6 节阈异常）。

3. 微观性

折叠势和能量密度势都是微观势。折叠势基于两个核之间点对点的核子-核子相互作用，这种核子-核子势采用的是唯象的经验势；能量密度势基于双核体系中核子在某点的能量密度，由变分法求得体系的最低能量，不需要经验的参数，是一种以第一性原理（first principle）的方法得到的相互作用势。

2.3 形 变 势

在考虑形变核参与的反应时，最简单有效的方法是考虑形变的相互作用势。通过对半径做展开，即

$$R(\theta, \varphi) = R_0 \left(1 + \sum_{\lambda\mu} a_{\lambda\mu} Y_{\lambda\mu}(\theta, \varphi)\right) \tag{2.43}$$

式中，R_0 为同体积球半径；a 是形变参量；Y 是球谐函数；角标 λ，μ 代表 θ，φ 方向形变的级次。简单地，考虑轴对称 16 极形变：

$$R(\theta) = R_0 (1 + \beta_2 Y_2(\theta) + \beta_4 Y_4(\theta)) \tag{2.44}$$

相互作用势包含库仑势和核势，即 $U(r, \theta) = V_C(r, \theta) + V_N(r, \theta)$，将 $V_C(r, \theta)$ 和 $V_N(r, \theta)$ 分别展开[39]得

$$V_C(r, \theta) = \frac{Z_1 Z_2 e^2}{r} \left\{ 1 + \frac{1}{r^2} \sum_{i=P,T} R_{0i}^2 \left[\sqrt{\frac{9}{20\pi}} \beta_{2i} P_2(\cos\theta_i) + \frac{3}{7\pi} (\beta_{2i} P_2(\cos\theta_i))^2 \right] + \frac{1}{r^4} \sum_{i=P,T} R_{0i}^4 \sqrt{\frac{1}{4\pi}} \beta_{4i} P_4(\cos\theta_i) \right\} \tag{2.45}$$

$$V_N(r,\theta) = V_0 \left\{ 1 + \exp\left\{ \left[r - R_0 - \sum_{i=P,T} R_{0i} \left(\sqrt{\frac{5}{4\pi}} \beta_{2i} P_2(\cos\theta_i) + \sqrt{\frac{9}{4\pi}} \beta_{4i} P_4(\cos\theta_i) \right) \right] \Big/ a \right\} \right\}^{-1} \tag{2.46}$$

其中,$P(\cos\theta)$是 Legendre 多项式。

注意:

① 展开式中忽略了β_4以上的高次项和$\beta_2\beta_4$的交叉项;

② 库仑势采用简单的点电荷公式(2.3);

③ 核势取 Woods-Saxon 形状,这样V_0,R_0,a可取光学势的参数值,或者亲近势的 Akyüz-Winther 势或 Broglia-Winther 势。

图 2.9 显示了 $^{16}\text{O} + ^{154}\text{Sm}$ 体系库仑势垒随碰撞角度变化的情况。假设反应能量 $E = 52$ MeV,如果是尖端(top)碰撞,该能量在库仑势垒之上,则俘获截面主要由尖端碰撞贡献,由于能量低于库仑势垒其他方向碰撞的俘获反应被强烈抑制。因此,可以通过能量的调节实现极化的俘获反应。

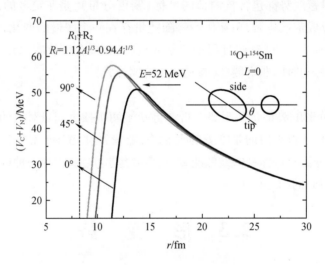

图 2.9 $^{16}\text{O} + ^{154}\text{Sm}$ 体系库仑势垒随碰撞角度变化的情况

对角度积分可得平均势,即

$$U(r) = \int_0^{\frac{\pi}{2}} \int_0^{\frac{\pi}{2}} U(r,\theta) \mathrm{d}\theta_P \mathrm{d}\theta_T \tag{2.47}$$

注意这里积分从 0° 到 90° 即可。

2.4 离 心 势

离心势(centrifugal potential)

$$V_{\text{cent}}(r) = \frac{\boldsymbol{L}^2}{2\mu r^2} \doteq \frac{l(l+1)\hbar^2}{2\mu r^2} \tag{2.48}$$

式中,第一个等号是精确的表达,第二个等号应用了等离心近似(isocentrifugal approximation),将 L^2 近似为 $l(l+1)\hbar^2$,这是我们常用的表达式。

图 2.10 显示了两核(1 和 2)在碰撞(非对头碰,碰撞常数为 b)过程中产生 Coriolis 力的情况。相对运动的速度 v 与整个体系的转动 ω 形成向斜外向的 Coriolis 力,这将增大碰撞参数 b,导致轨道角动量 L 的改变。等离心近似就是忽略 Coriolis 力的作用,亦称无 Coriolis 力近似(no-Coriolis approximation)或旋转坐标系近似(rotating frame approximation)。这是普遍采用的近似,是一个好的近似[40]。

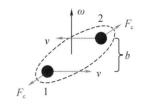

图 2.10 Coriolis 力的产生

在实际计算中,一般不用考虑离心势,它已经包含在程序中。比如在做分波法展开时,自然地考虑了离心势。

2.5 讨 论

2.5.1 冻结势和绝热势

假设碰撞过程进行得非常快(突然近似,sudden approximation),两核的密度分布来不及变化,即密度冻结的情况,对应的势称为冻结势。在两核接触之前,冻结势是一个较好的近似。两核接触之后,形成一个复合体系,可认为是一个绝热演化的过程,对应的势称为绝热势。

通常,在库仑势垒以内,绝热势小于冻结势,即 $U_{\text{adi.}} < U_{\text{sud.}}$,见图 2.11。对于内部势形状,目前了解甚少。冻结势和绝热势是两种极限的情况。

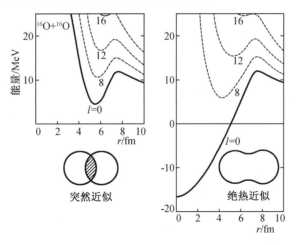

图 2.11 冻结势和绝热势

2.5.2 裸势和动力学极化势

一般而言,微观势得到的是裸势,势的大小随能量变化很小,不含有碰撞过程中由于形变、耦合等动力学引起的变化,即不包括动力学极化势的成分。唯象的光学模型则含有动力学极化势,是一种有效势(参见 3.6 节关于"阈异常"现象的讨论)。简单地讲,裸势 + 动力学极化势 = 有效势。因此,采用耦合道方法做计算时,需要使用裸势而非有效势。

2.5.3 定域等效势

光学势是一种定域的有效势,可以很好描述核反应的过程。微观势,如折叠势等是非定域的,在做实际计算时,一般需要做非定域修正[41-42],成为等效的定域势(equivalent local potential),可以更好地符合实验结果。

参 考 文 献

[1] BASSANI G, SAUNIER N, TRAORE B M, et al. Optical-model analysis of ^{6}Li elastic scattering [J]. Nucl. Phys. A, 1972, 189: 353.

[2] BRINK D M, TAKIGAWA N. Barrier penetration effects in the semi-classical theory of elastic scattering between complex nuclei [J]. Nucl. Phys. A, 1977, 279: 159.

[3] ANNI R, RENNA L. Semi-classical angular decomposition of the heavy-ion scattering amplitude: contributions from reflected, refracted and diffracted trajectories [J]. IL Nuovo Cimento A, 1981, 65: 311.

[4] JAIN A K, GUPTA M C, SHASTRY C S. Electrostatic potentials for nucleus-nucleus optical model [J]. Phys. Rev. C, 1975, 12: 801.

[5] POLING J E, NORBECK E, CARLSON R R. Elastic scattering of lithium by ^{9}Be, ^{10}B, ^{12}C, ^{16}O, and ^{28}Si from 4 to 63 MeV [J]. Phys. Rev. C, 1976, 13: 648.

[6] ANNI R. Analytical approximation for the sphere-sphere Coulomb potential [J]. Phys. Rev. C, 2001, 63: 067601.

[7] VRIES H de, JAGER C W de, VRIES C de. Nuclear charge-density-distribution parameters from elastic electron scattering [J]. Atom. Data and Nucl. Data Tab., 1987, 36: 495.

[8] FESHBACH H. The optical model and its justification [J]. Ann. Rev. Nucl. Sci., 1958, 8: 49.

[9] WOODS R D, SAXON D S. Diffuse surface optical model for nucleon-nuclei scattering [J]. Phys. Rev., 1954, 95: 577.

[10] THOMAS L H. The motion of the spinning electron [J]. Nature (London), 1926, 117: 514.

[11] SATCHLER G R, LOVE W G. Folding model potentials from realistic interaction for heavy-ion scattering [J]. Phys. Rep, 1979, 55: 183.

[12] KHOA D T, OERTZEN W VON. A nuclear matter study using the density dependent M3Y interaction [J]. Phys. Lett. B, 1993, 304: 8.

[13] KHOA D T, SATCHLER G R, OERTZEN W VON. Nuclear incompressibility and density dependent NN interactions in the folding model for nucleus-nucleus potentials [J]. Phys. Rev. C, 1997, 56: 954.

[14] COOK J. DFPOT—a program for the calculation of double folded potentials [J]. Comp. Phys. Comm., 1982, 25: 125.

[15] GONTCHAR I I, CHUSHNYAKOVA M V. A C-Code for the double folding interaction potential of two spherical nuclei [J]. Comp.. Phys. Comm., 2010, 181: 168.

[16] GONTCHAR I I, CHUSHNYAKOVA M V. A C-Code for the double folding interaction potential for reactions involving deformed target nuclei [J]. Comp. Phys. Comm., 2013, 184: 172.

[17] KEELEY N, BENNETT S J, CLARKE N M, et al. Optical model analyses of ^{6,7}Li + ^{208}Pb elastic scattering near the Coulomb barrier [J]. Nucl. Phys. A, 1994, 571: 326.

[18] BRIEVA F A, ROOK J R. Microscopic description of nucleon-nucleus elastic scattering [J]. Nucl. Phys. A, 1978, 307: 493.

[19] FURUMOTO T, SAKURAGI Y, YAMAMOTO Y. New complex G-matrix interactions derived from two and three-body forces and application to proton-nucleus elastic scattering [J]. Phys. Rev. C, 2008, 78: 044610.

[20] BRIEVA F A, ROOK J R. Nucleon-nucleus optical model potential: (Ⅰ). nuclear matter approach [J]. Nucl. Phys. A, 1977, 291: 299.

[21] BRIEVA F A, ROOK J R. Nucleon-nucleus optical model potential: (Ⅱ). finite nuclei [J]. Nucl. Phys. A, 1977, 291: 317.

[22] BRIEVA F A, ROOK J R. Nucleon-nucleus optical model potential: (Ⅲ). the spin-orbit component [J]. Nucl. Phys. A, 1978, 297: 206.

[23] MUKHOPADHYAY D, GRAWERT G, FICK D. Cluster folding model for polarized ^{7}Li elastic scattering [J]. Phys. Lett. B, 1981, 104: 361.

[24] MAJKA Z, GILS H J, REBEL H. Cluster folding model for C^{12}(Li^{6}, Li^{6}) scattering at 156 MeV [J]. Phys. Rev. C, 1982, 25: 2996.

[25] FARID M E. Four-alpha cluster folding model of ^{16}O-ions [J]. J. Phys. G, 1990, 16: 461.

[26] CHAMON L C, CARLSON B V, GASQUES L R, et al. Toward a global description of the nucleus-nucleus interaction [J]. Phys. Rev. C, 2002, 66: 014610.

[27] HOHENBERG P, KOHN W. Inhomogeneous electron gas [J]. Phys. Rev., 1964, 136: B864.

[28] KOHN W, SHAM L J. Self-consistent equations including exchange and correlation effects [J]. Phys. Rev., 1965, 140: A1133.

[29] BETHE H A. Thomas-fermi theory of nuclei [J]. Phys. Rev., 1968, 167: 879.

[30] NGÔ H, NGÔ CH. Calculation of the real part of the interaction potential between two heavy ions in the sudden approximation [J]. Nucl. Phys. A, 1980, A348: 140.

[31] BLOCKI J, RANDRUP J, SWIATECKI W J, et al. Proximity forces [J]. Ann. Phys. (NY), 1977, 105: 427.

[32] SEYLER R G, BLANCHARD C H. Classical self-consistent nuclear model I & II [J]. Phys. Rev., 1961, 124: 227.

[33] SEYLER R G, BLANCHARD C H. Classical self-consistent nuclear model I & II [J]. Phys. Rev., 1963, 131: 355.

[34] DUTT I, PURI R K. Systematic study of the fusion barriers using different proximity-type potentials for $N = Z$ colliding nuclei: new extensions [J]. Phys. Rev. C, 2010, 81: 044615.

[35] DUTT I, PURI R K. Analytical parametrization of fusion barriers using proximity potentials [J]. Phys. Rev. C, 2010, 81: 064608.

[36] ISHWAR DUTT, RAJEEV, PURI K. Comparison of different proximity potentials for asymmetric colliding nuclei [J]. Phys. Rev. C, 2010, 81: 064609.

[37] AKYÜZ O, WINTHER A. In proceedings of Enrico Fermi international school of physics 1979 [M]. Amsterdam: Academic Press, 1981.

[38] BROGLIA R A, WINTHER A. Heavy ion reactions [M]. Boulder: Westview Press, 2004.

[39] LIN C J, XU J C, ZHANG H Q, et al. Threshold anomaly in the $^{19}F + ^{208}Pb$ system [J]. Phys. Rev. C, 2001, 63: 064606.

[40] ESBENSEN H, LANDOWNE S, PRICE C. High-spin excitations in the rotating frame and sudden approximations [J]. Phys. Rev. C, 1987, 36: 2359.

[41] PEREY F, BUCK B. A non-local potential model for the scattering of neutrons by nuclei [J]. Nucl. Phys., 1962, 32: 353.

[42] CHAMON L C, PEREIRA D, HUSSEIN M S, et al. Nonlocal description of the nucleus-nucleus Interaction [J]. Phys. Rev. Lett., 1997, 79: 5218.

第 3 章 弹 性 散 射

弹性散射是核碰撞的一个基本的过程,主要发生在两核密度无交叠或者少量交叠的区域。弹性散射是研究核-核相互作用的一个根本性的实验手段,也是研究原子核基本性质,如核物质分布(大小、表面弥散等)的重要实验手段[1]。在实验中,弹性散射常常作为一个参照物来标定其他反应过程,如非弹性散射、转移反应等。可以说,弹性散射的研究是低能重离子核反应研究的基础。

3.1 弹性散射角分布的测量

3.1.1 绝对测量

弹性散射角分布的绝对测量需要准确知道束流强度 I,单位面积靶核数 N_s 和立体角 $d\Omega$ 等实验参量,微分截面可表示为

$$\sigma_{el}(\theta) = \frac{dN_{el}}{IN_s d\Omega} \tag{3.1}$$

式中,dN_{el} 是在立体角内所观测到的弹性散射的数目。

通常,束流强度、靶厚和立体角等参量的测量存在较大误差(一般在10%左右),影响角分布测量的精度。因此,实验中常用相对测量的方法。

3.1.2 相对测量

相对测量是指测量弹性散射截面和卢瑟福色散截面的比值,即

$$R(\theta) = \frac{\sigma_{el}(\theta)}{\sigma_{Ru}(\theta)} \tag{3.2}$$

实验中,在前角(擦边角之前)放置固定的监视器,用以监视卢瑟福散射,进行束流归一化,达到相对测量的目的。此时式(3.2)可写为

$$R(\theta) = \frac{\sigma_{el}(\theta)}{\sigma_{Ru}(\theta)} \cdot \frac{\sigma_{Ru}^M(\theta^M)}{\sigma_{el}^M(\theta^M)} = \frac{dN_{el}}{dN_{el}^M} \cdot \frac{d\Omega^M}{d\Omega} \cdot \frac{\sigma_{Ru}^M(\theta^M)}{\sigma_{Ru}(\theta)} \tag{3.3}$$

式中,上标 M 代表监视器。

监视器要保证,在擦边角之前测量到的弹性散射基本上为纯的卢瑟福散射,即保证 $\frac{\sigma_{Ru}^M(\theta^M)}{\sigma_{el}^M(\theta^M)} = 1$。这样式(3.3)由三个比值构成:$\frac{dN_{el}}{dN_{el}^M}$ 为探测器计数与监视器计数之比,由实验

测量得到；$\frac{\mathrm{d}\Omega^{\mathrm{M}}}{\mathrm{d}\Omega}$ 为监视器立体角与探测器立体角之比，由几何测量，或者更精确地由放射源或束流刻度得到；$\frac{\sigma_{\mathrm{Ru}}^{\mathrm{M}}(\theta^{\mathrm{M}})}{\sigma_{\mathrm{Ru}}(\theta)}$ 为监视器角度 θ^{M} 处的卢瑟福散射截面与探测器角度 θ 处的卢瑟福散射截面之比，可由理论计算精确得到。

相对测量避免了束流强度、靶厚和立体角等参量的绝对值带来的误差，因而精度高，是普遍采用的方法。监视器固定角度的选择是关键。一般而言，越前角，其卢瑟福散射就越纯，但是计数率太高，容易造成丢数和监视器因辐照损伤而损坏。因此实验前对擦边角和监视器的计数要有一个估计，以选择合适的监视器角度。

此外，对于其他反应道的测量，如非弹性散射、转移反应、熔合与裂变等测量，基本上也是采用相对测量的方法。参照式(3.3)，得到绝对截面为

$$\sigma_{\mathrm{X}}(\theta) = \sigma_{\mathrm{X}}(\theta) \cdot \frac{\sigma_{\mathrm{Ru}}^{\mathrm{M}}(\theta^{\mathrm{M}})}{\sigma_{\mathrm{el}}^{\mathrm{M}}(\theta^{\mathrm{M}})} = \frac{\mathrm{d}N_{\mathrm{X}}}{\mathrm{d}N_{\mathrm{el}}^{\mathrm{M}}} \cdot \frac{\mathrm{d}\Omega^{\mathrm{M}}}{\mathrm{d}\Omega} \cdot \sigma_{\mathrm{Ru}}^{\mathrm{M}}(\theta^{\mathrm{M}}) \tag{3.4}$$

式中，下标 X 代表所测量的反应道。

作为一个例子，图 3.1 显示了能量为 32.52 MeV 的 ^{7}Li 束流轰击 100 μg/cm^2 厚度的 ^{208}Pb 靶（靶角 55°）在 170°测量出射产物的能谱分布。图 3.1 是 ΔE-E 望远镜测量所得的总能量谱，总能量分辨 FWHM(full width at half maximum)约为 24 keV，分辨率约 0.43%。在 3 358 道处有一个很强的峰，就是弹性散射峰；在 800 道以下是 p，d，t 叠加起来的一个很强的分布。放大了显示细节，2 500 道至 3 500 道的准弹性散射区域放大后画在图 3.1 小插图中。经过能量刻度后，可以辨认出这些峰的来源，见表 3.1。

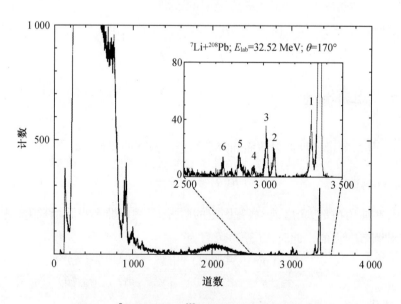

图 3.1 ^{7}Li 束流轰击 ^{208}Pb 靶出射产物的能谱图

表 3.1　图 3.1 中一些峰的道数、能量、粒子及其反应来源

反应道	能量/MeV	粒子束流	反应
3358	28.454	^{7}Li	^{208}Pb(^{7}Li,^{7}Li)^{208}Pb
3306	28.007	^{7}Li	^{208}Pb(^{7}Li,^{7}Li[$E_x=0.478$])^{208}Pb
3070	26.010	^{7}Li	^{208}Pb(^{7}Li,^{7}Li)^{208}Pb[$E_x=2.615$]
3022	25.621	^{6}Li	^{208}Pb(^{7}Li,^{6}Li)^{209}Pb
2943	24.888	^{6}Li	^{208}Pb(^{7}Li,^{6}Li)^{209}Pb[$E_x=0.779$]
2850	24.147	^{6}Li	^{208}Pb(^{7}Li,^{6}Li)^{209}Pb[$E_x=1.567$]
2747	23.279	^{6}Li	^{208}Pb(^{7}Li,^{6}Li)^{209}Pb[$E_x=2.491$]
≈2 000	≈$\frac{4}{7}E$	α	Breakup from ^{7}Li breakup, 3-body kinematics
919	7.857	α	Decay from ^{212}At[0.119 s] by ^{208}Pb(^{7}Li,3n) fusion
896	7.669	α	Decay from ^{212}At[0.314 s] by ^{208}Pb(^{7}Li,3n) fusion
874	7.450	α	Decay from ^{211}Po[0.516 s] by ^{208}Pb(α,1n) fusion

3.2　弹性散射类型与角分布的特征

3.2.1　弹性散射类型

弹性散射类型与碰撞能量、弹靶的 Z_1Z_2 乘积（库仑场）强烈相关，主要由索末菲参数（见式(1.19)）决定。图 3.2 显示了 α+^{40}Ca 体系在不同能量时弹性散射的角分布形状。能量由低到高，可依次观察到卢瑟福（Rutherford）散射、菲涅耳（Fresnel）散射和夫琅和费（Fraunhofer）散射[2]。

1. Rutherford 散射

能量低于库仑势垒，$\eta \gg 1$，基本上是纯库仑散射，如图 3.2(a)所示。

2. Fresnel 散射

能量在库仑势垒附近，$\eta \gtrsim 1$，库仑散射与核散射相干叠加，如图 3.2(b)所示。

3. Fraunhofer 散射

能量远高于库仑势垒，$\eta \lesssim 1$，核衍射显著，如图 3.2(c)所示。

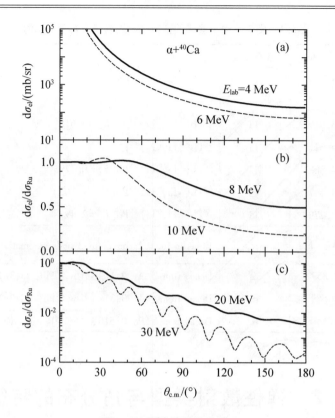

图 3.2 弹性散射的类型
(a)卢瑟福散射;(b)菲涅耳散射;(c)夫琅和费散射

3.2.2 角分布特征

本书主要讨论能量接近库仑势垒时的情况,属于典型的 Fresnel 散射类型。图 3.3 显示了 ^{16}O 与不同靶核弹性散射的角分布[3]。总体上看,它们有着共同的特征[4]。

1. 都以 $d\sigma_{el}/d\sigma_{Ru}$ 形式表达

前角比值约等于 1,基本上是 Rutherford 散射;后角比值小于 1,减小的部分代表被吸收的成分。

2. 前角和后角的特征

前角(明区)有明显的明暗条纹,由库仑散射与核散射相干叠加而成,库仑散射为主,故称库仑虹(Coulomb rainbow);后角(暗区)成对数下降趋势,有明显的边界,核的强吸收特性明显。

3. 1/4 点诀窍(quarter-point recipe)[5]

如图 3.4 所示,在 $d\sigma_{el}/d\sigma_{Ru}=1/4$ 处,对应的角度为擦边角,即 $\theta_{gr}=\theta_{1/4}$;对应的距离为擦边距离(假设沿库仑径迹运动),即 $R_{gr}=a[1+\csc(\theta_{1/4}/2)]$;所对应角动量为擦边角动量,即 $L_{gr}=\eta\cot(\theta_{1/4}/2)$。在强吸收模型中,$R_{gr}$ 即为强吸收半径 R_{sa}(参见 1.6 节)。擦边距离的物理定义为:在该距离处,散射波或吸收波的振幅为 1/2,即 $f(\theta_{1/4})=1/2$;这样,$d\sigma_{el}/d\sigma_{Ru}=|f(\theta_{1/4})|^2=1/4$。

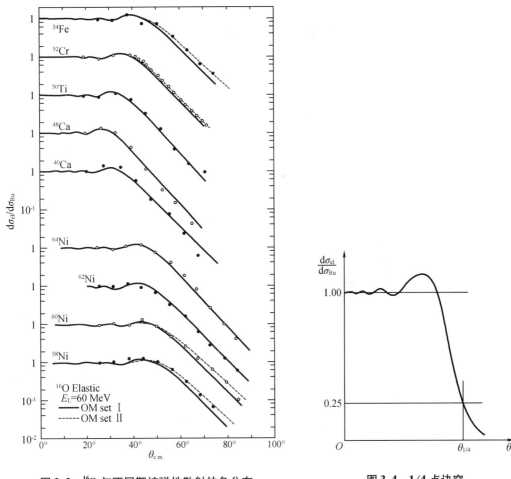

图 3.3 ^{16}O 与不同靶核弹性散射的角分布

图 3.4 1/4 点诀窍

3.3 弹性散射的参数化

从 3.2 节可以看到,弹性散射数据随体系、能量、角度等呈现出不同的变化。从本质上讲,决定碰撞过程最关键的参数是最趋近距离 D。因此,可以按照最趋近距离将弹性散射的角分布进行参数化,即 Christensen Parameterization[6]。假设沿库仑径迹(见式(1.17)),弹性散射的微分截面可写为

$$\frac{d\sigma_{el}}{d\sigma_{Ru}} = 1 - P_{abs}(D) \tag{3.5}$$

其中,$P_{abs}(D)$ 是从弹性道吸收到其他反应道的概率,即

$$P_{abs}(D) = \begin{cases} 0, & D \geqslant D_0 \\ 1 - \exp\left(\dfrac{D - D_0}{\Delta}\right), & D < D_0 \end{cases} \tag{3.6}$$

式中,D_0 为核力开始产生作用的距离,即吸收开始发生的距离;Δ 为吸收部分的斜率。图 3.5 显示了弹性散射数据参数化的情况:

① 对于邻近的不同体系 ^{40}Ar，^{40}Ca，^{48}Ca，^{48}Ti + ^{208}Pb，能量在 1.05～1.58 倍势垒[7]；
② 对于相同体系 ^{19}F + ^{208}Pb，能量在 0.98～1.14 倍势垒。

图 3.5 中 d 和 δ 是约化值：$d = \dfrac{D}{(A_P^{\frac{1}{3}} + A_T^{\frac{1}{3}})}$，$\delta = \dfrac{\Delta}{(A_P^{\frac{1}{3}} + A_T^{\frac{1}{3}})}$。参数化后，不同体系或不同能量的弹性散射数据可以很好地归一到一起。

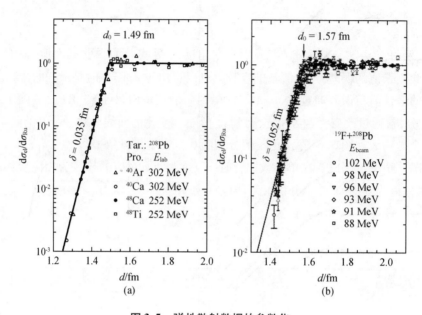

图 3.5　弹性散射数据的参数化
(a) 不同体系；(b) 不同能量

表 3.2 显示了 ^{19}F + ^{208}Pb 体系在不同能点的参数化值以及用式(3.5)拟合的优度 χ^2 值。从表 3.2 可以看出，参数 d_0 基本上不随能量变化；而对于参数 δ，当能量接近库仑势垒乃至垒下时，呈现一个快速增大的趋势，表明了吸收的快速减弱。

此外，从参数化图上，可以方便地定出强吸收距离，即 $d\sigma_{el}/d\sigma_{Ru} = 1/4$ 处所对应的距离。

表 3.2　^{19}F + ^{208}Pb 体系的参数化 d_0 和 δ 值及其拟合优度 χ^2 值

E_{beam}/MeV	d_0/fm	δ/fm	χ^2
102	1.578 ± 0.016	0.048 0 ± 0.003 5	4.99
98	1.565 ± 0.016	0.050 8 ± 0.005 8	6.36
96	1.572 ± 0.009	0.051 2 ± 0.002 6	5.97
93	1.572 ± 0.018	0.052 5 ± 0.005 8	6.40
91	1.573 ± 0.010	0.065 7 ± 0.007 3	4.77
88	1.595 ± 0.040	0.115 5 ± 0.020 4	0.07

3.4 光学势的抽取

光学势可以通过拟合弹性散射角分布来抽取,是简单直接的方法。拟合寻参的过程一般通过最小二乘法完成,拟合优度用 χ^2 值或每点 χ^2 值表示,即

$$\chi^2/\text{pt} = \frac{1}{N}\sum_{i=1}^{N}\left(\frac{\sigma_i^{\text{exp}} - \sigma_i^{\text{the}}}{\delta\sigma_i^{\text{exp}}}\right)^2 \tag{3.7}$$

式中,pt 表示每点,σ_i^{exp},σ_i^{the} 和 $\delta\sigma_i^{\text{exp}}$ 分别为在角度 θ_i 处实验测得的截面值、理论计算的截面值和实验测量值的误差;N 为测量的点数。可以看出,$\chi^2/\text{pt} = 1$ 时是最好的情况。

参数的最佳值与误差通过 χ^2 分析[8-11]得到。最佳值由最小 χ^2 值($\chi^2_{\min}$)确定。对于单参数的 χ^2 分析,通过改变参数 P,将会得到 χ^2 值随 P 变化的曲线。对一个好的测量而言,该曲线是一个抛物线。图 3.6 显示了 χ^2 值分别随 6 个光学势参数 $\{V_0, r_{0V}, a_V; W_0, r_{0W}, a_W\}$ 变化的情况。根据 χ^2 分析,在单参数拟合时,$\chi^2_{\min} + 1$ 处所对应的参数为相应参数的上下误差,对应置信度为 68.3%。χ^2 分析可简洁地写成

$$\begin{cases} \chi^2_{\min} \rightarrow P_0 \\ \chi^2_{\min} + 1 \rightarrow P_0 \pm \sigma \end{cases} \tag{3.8}$$

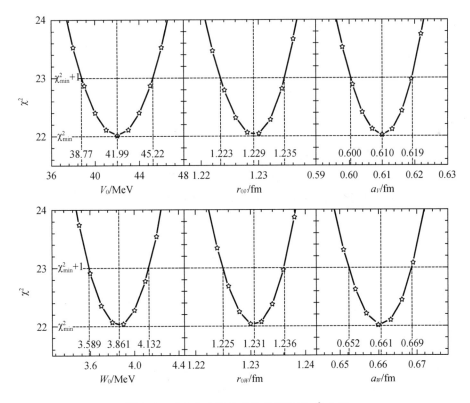

图 3.6 对 6 个光学势参数分别进行 χ^2 分析

对于一个不够理想的测量而言,χ^2 值随 P 变化的曲线将偏离抛物线,此时参数的上下误差,即 $+\sigma$ 和 $-\sigma$ 不同。关于 χ^2 分析进一步的资料,如对于多个关联参数的分析以及 χ^2

较大情况下的处理方法等,见参考文献[8]~文献[11]。

用于拟合弹散角分布的程序主要有 PTOLEMY[12-13],ECIS[14-16]和 FRESCO[17,18]等,不同程序的拟合结果基本一致。以 ^{16}O + ^{208}Pb 体系为例,在 E_{lab} = 95 MeV 时弹散角分布用上述程序的拟合结果如图 3.7 所示。

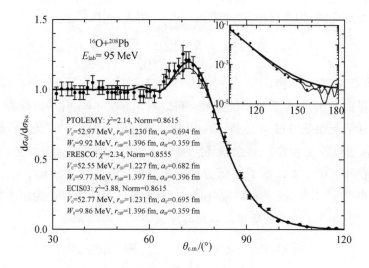

图 3.7 常用的程序及其光学模型拟合结果

实验中,对同一个体系往往有多个能量点的测量,以考察光学势随能量变化的情况。此时需要统一考虑,以选择出最佳光学势参数值。以 ^{19}F + ^{208}Pb 体系为例,实验测量了 E_{beam} = 88,91,93,96,98,102 MeV 时弹性散射角分布[19]。考虑 4 参数光学势(V,W,$r_{0V} = r_{0W}$,$a_V = a_W$)拟合,对所有能量光学势的半径 r_0 和弥散参数 a 采用固定值(一般认为在较小的能量范围内 r_0 和 a 不会有太大的变化),而势深度 V 和 W 随能量变化。对于 r_0 和 a 常有两种做法:①对各能点最佳拟合值的 r_0 和 a 取平均值作为固定参数,然后再对各能点进行拟合得到最佳 V 和 W;②考察各能点 r_0 和 a 随 χ^2 值变化的情况,综合考虑定出最佳值。例如,图 3.8 显示了 χ^2 值随 a 变化的情况,综合考虑各能点情况,统一取 a = 0.58 fm 作为最佳值。用同样的方法可以得到 r_0 统一的最佳值,最后对各能点的拟合情况显示在图 3.9 中。

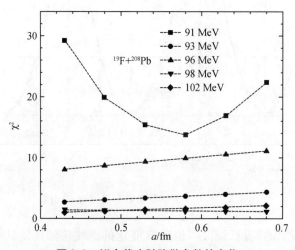

图 3.8 拟合优度随弥散参数的变化

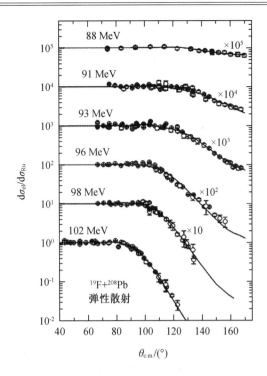

图 3.9 $^{19}\text{F} + ^{208}\text{Pb}$ 体系弹性散射角
分布及其光学模型拟合结果

3.5 光学势的模糊性

拟合弹性散射角分布得到的光学势不是唯一的,存在多套势参数均可以很好地描述实验结果,存在相当大的不确定性,即 Igo 模糊(Igo ambiguity)[20-21]。这些势的深度 V、半径 R 和弥散 a 符合关系式为

$$V \exp\left(\frac{R}{a}\right) = 常数,\quad (a = 常数) \tag{3.9}$$

图 3.10 显示了对 $^{96}\text{Zr} + ^{16}\text{O}$ 体系在 $E_{\text{lab}} = 49$ MeV(实心圆点)和 60 MeV(空心圆点)时弹性散射数据拟合的三套光学势的结果[3]。虽然这三套光学势参数有很大不同(见图 3.10 中的实线、虚线和点画线),但均可以成功地描述实验结果。值得注意的是:在接近强吸收半径处(约 11 fm),三条曲线有近似的交点;换句话说,虽然 r_0 和 a 有很大差异,但在该距离 r 处,$V(r)$ 和 $W(r)$ 有着近似相同的值。这表明:该处的势深度具有近似的唯一性,对弹性散射的角分布是敏感的,称为灵敏半径(sensitive radius)。

产生 Igo 模糊的物理原因是:内部区域强吸收,没有散射发生;仅当距离大于等于强吸收半径时,散射才发生,此时仅核势的尾巴部分(指数形式)影响弹性散射。因此,对一个确定角分布,存在多套光学势参数都可以拟合该角分布;弹性散射仅能提供光学势的外部信息,特别是在灵敏半径处。

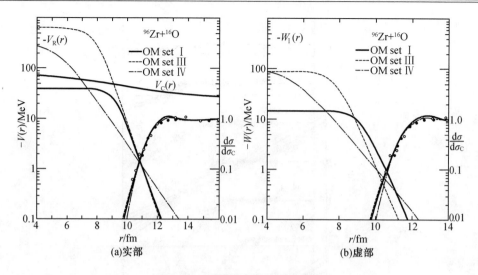

图 3.10 光学势参数的 Igo 模糊

除 Igo 模糊外，光学势还存在其他的模糊，如深虚势和浅虚势模糊等，详见文献[22]。

一般而言，有三个途径可以限制光学势参数的不确定性：①借助微观理论来选择符合物理实际的参数，如从折叠势或亲近势大致可知 $r_0 \approx 1.25$ fm，$a \approx 0.65$ fm；②利用其他反应对势参数进行约束，如熔合反应，特别是极深垒下的熔合反应来确定势内部的形状；③从系统学的角度，要求势变量以简单的规律随 A，Z，E 等变化，由此得到普适的光学势。虽然普适的光学势会在一定程度上影响计算结果与实验数据符合的程度，但是能反映出不同体系光学势参数的差别，并为缺少弹性散射实验数据情况下的理论计算提供势参数选取的依据。经过长期的研究工作，目前已经建立起了多套不同体系的普适光学势。

3.6 阈 异 常

3.6.1 灵敏半径

由于从弹性散射抽取的光学势参数存在 Igo 模糊，在对多个能量的光学势进行比较时，首先需要确定灵敏半径 R_s。在此半径处，势深度 V，W 对势参数 r_0 和 a 不敏感，但对弹性散射的角分布是敏感的，故称灵敏半径。只有在灵敏半径处讨论光学势的变化才有意义。确定灵敏半径的方法有两种，即交点法和开槽法。

1. 交点法（crossing technique）

利用灵敏半径处势深度 V，W 与势参数 r_0 和 a 无关的特性，用一系列固定的 r_0 或 a 值拟合弹性散射角分布并抽取最佳光学势。将所抽取的不同参数的光学势画在一张图上，在某个距离处，会出现一个交点，对应的半径即为灵敏半径。以 96 MeV 的 ^{19}F + ^{208}Pb 为例，图 3.11 显示了实部深度 $V(r)$ 和虚部深度 $W(r)$ 随距离 r 的变化情况，其中实线和虚线分别对

应 $r_0 = 1.24$ fm 和 $r_0 = 1.20$ fm 两个系列的光学势,每个系列 $a = 0.43, 0.48, 0.53, 0.58, 0.63, 0.68$ fm。可以看到,实部和虚部均有一个很好的交点,定出的灵敏半径分别为 $R_{SV} = 12.58$ fm 和 $R_{SW} = 12.89$ fm。

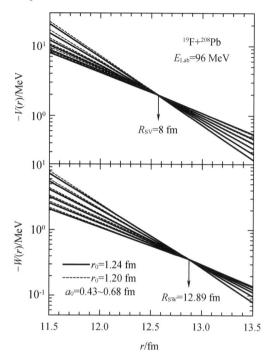

图 3.11 交点法确定光学势的灵敏半径

值得注意的是:

①灵敏半径非常靠近强吸收半径 $R_{sa} = 12.90$ fm(从 96 MeV 的参数化得到,参见图 3.5);

②确定灵敏半径的交点依赖于势的函数形式,存在一定的模型相关性[23];

③在能量接近势垒或者垒下时,光学势对弹性散射角分布的敏感性降低,此时往往出现交点模糊,甚至多个交点的情况。当然,实验数据不好时,或者势参数选择不合理的时候,也会出现这种情况。

2. 开槽法(notch technique)

开槽法[24]是对最佳拟合的光学势做一个微扰,即开一个小槽,调查弹性散射角分布是否对这种微扰敏感。沿径向移动这个槽,通过 χ^2 值的变化可以直观地看出光学势的灵敏区域。

图 3.12 显示了常用的两种开槽的类型。虚线是没有受微扰的最佳 Woods-Saxon 形状的光学势,点线是直方槽,实线是 Woods-Saxon 微分形状(表面势形状)的开槽,即

$$g(R', a', d; r) = 1 - 4df(R', a'; r)(1 - f(R', a'; r)) \quad (3.10)$$

式中,$f(R', a'; r) = \{1 + \exp[(r - R')/a']\}^{-1}$;$R'$ 是槽的位置;a' 是槽的宽度;d 是槽的深度,取 1 时为 100% 切槽。式(3.10)与无微扰的光学势做乘积,可得微扰的光学势,即

$$V(r) = V_0 f(R, a; r) g(R', a', d; r) \quad (3.11)$$

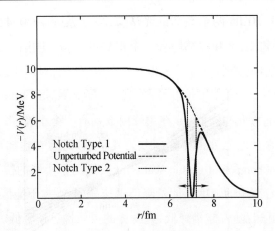

图 3.12 开槽法示意图

图 3.13 显示了对 ^{9}Be + ^{208}Pb 体系在 $E_{\text{lab}} = 41, 39, 37.8$ MeV 时,用开槽法确定光学势的灵敏区域。槽宽 $a' = 0.05$ fm,槽深 $d = 1$ fm。作为参考,图 3.13 中还显示了相互作用的核势半径 R_{int} (Woods-Saxon 势的 1/2 处),库仑势垒半径 R_{B},强吸收半径 R_{sa},最趋近距离 D_{min} (假设沿库仑径迹) 和核力开始起作用的距离 D_0 (参数化方法确定)。从图 3.13 中可以看出如下几个问题。

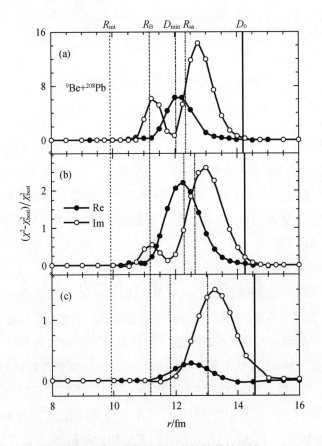

图 3.13 开槽法确定光学势的灵敏区域

(a) $E/V_{\text{B}} = 1.06$;(b) $E/V_{\text{B}} = 1.01$;(c) $E/V_{\text{B}} = 1.98$

①灵敏区域在核势的尾巴部分,即 R_{int} 至 D_0 之间,这意味着通过弹性散射无法获知内部(R_{int} 之内)的光学势信息。

②实部势和虚部势各有两个峰。a. 虚部主峰在 R_{sa} 外侧,对应于表面吸收;实部主峰在虚部主峰内侧约 0.75 fm 处,对应于形状弹性散射(shape elastic scattering);这两个主峰随能量降低均向外(大距离方向)移动。b. 在主峰内部均有一个小峰,虚部小峰在 R_B 附近,对应于体吸收(被库仑势垒俘获);实部小峰(很弱,几乎不可见)在虚部小峰内侧约 0.5 fm 处,对应于复合核弹性散射(compound elastic scattering);这两个小峰的位置几乎不随能量改变而移动。c. 相对于主峰,小峰的强度随能量降低迅速减弱,在垒下能区消失。

③从 χ^2 值的变化可知:随着能量降低,光学势的灵敏性迅速降低。

需要指出的是,开槽法往往会出现三个峰甚至多峰的情况,与实验数据的好坏有关;另外,开槽法得到的灵敏区域与势参数的选择几乎无关,模型相关性小。

3.6.2 阈异常(threshold anomaly)现象

在能量远高于库仑势垒的情况下,核势基本上不随能量变化而变化,或者变化很小。当能量接近库仑势垒乃至垒下情况时,核势随能量出现强烈变化:随着能量从垒上到垒下的降低,虚部迅速锐减至零(阈),同时伴随着实部在势垒附近呈现出一个钟罩形的快速变化(异常),此即阈异常现象。

1984 年,A. Baeza 等人[25]测量了 ^{32}S + ^{40}Ca 在 E_{lab} = 100,120,151.5 MeV 时弹性散射角分布,用双折叠模型分析实验数据时发现在灵敏半径处实部和虚部的势深度均随能量变化这一异常现象。1985 年,J. S. Lilley 等人[26]系统地分析了 ^{16}O + ^{208}Pb 体系在 E_{lab} = 88 ~ 312.6 MeV 十余个能点的弹性散射角分布,发现在能量接近库仑势垒时,比如小于 100 MeV 时,核势出现了明显的反常行为,如图 3.14 所示。很快地,M. A. Nagarajan 等人[27]指出:核势的实部和虚部之间可以用色散关系[28-30]联系起来,这是能量在库仑势垒附近时重离子核反应的一种普遍的现象。

我们知道,核势由实部和虚部两个部分组成,即

$$U(r;E) = V(r;E) + iW(r;E) \tag{3.12}$$

实部又可以分解为两个部分,即

$$V(r;E) = V_0(r;E) + \Delta V(r;E) \tag{3.13}$$

式中,$V_0(r;E)$ 随能量有一个缓慢的变化,这种变化来源于非定域效应(nonlocality effects),又称为"伪"能量相依;$\Delta V(r;E)$ 是动力学极化势(dynamic polarization potential),通过色散关系(dispersion relation)与虚部联系起来:

$$\Delta V(r;E) = \frac{P}{\pi} \int_0^\infty \frac{W(r;E')}{E' - E} dE' \tag{3.14}$$

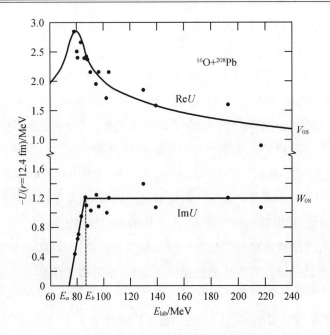

图 3.14 $^{16}\text{O}+^{208}\text{Pb}$ 体系的阈异常现象

式中,P 为积分主值①。

很明显,动力学极化势来源于虚部的吸收,与非弹性的反应道相关,是耦合道效应在相互作用势上的一个表象[31]。需要指出的是:①色散关系是因果关系(causality)在核反应进程中的一个表达[32],即散射波不能先于入射波到达之前而出现,时间是不可逆的;②色散关系是双向的,与式(3.14)互补的是

$$W(r;E) = -\frac{P}{\pi}\int_0^\infty \frac{\Delta V(r;E')}{E'-E}\mathrm{d}E' \tag{3.15}$$

也可以说,正是动力学极化势的存在导致了虚部的吸收。

色散关系的积分计算非常困难,而且积分也不可能做到 $E\to\infty$ 的范围。在实际应用中,常用线性示意模型(linear schematic model)来计算。首先在较高能量处选择一个参考能量 E_s,这里核势基本上是裸核势,与能量无关,此时式(3.14)可写为

$$\Delta V(E) - \Delta V(E_s) = (E-E_s)\frac{P}{\pi}\int_0^\infty \frac{W(E')}{(E'-E_s)(E'-E)}\mathrm{d}E' \tag{3.16}$$

将虚部势的变化可以简单用一些直线来描述,即

---

① 积分主值:$\int_a^b f(x)\mathrm{d}x$,$f(x)$ 在 c 点($c\in[a,b]$)无定义或为奇点,若积分可写成 $\lim_{\varepsilon\to 0}\left[\int_a^{c-\varepsilon}f(x)\mathrm{d}x+\int_{c+\varepsilon}^b f(x)\mathrm{d}x\right]$ 并存在,且 $P\int_a^b f(x)\mathrm{d}x = \lim_{\varepsilon\to 0}\left[\int_a^{c-\varepsilon}f(x)\mathrm{d}x+\int_{c+\varepsilon}^b f(x)\mathrm{d}x\right]$,称 P 为主值(principal value)。

$$W_S = \begin{cases} 0, & E \leq E_a \\ W_{0S} \dfrac{E - E_a}{E_b - E_a}, & E_a < E < E_b \\ W_{0S}, & E \geq E_a \end{cases} \tag{3.17}$$

这样色散关系的积分有一个简单解析式,即

$$V_S(E) = V_{0S} + \Delta V_S(E) = V_{0S} - (W_{0S}/\pi)(\varepsilon_a \ln|\varepsilon_a| - \varepsilon_b \ln|\varepsilon_b|)$$
$$\varepsilon_i = (E - E_i)/(E_b - E_a), \quad i = a, b \tag{3.18}$$

式中,E_a 是虚势开始出现的能量(反应阈能),E_b 是虚势开始平稳的能量点,V_{0S} 和 W_{0S} 分别是参考能量 E_s 处的实势和虚势,如图 3.14 中所标注。注意式(3.17)和式(3.18)中的角标 S 表示灵敏半径处的取值。

图 3.15 显示了 ^{19}F + ^{208}Pb 体系的阈异常现象[19]。实心圆是从弹性散射角分布提取的光学势。由于缺少高能点实验数据,E_b,V_{0S} 和 W_{0S} 难以确定。实线是用式(3.17)和式(3.18)同时拟合实部和虚部的结果,从而确定出四个参数。实心方块是从熔合激发函数中提取的光学势,仅有实部。因此仅用式(3.18)拟合,通过式(3.15)得到虚部势。可以看出,从弹性散射抽取的光学势和从熔合截面抽取的光学势有着几乎一样的行为。因此,在一位势垒穿透的模型下,采用从弹性散射抽取的这种能量相依的光学势(已经包含了耦合道效应),可以很好地重现垒下熔合激发函数及其截面的异常增强[33-35],详见第 6.3.4 节。

总而言之,阈异常的发现和解释,是人们在近库仑势垒重离子核反应机制研究中取得的一个阶段性的重要进展[36-39]。

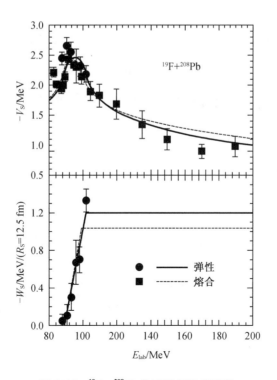

图 3.15 ^{19}F + ^{208}Pb 体系的阈异常现象

3.7 (半)经典图像

第 1 章谈到,对于重离子核反应,$kR \gg 1$,(半)经典近似成立,轨道概念是适用的。在经典轨道概念的帮助下,可以对散射过程进行图像化的理解。

3.7.1 偏转函数(deflection function)

质心系能量为 E 时,对于瞄准距离为 b 的一个散射轨道,在距离 r 时的转折角(turning angle)为

$$\vartheta(b) = b\int_r^\infty \frac{1}{r^2}\left(1 - \frac{V(r)}{E} - \frac{b^2}{r^2}\right)^{-1/2} \mathrm{d}r \tag{3.19}$$

其中,相互作用势 $V(r) = V_C(r) + V_N(r)$。在最趋近距离 $D_{\min}$ 处,则

$$\left. 1 - \frac{V(r)}{E} - \frac{b^2}{r^2}\right|_{r=D_{\min}} = 0 \tag{3.20}$$

可以定出

$$D_{\min} = \left(\frac{b^2}{1 - V(r)/E}\right)^{1/2} \tag{3.21}$$

这样,散射角为

$$\theta(b) = \pi - 2\vartheta(b) = \pi - 2b\int_{r_{\min}}^\infty \frac{1}{r^2}\left(1 - \frac{V(r)}{E} - \frac{b^2}{r^2}\right)^{-1/2} \mathrm{d}r \tag{3.22}$$

式中,散射角 θ 与瞄准距离 b 之间的关系即为经典的偏转函数 $\theta(b)$,在半经典框架下表达为 $\theta(l)$,$(l + \frac{1}{2})\hbar = kb$。偏转函数是决定体系散射行为的基本函数。

弹性散射角分布可以用偏转函数表达出来,即

$$\frac{\mathrm{d}\sigma}{\mathrm{d}\Omega}(\theta) = \sum_i \frac{b_i(\theta)}{\sin\theta} \cdot \left|\frac{\mathrm{d}\theta(b)}{\mathrm{d}b}\right|_{b_i(\theta)}^{-1} \cdot (1 - P_{\mathrm{abs}}(b_i)) \tag{3.23}$$

式中,b_i 是角度 θ 相应的瞄准距离,$P_{\mathrm{abs}}(b)$ 是吸收概率,则存活概率为

$$1 - P_{\mathrm{abs}}(b) = \exp\left(-\int_{\mathrm{traj}(b)} \frac{\mathrm{d}s}{\lambda_{\mathrm{free}}(r)}\right) \tag{3.24}$$

式中,$\mathrm{d}s$ 表示对径迹 $\mathrm{traj}(b)$ 积分;λ_{free} 是平均自由程,即 $\lambda_{\mathrm{free}} = -\hbar v/(2W(r))$,$W(r)$ 为光学势的虚部。

图 3.16 为经典轨道(左)和偏转函数(右)的示意图,右图中,虚线为纯库仑散射的偏转函数(单调函数,θ 随 l 减小而单调增加),实线为核势与库仑势共同作用的结果。

图 3.17 显示了 $^{16}\mathrm{O} + ^{208}\mathrm{Pb}$ 体系在 $E_{\mathrm{c.m.}} = 80, 90, 100, 120$ MeV 时的偏转函数(上)和最趋近距离 $D_{\min}$ 的变化情况。计算采用了 Broglia-Winther 势(见 2.2 节中关于亲近势的描述)。图 3.17 中,虚线是仅用库仑势的情况,实线是库仑势与核势共同作用的结果。可以

看出,在核力的作用下,随着 b 减小 D_{min} 明显偏离了卢瑟福轨道 D_{Ru},并有一个突变的过程。在核表面区域(突变之前),虽然 D_{min} 偏离 D_{Ru} 不多,但这样的偏离足以造成某些反应截面的明显变化,如转移反应中的斜率异常,详见 4.6 节。

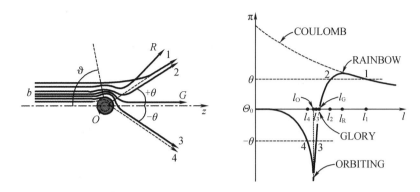

图 3.16 经典轨道(左)与偏转函数(右)的示意图

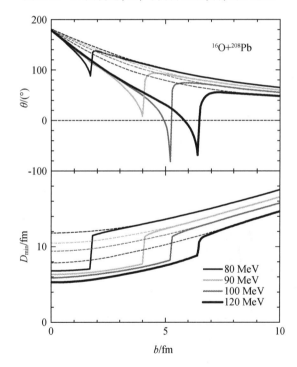

图 3.17 $^{16}O + ^{208}Pb$ 体系散射角(上)和
最趋近距离(下)随碰撞参数的变化

3.7.2 库仑虹和核虹

如图 3.16 所示,轨道角动量 l(或碰撞参数 b)很大时,散射径迹基本上沿库仑轨道(径迹 1)。随着 l 减小,核力开始起作用,开始向负方向偏转,出现一个极大值(径迹 R),产生虹现象,即

$$\frac{d\theta(b)}{db} = 0 \quad \text{或} \quad \frac{d\theta(l)}{dl} = 0 \tag{3.25}$$

对应角度称为虹角 θ_R，$\left.\dfrac{\mathrm{d}\sigma}{\mathrm{d}\Omega}\right|_{\theta=\theta_R} \to \infty$，此时库仑力仍是主要部分，故称库仑虹。在虹角处，弹性散射微分截面为[40]

$$\left.\frac{\mathrm{d}\sigma}{\mathrm{d}\Omega}\right|_{\theta=\theta_R} = \frac{2\pi b_R}{k\sin\theta} \cdot |C|^{-2/3} \cdot Ai^2(z) \cdot (1 - P_{\mathrm{abs}}(b_R)) \tag{3.26}$$

其中，Ai 是艾里函数（Airy function），$C = \dfrac{1}{2k^2} \cdot \left.\dfrac{\mathrm{d}^2\theta}{\mathrm{d}b^2}\right|_{b=b_R}$，$z = \pm |C|^{-1/3}(\theta - \theta_R)$。

当 l 继续减小，出现 $0°$ 散射角（径迹 G），称为辉光（Glory）散射；当 l 进一步减小，在负角区会出现一个尖锐的极小值，粒子在核内绕圈而不被散射出来（径迹 O），$\theta \to -\infty$，称为绕转（Orbiting）。在绕转点内侧，由于核的强吸收，基本上粒子不会被散射出来。在绕转点附近 $\theta \approx \theta_0$，同样满足式（3.22），也会产生虹散射，此时核力起主要作用，故称核虹。

由于截面很小，核虹很难被观测到。一般而言，对于较轻的重离子反应体系在较高能量下，此时波长较短，核呈现出一定的透明性，核虹则有可能被观察到。D. A. Goldberg 等人[41-43]首次指出了这种可能性，并认为这可以提供内部核势的信息。此后，在众多 α 引起的散射体系中观察到了核虹现象[44]。E. Stiliaris 等人[45-46]首次在较重的轻离子（$A > 6$）体系 $^{16}\mathrm{O} + ^{16}\mathrm{O}$ 的弹性散射中观察到了核虹现象，如图 3.18 所示。$30°$ 之前为 Fraunhofer 散射；核虹的 Airy 散射出现在 $30°$ 之后，实验观察到第一个极小值出现在 $40°$ 左右，预言第二个极小值在 $60°$ 左右，但其后 H. G. Bohlen 的实验没有观察到。目前仅少数几个轻的重离子体系，如 $^{16}\mathrm{O} + ^{16}\mathrm{O}$，$^{16}\mathrm{O} + ^{12}\mathrm{C}$，$^{12}\mathrm{C} + ^{12}\mathrm{C}$ 等，在高能情况下可观察到核虹现象。核虹是否可以提供核内部的信息，这引起了人们长期的关注[47-50]。

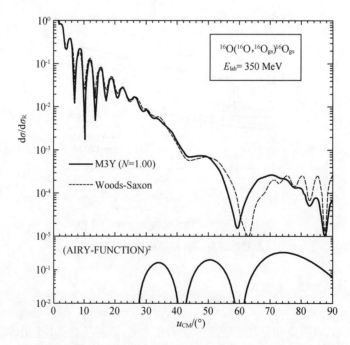

图 3.18　能量 $E_{\mathrm{lab}} = 350$ MeV 时 $^{16}\mathrm{O} + ^{16}\mathrm{O}$ 弹性散射角分布（上）和艾里函数（下）：$Ai^2(z)$，$z = 0.0943(\theta - 85°)$

3.7.3 近边散射和远边散射

在(半)经典模型中,散射振幅为(同式(1.31))

$$f(\theta) = \frac{1}{2ik}\sum_{l=0}^{\infty}(2l+1)a_l P_l(\cos\theta) \tag{3.27}$$

驻波形式的 Legendre 函数 $P_l(\cos\theta)$ 可以分解成沿正、负两个方向的行波[51-53],即

$$P_l(\cos\theta) = \widetilde{Q}_l^{(+)}(\cos\theta) + \widetilde{Q}_l^{(-)}(\cos\theta) \tag{3.28}$$

$$\widetilde{Q}_l^{(\pm)}(\cos\theta) = \frac{1}{2}\left(P_l(\cos\theta) \mp \frac{2i}{\pi}Q_l(\cos\theta)\right) \tag{3.29}$$

其中,$Q_l(\cos\theta)$ 为第二类 Legendre 函数。

这样,散射振幅可分为近边(near-side)散射 $f_N(\theta)$ 和远边(far-side)散射 $f_F(\theta)$,即

$$f(\theta) = f_N(\theta) + f_F(\theta) \tag{3.30}$$

$$f_{\substack{N\\F}}(\theta) = \frac{1}{2ik}\sum_{l=0}^{\infty}(2l+1)a_l \widetilde{Q}_l^{(\mp)}(\cos\theta) \tag{3.31}$$

图 3.16 中,对应于某个散射角 θ,存在 4 个轨道角动量 $l_1 \sim l_4$ 的贡献。θ 正方向为近边散射,负方向为远边散射。在任何一个角度探测到的散射都是近边散射和远边散射相干叠加而成,如图 3.19,近边散射主要发生在前角区(b 较大),远边散射发生在后角区(b 较小)。

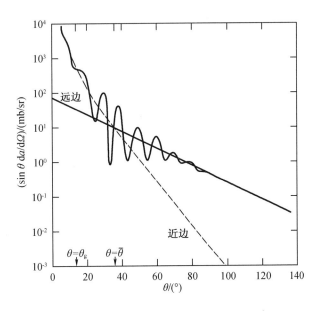

图 3.19 近边散射和远边散射相干叠加示意图

图 3.19 中,θ_g 为擦边角,$\bar{\theta}$ 是近边散射和远边散射相等的角度。

一般而言,对于较轻体系,核呈现出一定的透明性,远边散射有可观的截面;而对于较重体系,由于核的强吸收特性,远边散射的截面极小。作为一个例子,图 3.20 显示了 ^{16}O +

^{28}Si, ^{16}O + ^{208}Pb 体系弹性散射实验角分布和近边散射、远边散射以及总散射的理论角分布。对于 ^{16}O + ^{28}Si 体系,远边散射有着较为可观的截面,并在 70°后超过近边散射;而对于 ^{16}O + ^{208}Pb 体系,远边散射的截面远比近边散射的截面低,仅在靠近 180°时开始接近近边散射,因此实验测量得到的是近边散射的结果。

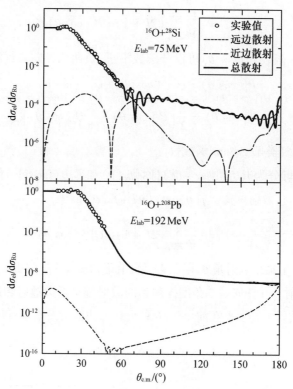

图 3.20 弹性散射实验角分布和近边散射、远边散射以及总散射的理论角分布

3.8 (近)对称体系散射

3.8.1 全同粒子散射

对称体系,即弹靶相同的反应体系,在角度 θ 观测到的粒子包含散射的弹核和反冲的靶核,如图 3.21 所示,经典截面为

$$\frac{\mathrm{d}\sigma}{\mathrm{d}\Omega} = \sigma(\theta) + \sigma(\pi - \theta) \tag{3.32}$$

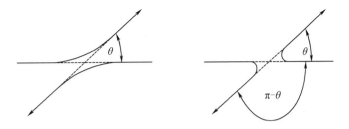

图 3.21 全同粒子散射

量子截面为

$$\frac{d\sigma}{d\Omega} = |f(\theta) \pm f(\pi-\theta)|^2 = \sigma(\theta) + \sigma(\pi-\theta) \pm 2\mathrm{Re}(f(\theta)f^*(\pi-\theta)) \quad (3.33)$$

即经典截面加上量子相干项组成,正负号取决于核自旋 I,即 $(-1)^{2I}$。需要指出的是:由于弹靶是全同粒子,考虑到弹靶的交换,相对运动波函数对偶 A 核(玻色子)体系需要进行对称化,而对奇 A 核(费米子)体系则需要反对称化。

全同粒子的纯库仑散射称为莫特(Mott)散射,截面为

$$\sigma(\theta_{c.m.}) = \frac{Z^4 e^4}{16 E_{c.m.}^2} \left\{ \csc^4\left(\frac{\theta_{c.m.}}{2}\right) + \sec^4\left(\frac{\theta_{c.m.}}{2}\right) + \frac{(-1)^{2I}}{2I+1}\csc^2\left(\frac{\theta_{c.m.}}{2}\right)\sec^2\left(\frac{\theta_{c.m.}}{2}\right)\cos\left[\frac{Z^2 e^2}{\hbar v}\ln\left[\tan^2\left(\frac{\theta_{c.m.}}{2}\right)\right]\right] \right\} \quad (3.34)$$

图 3.22 给出了两个典型的 Mott 散射角分布:

① ^{10}B + ^{10}B 体系,$E_{c.m.} = 4$ MeV ($V_B \approx 5.0$ MeV),图中给出了 $I = 0, 1, 2, 3$ 的角分布形状,注意 ^{10}B 的基态为 3^+ 态,只有 $I = 3$ 的角分布符合实验;

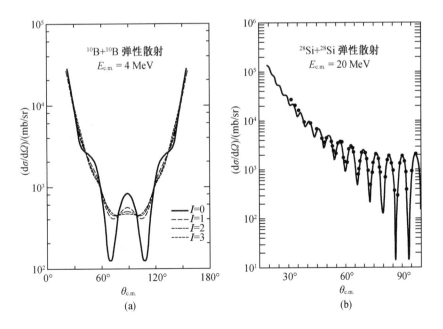

图 3.22 Mott 散射角分布

(a) ^{10}B + ^{10}B 弹性散射角分布;(b) ^{28}Si + ^{28}Si 弹性散射角分布

② $^{28}Si + ^{28}Si$ 体系，$E_{c.m.} = 20$ MeV（$V_B \approx 28.9$ MeV），实线为光学模型的结果。

可以看出，全同粒子散射角分布的特征为：90°对称，有明显的有规则的相干条纹。对于垒上能量，受核力的影响，相干条纹的规则性有些破坏。

3.8.2 近对称体系散射

对于近对称体系，当其中一个核 C_2 可以分解成另外一个核 C_1 与价粒子 x 的组合时，即 $C_2 = (C_1 + x)$，则会表现出部分全同粒子散射的特征，例如在背角出现散射异常，往往伴随相干条纹的出现，这被称为弹性转移，其过程如下：

$$C_1 + C_2 = C_1 + (C_1 + x) \begin{cases} C_1 + (C_1 + x) = C_1 + C_2 \quad \text{——弹性散射} \\ (C_1 + x) + C_1 = C_2 + C_1 \quad \text{——弹性转移} \end{cases}$$

图 3.23 显示了 $^{12}C + ^{13}C$ 体系在 $E_{lab} = 15$ MeV 时的体系散射角分布。光学模型（OM）不能给出背角散射异常的行为；加上弹靶交换效应后，可以正确给出实验结果。此外，背角条纹的振幅（相干性）与体系的对称性（或弹靶的全同性）有关，全同性越好的相干振幅越大，如图 3.24 所示。值得注意的是：轻的重离子往往具有 α 集团结构，弹性转移与 α 集团转移相关。如 $^{16}O + ^{12}C$ 体系，^{16}O 中的 α 集团转移到 ^{12}C 中，形成弹性转移。

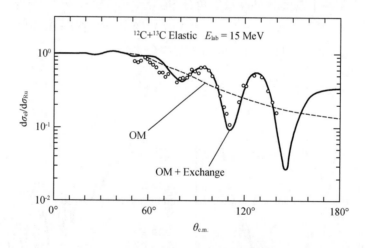

图 3.23 $^{12}C + ^{13}C$ 体系的弹性散射角分布

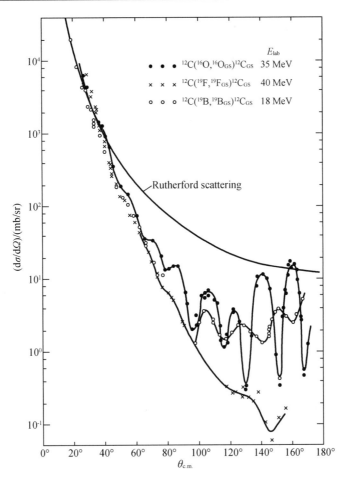

图 3.24 ^{16}O, ^{19}F, ^{10}B + ^{12}C 三个体系的弹性散射角分布

参 考 文 献

[1] JACKSON D F. Nuclear sizes and the optical model [J]. Rep. Prog. Phys., 1974, 37: 55.

[2] FRAHN W E. Diffraction scattering of charge particles [J]. Ann. of Phys., 1972, 72: 524.

[3] BECCHETTI F D, CHRISTENSEN P R, MANKO V I, et al. Elastic and inelastic scattering of ^{16}O and ^{12}C from $A = 40 \sim 96$ nuclei [J]. Nucl. Phys. A, 1973, 203: 1.

[4] FRAHN W E. Fresnel and Fraunhofer diffraction in nuclear processes [J]. Nucl. Phys., 1965, 75: 577.

[5] BLAIR J S. Theory of elastic scattering of alpha particles by heavy nuclei [J]. Phys. Rev., 1954, 95: 1218.

[6] CHRISTENSEN P R, CHERNOV I, GROSS E E, et al. The interference of Coulomb and

nuclear excitation in the scattering of ^{16}O from ^{58}Ni, ^{88}Sr and ^{142}Nd [J]. Nucl. Phys. A, 1973, 207: 433.

[7] OGANESSIAN YU TS, PENIONZHKEVICH YU E, MANKO V I, et al. Elastic scattering of ^{40}Ca and ^{48}Ca by ^{208}Pb nuclei [J]. Nucl. Phys. A, 1978, 303: 259.

[8] JAMES F. MINUT-function minimization and error analysis [M]. Reference Manual, Version 94.1, CERN Program Library Long Writeup D506.

[9] BEVINGTON P R, ROBINSON D K. Data reduction and error analysis for the physical sciences [M]. 3rd ed. New York: McGraw-Hill, 2003.

[10] LYONS L. Statistics for nuclear and particle physicists [M]. Cambridge: Cambridge University Press, 1986.

[11] MCCULLAGH P, NELDER J A. Generalized linear models [M]. 2nd ed. Chapman and Hall: CRC Press, 1989.

[12] RHOADES-BROWN M, MACFARLANE M H, PIEPER S C. Techniques for heavy-ion coupled-channels calculations. I. Long-range Coulomb coupling [J]. Phys. Rev. C, 1980, 21: 2417.

[13] RHOADES BROWN M, MACFARLANE M H, PIEPER S C. Techniques for heavy-ion coupled-channels calculations. II. Iterative solution of the coupled radial equations [J]. Phys. Rev. C, 1980, 21: 2436.

[14] RAYNAL J. Computing as a language of physics [M]. Vienna: IAEA, 1972.

[15] RAYNAL J. Recurrence relations for distorted-wave born approximation Coulomb excitation integrals and their use in coupled channel calculations [J]. Phys. Rev. C, 1983, 23: 2571.

[16] NUCLEAR ENERGY AGENCY(NEA). General exception detected[EB/OL]. [2013-12-17] http://www.oecd-nea.org/tools/abstract/detail/nea-0850.

[17] THOMPSON I J. Coupled reaction channels calculations in nuclear physics [J]. Comp. Phys. Rep., 1988, 7: 167.

[18] Thompson I J, Filomena M N. Fresco-Coupled Reaction Channels Calculations[EB/OL]. [2006-08-28]. http://www.fresco.org.uk/.

[19] LIN C J, XU J C, ZHANG H Q. Threshold anomaly in the ^{19}F + ^{208}Pb system [J]. Phys. Rev. C, 2001, 63: 064606.

[20] IGO G. Optical model potential at the nuclear surface for the elastic scattering of alpha particles [J]. Phys. Rev. Lett., 1958, 1: 72.

[21] IGO G. Optical-model analysis of excitation function data and theoretical reaction cross sections for alpha particles [J]. Phys. Rev., 1959, 115: 1665.

[22] BRANDAN M E, SATCHLER G R. The interaction between light heavy-ion and what it tell

us [J]. Phys. Rep., 1997, 285: 143.

[23] MACFARLANE M H, PIEPER S C. The sensitive radius-spatial localization in heavy-ion reaction analyses [J]. Phys. Lett. B, 1981, 103: 169.

[24] CRAMER J G, DEVRIES R M. Radial sensitive of elastic scattering [J]. Phys. Rev. C, 1980, 22: 91.

[25] BAEZA A, BILWES B, BILWES R, et al. Energy-dependent renormalization coefficients of folding-model description of ^{32}S + ^{40}Ca elastic scattering [J]. Nucl. Phys. A, 1984, 419: 412.

[26] LILLEY J S, FULTON B R, NAGARAJAN M A, et al. Evidence for a progressive failure of the double folding model at energies approaching the Coulomb barrier [J]. Phys. Lett. B, 1985, 151: 181.

[27] NAGARAJAN M A, MAHAUX C C, SATCHLER G R. Dispersion relation and the low-energy behavior of the heavy-ion optical potential [J]. Phys. Rev. Lett., 1985, 54: 1136.

[28] FESHBACH H. Unified theory of nuclear reactions [J]. Ann. Phys. (N. Y.), 1958, 5: 357.

[29] FESHBACH H. Unified theory of nuclear reactions [J]. Ann. Phys. (N. Y.), 1962, 19: 287.

[30] 朝永振一郎,量子力学中的数学方法:散射问题系[M]. 周民强,译. 上海:上海科学技术出版社,1961.

[31] IONNIDES A A, MACKINTOSH R S. Potential model representation of channel coupling and the Coulomb barrier anomaly [J]. Phys. Lett. B, 1985, 161: 43.

[32] MAHAUX C, NGÔ H, SATCHLER G R. Causality and the threshold anomaly of the nucleus-nucleus potential [J]. Nucl. Phys. A, 1986, 449: 354.

[33] UDAGAWA T, KIM B T, TAMURA T. Direct reaction description of sub-and above-barrier fusion of heavy ions [J]. Phys. Rev. C, 1985, 32: 124.

[34] SATCHLER G R. Absorption cross sections and the use of complex potentials in coupled-channels models [J]. Phys. Rev. C, 1985, 32: 2203.

[35] FRANZIN V L M, HUSSEIN M S. Dispersion relation approach to sub-barrier heavy-ion fusion reactions [J]. Phys. Rev. C, 1988, 38: 2167.

[36] SATCHLER G R, NAGARAJAN M A, LILLEY J S, et al. Heavy-ion fusion: channel-coupling effects, the barrier penetration model, and the threshold anomaly for heavy-ion potentials [J]. Ann. of Phys. (N. Y.), 1987, 178: 110.

[37] SATCHLER G R. Heavy-ion scattering and reaction near the Coulomb barrier and threshold anomaly [J]. Phys. Rep., 1991, 199: 147.

[38] MAHAUXA C, DAVIESB K T R, SATCHLERB G R. Retardation and dispersive effects in the nuclear mean field [J]. Phys. Rep., 1993, 224: 237.

[39] REISDORF W. Heavy-ion reactions close to the Coulomb barrier [J]. J. Phys. G, 1994, 20: 1297.

[40] FORD K W, WHEELER J A. Semiclassical description of scattering [J]. Ann. Phys. (N. Y.), 1959, 7: 259.

[41] GOLDBERG D A, SMITH S M. Criteria for the elimination of discrete ambiguities in nuclear optical potentials [J]. Phys. Rev. Lett., 1972, 29: 500.

[42] Goldberg D A, Smith S M. Resolving ambiguities in heavy-ion potentials [J]. Phys. Rev. Lett., 1974, 33: 715.

[43] GOLDBERG D A, SMITH S M, BURDZIK C F. Refractive behavior in intermediate-energy alpha scattering [J]. Phys. Rev. C, 1974, 10: 1362.

[44] GADIOLI E, HODGSON P E. The interactions of alpha particles with nuclei [J]. Rep. Prog. Phys., 1989, 49: 951.

[45] STILIARIS E, BOHLEN H G, FRÖBRICH P, et al. Nuclear rainbow structures in the elastic scattering of ^{16}O on ^{16}O at $E_L = 350$ MeV[J]. Phys. Lett. B, 1989, 223: 291.

[46] BOHLEN H G, STILIARIS E, GEBAUER B, et al. Refractive scattering and reactions, comparison of two systems: ^{16}O + ^{16}O and ^{20}Ne + ^{12}C[J]. Z. Phys. A, 1993, 346: 189.

[47] BRANDAN M E. Unambiguous imaginary potential in the optical-model description of light heavy-ion elastic scattering [J]. Phys. Rev. Lett., 1988, 60: 784.

[48] ERSHOV S N, GAREEV F A, KURMANOV R S, et al. Do rainbows observed in light ion scattering really pin down the optical potential? [J]. Phys. Lett. B, 1989, 227: 315.

[49] MICHEL F, BRAU F, REIDEMEISTER G, et al. Barrier-wave-internal-wave interference and airy minima in ^{16}O + ^{16}O elastic scattering [J]. Phys. Rev. Lett., 2000, 85: 1823.

[50] MICHEL F, BRAU F, REIDEMEISTER G, et al. Approach to nuclear rainbow scattering [J]. Phys. Rev. Lett., 2002, 89: 152701.

[51] FULLER R C, MCVOY K W. Regge-pole dominance in a heavy-ion DWBA calculation [J]. Phys. Lett. B, 1975, 55: 121.

[52] FULLER R C. Positive and negative deflection-angle coulomb scattering [J]. Phys. Lett. B, 1975, 57: 217.

[53] FULLER R C. Qualitative behavior of heavy-ion elastic scattering angular distributions [J]. Phys. Rev. C, 1975, 12: 1561.

第4章 准弹性散射

传统上,准弹性散射(quasi-elastic scattering)包括非弹性散射、少数核子转移等接近弹性散射的周边反应过程。广义上,准弹性散射也包括了弹性散射。本章主要介绍传统上的准弹性散射,即非弹性散射和少数核子的转移反应,它们是核结构研究的有力工具,如获取核形变、核谱学、谱因子等重要的原子核信息。

4.1 库仑激发

重离子所带电荷多,$Z_1 \times Z_2$ 大,在近垒和垒下能量时,库仑激发是主要的非弹性散射过程,是激发原子核集体运动的重要手段[1-2]。库仑激发通过电磁相互作用实现,可以发生在距离很远的地方,而且激发过程很快,多重激发概率很大。图 4.1 显示了 $^{40}Ar + ^{238}U$ 体系在 $E_{lab} = 140$ MeV 时,弹核 ^{40}Ar 沿库仑径迹的运行时间和靶核 ^{238}U 各能级激发的时序。作为对比,虚线显示了同能量粒子入射激发靶核 2^+ 态的概率随时间变化的情况。

库仑激发截面由卢瑟福截面和初态 i 到末态 f 的跃迁概率 P_{if} 组成,即

$$\left(\frac{d\sigma}{d\Omega}\right)_{if} = P_{if}\left(\frac{d\sigma}{d\Omega}\right)_{Ru} \tag{4.1}$$

统一地,截面由电约化跃迁概率 $B(E\lambda)$ 和磁约化跃迁概率 $B(M\lambda)$ 给出,λ 为跃迁级次。在不考虑激发造成运动学能量损失的情况下(否则需要对入射道能量和出射道能量做平均),对于电跃迁:

$$d\sigma_{E\lambda} = \left(\frac{Z_1 e}{\hbar v}\right)^2 a^{-2\lambda+2} B(E\lambda) df_{E\lambda}(\theta, \xi) \tag{4.2a}$$

$$\sigma_{E\lambda} = \left(\frac{Z_1 e}{\hbar v}\right)^2 a^{-2\lambda+2} B(E\lambda) f_{E\lambda}(\xi) \tag{4.2b}$$

对于磁跃迁:

$$d\sigma_{M\lambda} = \left(\frac{Z_1 e}{\hbar c}\right)^2 a^{-2\lambda+2} B(M\lambda) df_{M\lambda}(\theta, \xi) \tag{4.3a}$$

$$\sigma_{M\lambda} = \left(\frac{Z_1 e}{\hbar c}\right)^2 a^{-2\lambda+2} B(M\lambda) f_{M\lambda}(\xi) \tag{4.3b}$$

式中,a 是两核对头碰的最趋近距离(见式(1.18)),ξ 是无量纲的绝热参数(adiabaticity parameter),即

$$\xi = \frac{a(E_f - E_i)}{\hbar v} = \frac{Z_1 Z_2 e^2}{\hbar v} \cdot \frac{(E_f - E_i)}{2E} \tag{4.4}$$

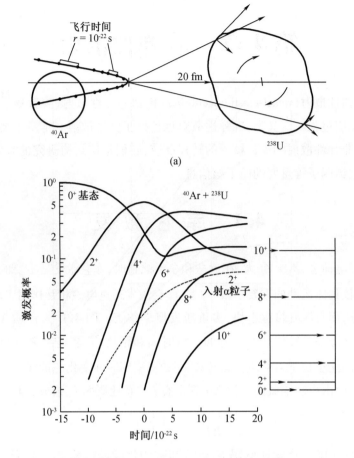

图 4.1 $^{40}\mathrm{Ar}+^{238}\mathrm{U}$ 体系在 $E_{\mathrm{lab}}=140\ \mathrm{MeV}$ 时弹核 $^{40}\mathrm{Ar}$ 沿库仑径迹的运行时间和靶核 $^{238}\mathrm{U}$ 各能级激发的时序

(a) 弹核 $^{40}\mathrm{Ar}$ 沿库仑径迹运行的时间(两个小点之间的间隔为 10^{-22} s);
(b) 靶核 $^{238}\mathrm{U}$ 各能级激发概率随时间的变化

ξ 表征了核相互作用时间 (a/v) 与核集体运动周期(频率 $\omega=(E_{\mathrm{f}}-E_{\mathrm{i}})/\hbar$)的比值,当 $\xi>1$,即 $E_{\mathrm{f}}-E_{\mathrm{i}}>\hbar v/a$ 时不容易引起激发,可认为是一个绝热过程;函数 $f(\xi)$ 可通过查表得到,在经典近似下函数 $f(\xi)$ 的形式如图 4.2 所示。注意到,$f_{M\lambda}(\xi)$ 要比 $f_{E\lambda}(\xi)$ 小,结合式(4.2)和式(4.3),$\sigma_{M\lambda}$ 仅为 $\sigma_{E\lambda}$ 的 $(v/c)^2$ 量级,一般而言,磁跃迁截面要比电跃迁截面要小很多,常可以忽略。

原子核激发(向上跃迁)可以通过发射 γ 退激(向下跃迁),约化跃迁概率的关系为

$$B(\lambda;I_{\mathrm{f}}\to I_{\mathrm{i}})=\frac{2I_{\mathrm{i}}+1}{2I_{\mathrm{f}}+1}B(\lambda;I_{\mathrm{i}}\to I_{\mathrm{f}}) \tag{4.5}$$

I 为核态自旋。在实际应用中要注意激发 $B(\lambda\uparrow)$ 和退激 $B(\lambda\downarrow)$ 的不同。

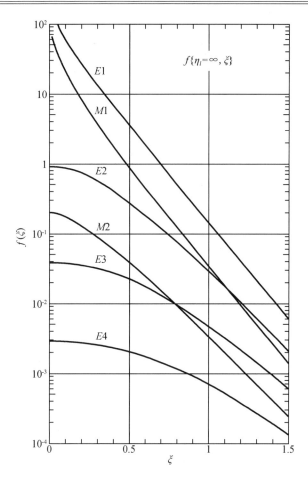

图 4.2 经典近似下函数 $f(\xi)$ 的形式

4.2 近垒和垒上非弹性散射

在近垒和垒上能区,核力开始起作用,此时核激发与库仑激发会产生强烈的相干,即 $|f_C(\theta)+f_N(\theta)|^2$,角分布呈振荡结构。图 4.3 显示了靶核 ^{144}Nd 与 $E_{lab}=70.4$ MeV 的弹核 ^{12}C 碰撞被激发到 3^- 态上的非弹性散射角分布[3]。一般而言,库仑激发是非常表面的过程,在前角有明显的明暗条纹;核激发主要发生在两核最趋近距离处(此处核力最强),角分布在此处成峰(与转移反应角分布类似,详见 4.3 节);核激发与库仑激发的相干,使明暗条纹的相位移动和振幅变化(相干增强或减弱)。

在扭曲波玻恩近似(Distorted Wave Born Approximation, DWBA)的框架下,微分截面为

$$\frac{d\sigma}{d\Omega} = \left(\frac{\mu}{2\pi\hbar^2}\right)^2 \left(\frac{k_f}{k_i}\right) \sum |T_{fi}|^2 \tag{4.6}$$

其中跃迁幅度为

$$T_{fi} = \int \chi_f^{(-)*}(\boldsymbol{k}_f,\boldsymbol{r}) \langle \psi_f^* | V_{if} | \psi_i \rangle \chi_i^{(+)}(\boldsymbol{k}_i,\boldsymbol{r}) d\boldsymbol{r} \tag{4.7}$$

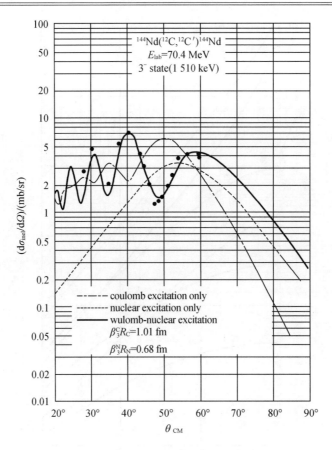

图 4.3　^{12}C + ^{144}Nd 体系靶核被激发到
3^- 态上的非弹性散射角分布

式中包含了两个散射态波函数，即入射道扭曲波 $\chi_i^{(+)}$ 和出射道扭曲波 $\chi_f^{(-)}$；两个束缚态波函数，即初态 ψ_i 和末态 ψ_f；矩阵元 $\langle \psi_f^* | V_{if} | \psi_i \rangle$ 描写初、末态之间的跃迁概率，其径向部分的形状因子为

$$F_\lambda(r) = \frac{4\pi [B(E\lambda)]^{1/2}}{2\lambda + 1} \frac{Z_1 e}{r^{\lambda+1}} + \langle R_N \beta^N \rangle U_N \frac{df(r)}{dr} \tag{4.8}$$

式(4.8)中，第一项为库仑激发；第二项为核激发，相互作用势 $U = V + iW$，作形变展开（详见 2.3 节）。约化电磁跃迁概率 $B(E\lambda)$ 可表示为

$$[B(E\lambda)]^{1/2} = \frac{3}{4\pi} Z_2 e \langle R_C^\lambda \beta_\lambda^C \rangle \tag{4.9}$$

式中，$R\beta$ 称为形变长度，核大小 $R = r_0 A^{1/3}$，一般取 $r_0 = 1.20$ fm。因此，通过非弹性散射的测量，可以抽取库仑形变和核形变参数。多数情况下，库仑形变长度大于核形变长度。为方便起见，经常假定 $R_C \beta^C = R_N \beta^N$。

同库仑激发一样，非弹性激发也常常是多重激发的过程，并且耦合道效应显著。对于这样的过程，需要用耦合道处理，如耦合道玻恩近似（Coupled-Channels Born Approximation, CCBA）或耦合反应道（Coupled Reaction Channels, CRC）方法等。作为例子，图 4.4 显示了用

DWBA 方法分析 ^{11}B + ^{208}Pb 体系[4]和用耦合道方法分析 ^{12}C + $^{142-150}$Nd 体系[3]的非弹散射数据并抽取靶核各激发态形变参数的例子。

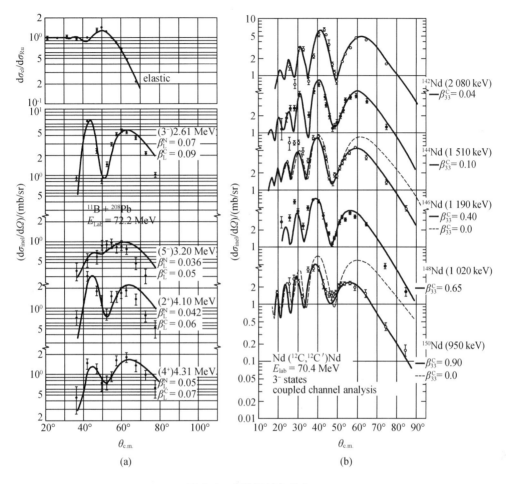

图 4.4 非弹散射角分布

(a) 用 DWBA 方法分析 ^{11}B + ^{208}Pb 体系的非弹散射数据并抽取靶核各激发态的形变参数;
(b) 用耦合道方法分析 ^{12}C + $^{142-150}$Nd 体系的非弹散射数据并抽取靶核各激发态的形变参数

4.3 转移反应的角分布和能量分布

当弹核和靶核发生擦边碰撞时,有少量的核密度交叠,会发生少数核子的转移反应。弹核中的粒子转移到靶核中的过程称为剥离(stripping)反应;反之,靶核中的粒子转移到弹核中的过程称为拾取(pick-up)反应。以剥离反应为例,如图 4.5 所示: a + A → b + B,转移前,弹核 a = b + x,b 为核芯,x 为待转移的粒子,在 a 中的轨道角动量和总角动量分别为 l_1, j_1;转移后,B = A + x,x 在 B 中的轨道角动量和总角动量分别为 l_2, j_2。注意,x 可以是单个核子或者一个集团。

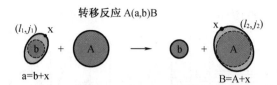

图 4.5 剥离反应示意图

转移反应可以看作从入射道到出射道的粒子跃迁过程,即

$$\left(\frac{\mathrm{d}\sigma}{\mathrm{d}\Omega}\right)_{\mathrm{if}} = P_{\mathrm{if}} \left[\left(\frac{\mathrm{d}\sigma}{\mathrm{d}\Omega}\right)_{\mathrm{ii}} \cdot \left(\frac{\mathrm{d}\sigma}{\mathrm{d}\Omega}\right)_{\mathrm{ff}}\right]^{1/2} \quad (4.10)$$

式中,$(\mathrm{d}\sigma/\mathrm{d}\Omega)_{\mathrm{ii}}$ 和 $(\mathrm{d}\sigma/\mathrm{d}\Omega)_{\mathrm{ff}}$ 分别是入射道和出射道的弹性散射截面,P_{if} 为跃迁概率。当然,转移可以是直接转移或者级联转移,单步过程或者多步过程,但总转移概率为各过程概率的乘积。

4.3.1 角分布——在擦边角附近成单峰

转移反应是典型的表面过程,角分布最显著的特征是在擦边角附近成单峰。在半经典框架下,这个特征很容易理解。假设沿库仑轨道,忽略跃迁过程的能量差别,分步考虑吸收和粒子跃迁过程,转移反应的微分截面可表示为

$$\frac{\mathrm{d}\sigma_{\mathrm{tr}}}{\mathrm{d}\Omega}(\theta) = P_{\mathrm{if}}(\theta) P_{\mathrm{A}}(\theta) \frac{\mathrm{d}\sigma_{\mathrm{el}}}{\mathrm{d}\Omega}(\theta) \quad (4.11)$$

其中,$P_{\mathrm{A}}(\theta)$ 是衰变因子,描述从弹性道吸收到其他反应道的概率,可由光学势虚部 W 表达,即

$$P_{\mathrm{A}}(\theta) = \exp\left[-\frac{2}{\hbar}\int_{-\infty}^{+\infty} W(r(t))\mathrm{d}t\right] \quad (4.12)$$

P_{if} 是粒子从吸收道的初态 $i>$ 跃迁到出射道末态 $f>$ 的概率,即

$$[P_{\mathrm{if}}(\theta)]^{1/2} = \frac{1}{\mathrm{i}\hbar}\int_{-\infty}^{+\infty}\mathrm{d}t\langle f|V_{\mathrm{if}}|i\rangle\exp\left[\frac{\mathrm{i}}{\hbar}(E_{\mathrm{f}}-E_{\mathrm{i}})t\right] \quad (4.13)$$

转移反应主要发生在经典转折点(最趋近距离 $D(\theta)$)处,对于 $\theta < \theta_{\mathrm{gr}}$,$P_{\mathrm{if}}$ 随 θ 增大而上升;对于 $\theta > \theta_{\mathrm{gr}}$,$P_{\mathrm{if}}$ 随 θ 增大而下降。两者的共同作用使得转移反应的角分布在擦边角 θ_{gr} 附近成峰。

由于转移反应可以看作粒子从初态到末态的跃迁过程,因此 DWBA 方法(参见式(4.7))同样适用于转移反应的计算,只是初、末态之间除了能量、自旋和宇称的改变外,还有质量、电荷等的变化。此外,耦合道方法,如 CCBA 和 CRC 等,同样适用于转移反应。需要说明的是,在处理转移反应时,CCBA 仅对非弹激发做 CC 处理,而转移过程仍是基于 DWBA 计算;相比之下,CRC 则是完整的 CC 计算。

图 4.6 显示了 ^{13}C + ^{40}Ca 体系在 E_{lab} = 40，48，60，68 MeV 时弹性散射（左）和 ^{40}Ca(^{13}C, ^{12}C)^{41}Ca基态转移反应（右）的角分布[5]。弹性散射的实线是光学模型拟合的结果，抽取光学势，用于转移反应的 DWBA 计算，如右侧实线所示。可以看出：转移反应角分布在擦边角附近成峰，并且随着能量降低，峰位向后角移动；对于较轻的靶核，角分布有明显的振荡结构。注意：事实上，转移反应角分布在库仑虹角附近成峰。由于擦边角的物理意义明确，对应于擦边碰撞，故仍延续历史上在擦边角附近成峰的说法。

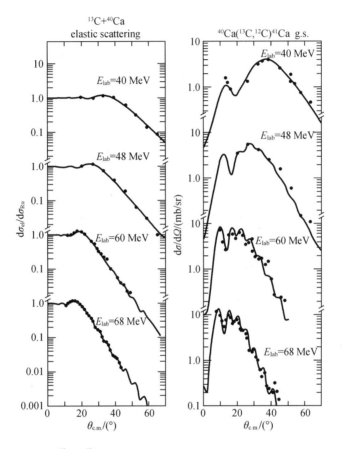

图 4.6 ^{13}C + ^{40}Ca 体系弹性散射（左）和转移反应角分布（右）

图 4.7 显示了 ^{19}F + ^{208}Pb 体系在 E_{lab} = 88 ~ 102 MeV 之间转移反应的角分布[6]，空心和实心符号分别为第一次和第二次测量的结果，包含了各出射粒子的同位素以及所有激发态的数据。结合图 3.9 可以知道：同样，转移反应角分布在擦边角附近成峰，并且随着能量降低，峰位向后角移动，到垒下能量（88 MeV）时至 180°；对于重靶核，基本没有振荡结构，仅在前角区有可能观察到。

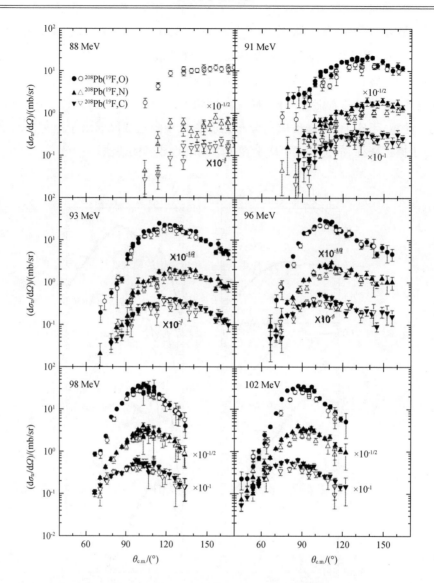

图 4.7　^{19}F + ^{208}Pb 体系在 E_{lab} = 88 ~ 102 MeV 之间转移反应的角分布

4.3.2　能量分布——"Q 窗效应"

"Q 窗效应"是转移反应特有的现象,来源于粒子转移前后运动学的匹配条件。可以想象,当转移前后的轨道能够平滑连接,那么发生转移的概率最大[7-8],如图 4.8 所示。图 4.8 上方显示了弹核与靶核的波函数,它们尾部交叠部分的形状因子为 $e^{-\kappa r}$,κ 为转移斜率。

假定沿库仑径迹(参见式(1.17)),转移前后的匹配条件使入射道和出射道的最趋近距离相等,即 $D_i = D_f$,亦即

$$\frac{Z_1 Z_2 e^2}{2E_{c.m.}^i}\left(1 + \csc\frac{\theta_{c.m.}^i}{2}\right) = \frac{Z_3 Z_4 e^2}{2E_{c.m.}^f}\left(1 + \csc\frac{\theta_{c.m.}^f}{2}\right) \tag{4.14}$$

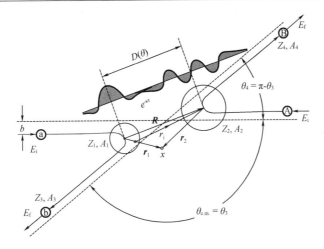

图 4.8 转移反应中入射道和出射道的轨迹匹配

假定 $\theta_{c.m.}^{i} = \theta_{c.m.}^{f} = \theta_{c.m.}$，得到最佳 Q 值 (optimum Q-value) 为

$$Q_{opt}^{(1)} = E_{c.m.}^{f} - E_{c.m.}^{i} = E_{c.m.} \left(\frac{Z_3 Z_4}{Z_1 Z_2} - 1 \right) \tag{4.15}$$

注意：$E_{c.m.} = E_{c.m.}^{i}$，即为通常所说的质心系反应能量。由 $L = \eta \cot \frac{\theta_{c.m.}}{2}$ 可知转移的角动量为

$$\Delta L = L_i - L_f = (\eta_i - \eta_f) \cot \frac{\theta_{c.m.}}{2} \tag{4.16}$$

式(4.15)没有考虑转移前后角度的变化，即弹性散射出射角 $\theta_{c.m.}^{i}$ 和转移反映出射角 $\theta_{c.m.}^{f}$ 的变化。更一般地，以转移反映出射角（测量的角度）为参考，即 $\theta_{c.m.}^{f} = \theta_{c.m.}$，可得

$$Q_{opt}^{(2)} = E_{c.m.}^{f} - E_{c.m.}^{i} = \frac{Z_3 Z_4 e^2}{2 D_0} \left(1 + \csc \frac{\theta_{c.m.}}{2} \right) - E_{c.m.} \tag{4.17}$$

这里 $D_0 = D_i = D_f$，取弹性散射参数化值（见式(3.6)）。

通过上述讨论可以知道：对于中性粒子（或中子）转移，$Q_{opt} = 0$；对于带电粒子（或质子）转移，Q_{opt} 一般不为零。上述 Q_{opt} 的推导基于库仑轨道连接的图像，与真实情况有偏差。事实上，严格推导 Q_{opt} 十分困难，需要考虑转移前后质量的变化、相互作用势的变化（包括库仑势和核势）和结合能的变化等，可参考文献[9]~文献[11]。Q_{opt} 反映了运动学的匹配条件，转移后能量倾向于布居在 Q_{opt} 处，形成一个高斯形状的窗口[12]，此即"Q 窗效应"。

在考虑了"Q 窗效应"后，式(4.11)可以写为

$$\frac{d\sigma_{tr}}{d\Omega}(\theta) = \frac{d\sigma_{el}}{d\Omega}(\theta) P_{tr}(\theta) F(Q, L) \tag{4.18}$$

式中，$P_{tr}(\theta)$ 是转移概率，$F(Q, L)$ 是动力学匹配因子（Q 窗），描述转移前后轨道的匹配程度，也称失配修正因子（correction factor for mismatch），即

$$F(Q, L) = \exp[-C_1^2 (\Delta Q - C_2 \Delta L)^2] \tag{4.19}$$

这里，$\Delta Q = Q - Q_{opt}$，C_1 是反应时间的度量：

$$C_1 \approx \left[\frac{m_{aA}R_B(1/\kappa)}{4(2E_{c.m.} - V_B)\hbar^2}\right]^{1/2} \tag{4.20}$$

式中，m_{aA} 是入射道折合质量；V_B，R_B 分别是库仑势垒的高度和半径；κ 是转移概率的指数衰减斜率(详见 4.5 节)；可以看出 $C_1\hbar$ 即为反应的平均时间；C_2 是在最趋近距离 D_0 处离心势的变化，即

$$C_2 \approx \frac{(L+1/2)\hbar^2}{m_{aA}D_0^2} \tag{4.21}$$

对于重反应体系和低相对运动角动量 L，C_2 项对 $F(Q,L)$ 的贡献很小，因此 Q 窗基本分布在 Q_{opt} 处，C_1 为高斯分布宽度。

图 4.9 显示了 ^{54}Fe(^{16}O,^{15}N)，^{54}Fe(^{14}N,^{13}C) 和 ^{54}Fe(^{12}C,^{11}B) 转移反应的能谱分布[13]，末态的激发能显示在上方。很明显，三个反应的能谱不一样，总体上表现出 Q 窗的选择性；而在每个态布居的细节上，表现出了角动量的选择性(参见 4.4 节)。

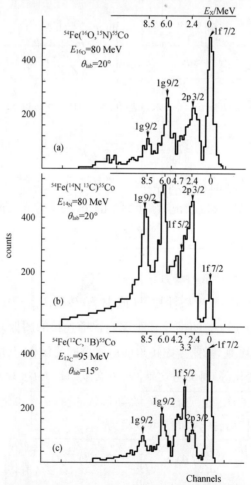

图 4.9 ^{16}O，^{14}N，^{12}C + ^{54}Fe 体系单质子剥离反应的能谱分布
(图中箭头所指的能态为余核 ^{55}Co 中质子的单粒子态)

由于探测器能量分辨的限制，能够将转移反应末态各激发态分开的实验数据很少，通

常是多个激发态叠加在一起,此时能谱分布为

$$\sigma(Q_{gg}) = N\int_{-\infty}^{Q_{gg}} \exp[-(Q-Q_{opt})^2/2\Gamma^2]dQ \quad (4.22)$$

式中,Q_{gg}是基态-基态转移Q值;N是归一化常数,包含了所有反应末态的谱因子信息;Γ是总的"Q窗"宽度。

图4.10显示了能量$E_{lab} = 91,102$ MeV 时^{19}F + ^{208}Pb 体系弹性和非弹性散射以及(^{19}F,^{18}O),(^{19}F,^{15}N)和(^{19}F,^{14}C)转移反应的Q值谱,箭头所指为Q_{opt}值,分别用了式(4.15)和式(4.17),可以看到近似高斯形状的"Q窗"。

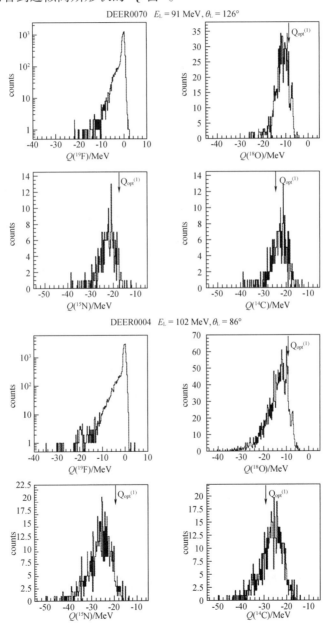

图4.10 能量$E_{lab} = 91,102$ MeV 时^{19}F + ^{208}Pb 体系弹性和非弹性散射以及(^{19}F,^{18}O),(^{19}F,^{15}N)和(^{19}F,^{14}C)转移反应的Q值谱

4.3.3 有效 Q 值

"Q 窗效应"体现了转移反应中有效 Q 值的布居。从能量观点来看，Q 窗效应反映出在转移过程中有效结合能的变化。图 4.11 显示了转移过程中有效 Q 值和有效结合能的变化情况[14]。图 4.11 中，(a)(b)针对转移粒子为中性粒子(或中子)的情况，(c)(d)针对转移粒子为带电粒子(或质子)的情况；(a)(c)是两核距离很远时，(b)(d)是两核处于最趋近距离时。可以看到，对于带电粒子转移，在两核接触时，由于库仑势垒的匹配，导致了有效 Q 值和有效结合能发生变化，如图 4.11(d)所示；而对于中性粒子转移，则没有这种变化，这正是中子转移 $Q_{opt}=0$ 的原因，如图 4.11(b)所示。此外，从图 4.11(d)可以看出，由于轻核库仑势垒的抬升作用，导致有效结合能大大降低，这可以定性地说明：轻核倾向于向重核转移质子，并布居在较高激发态；反之，重核向轻核转移质子在能量上是禁止的。因此，轻炮弹打重靶核时，剥离反应比拾取反应更容易发生。

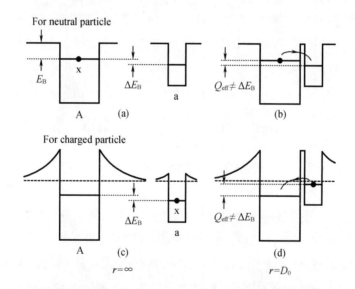

图 4.11 转移过程中有效 Q 值和有效结合能的变化情况

(a)(b)针对转移粒子为中性粒子的情况；(c)(d)针对转移粒子为带电粒子的情况；
(a)(c)两核距离很远时；(b)(d)两核处于最趋近距离处

以图 4.5 的转移反应为例，有效结合能为

$$E_{B_i}^{eff}=E_{B_i}+\frac{Z_x Z_b e^2}{D_0}, \quad E_{B_f}^{eff}=E_{B_f}+\frac{Z_x Z_A e^2}{D_0} \tag{4.23}$$

这里，i,f 分别指入射道和出射道，对应有效 Q 值为

$$Q^{eff}=E_{B_i}^{eff}-E_{B_f}^{eff}=Q_{gg}-\frac{Z_x(Z_A-Z_b)e^2}{D_0} \tag{4.24}$$

很明显,在轨道匹配 $D_i = D_f = D_0$ 时,库仑势的匹配可以给出最佳 Q 值,即

$$Q_{\text{opt}} = \frac{Z_A(Z_b + Z_x)e^2}{D_0} - \frac{Z_b(Z_A + Z_x)e^2}{D_0} = \frac{Z_x(Z_A - Z_b)e^2}{D_0} \tag{4.25}$$

由此可知:$Q^{\text{eff}} = Q_{\text{gg}} - Q_{\text{opt}}$。

4.4 转移反应的谱因子和选择定则

4.4.1 谱因子

以图 4.5 为例,对于剥离反应 A(a,b)B,其微分截面可表示为

$$\frac{\mathrm{d}\sigma}{\mathrm{d}\Omega} = S_a(l_1, j_1) S_B(l_2, j_2) \sum_{l,m} |f_{j_1 j_2 lm}(\theta)|^2 \tag{4.26}$$

式中,f 为转移幅度,包含了转移反应的动力学信息;S_a,S_B 为谱因子(spectroscopic factors),也称 S 因子,表征在核 a(或 B)中单粒子态 $\{b+x\}_{l_1 j_1}$(或 $\{A+x\}_{l_2 j_2}$)所占的比例。从波函数观点看,核 a(或 B)与核芯 b(或 A)交叠(overlap)波函数可以写成

$$\begin{cases} \Psi_{ab}(r) = \langle \Psi_b(1,\cdots,N_a-1) | \Psi_a(1,\cdots,N_a) \rangle = a_{l_1 j_1} \varphi_x(l_1, j_1) \\ \Psi_{BA}(r) = \langle \Psi_A(1,\cdots,N_B-1) | \Psi_B(1,\cdots,N_B) \rangle = B_{l_2 j_2} \varphi_x(l_2, j_2) \end{cases} \tag{4.27}$$

式中,φ_x 是单粒子波函数,N 为核子数,$a_{l_1 j_1}$ 和 $B_{l_2 j_2}$ 是谱幅度(spectroscopic amplitude),则谱因子是谱幅度的平方,即

$$S_a = (a_{l_1 j_1})^2, \quad S_B = (B_{l_2 j_2})^2 \tag{4.28}$$

由此,谱因子可以看作交叠波函数的归一化系数。

需要指出的是:在上述谱因子的讨论中,仅考虑了核态角动量的变化而没有考虑同位旋 T 的变化。实际上,对于转移反应,初、末态的同位旋是变化的。与角动量耦合一样,需要考虑同位旋的耦合,此时谱因子应写成 $C^2 S$,其中 C^2 是同位旋 C-G 系数(Clebsch-Gordan coefficient)。以 A+x=B 为例,C 为 $\langle T_A T_{3A} T_x T_{3x} | T_B T_{3B} \rangle$。对于单核子转移,$T_x = 1/2$,质子 $T_{3x} = 1/2$,中子 $T_{3x} = -1/2$。详细讨论可参考文献[15]~文献[18]。在文献中,往往仅说明谱因子 S,一般地,都应该理解成 $C^2 S$。

以单核子转移为例,在广泛意义上谱因子定义为

$$\begin{cases} C^2 S^+ = \langle T_i T_{3i} \frac{1}{2} \pm \frac{1}{2} | T_f T_{3f} \rangle^2 \dfrac{\langle A+1; J_f T_f \| a_{nlj}^+ \| A; J_i T_i \rangle^2}{(2J_f+1)(2T_f+1)} \\ C^2 S^- = \langle T_i T_{3i} \frac{1}{2} \pm \frac{1}{2} | T_f T_{3f} \rangle^2 \dfrac{\langle A; J_f T_f \| a_{nlj}^- \| A+1; J_i T_i \rangle^2}{(2J_i+1)(2T_i+1)} \end{cases} \tag{4.29}$$

式中,a^+,a^- 分别是产生和湮灭算符;角标 i, f 分别指靶核和余核;$C^2 S^+$ 和 $C^2 S^-$ 分别是剥离和拾取过程的谱因子。

在核结构理论,如壳模型理论中,常用亲态比系数(Coefficients of Fractional Parentage, CFP)表达子态和母态之间的比例,即[19]

$$\Psi^{JT\varepsilon}(1,\cdots,N) = \sum_{J_0 T_0 \varepsilon_0 j} CFP[\Psi^{J_0 T_0 \varepsilon_0}(1,\cdots,N-1)\varphi^j(N)]^{JT} \quad (4.30)$$

式中,左边为子态,右边方括号内为母态(为能量本征值),角标 0 标识母态,N 为壳层上的核子数(包括质子和中子)。可以看出,谱因子 S 和 CFP 表达类似的物理,谱因子是对整个核而言,CFP 针对壳层,它们之间关系为

$$S = N \cdot CFP^2 \quad (4.31)$$

实验上,谱因子可以通过实验截面与理论截面,如 DWBA 计算的截面,作比较得到。对于剥离反应:

$$\frac{\mathrm{d}\sigma^{\exp}}{\mathrm{d}\Omega} = \frac{2J_\mathrm{f}+1}{2J_\mathrm{i}+1} C^2 S \frac{\mathrm{d}\sigma^{\mathrm{DWBA}}}{\mathrm{d}\Omega}$$

对于拾取反应:

$$\frac{\mathrm{d}\sigma^{\exp}}{\mathrm{d}\Omega} = C^2 S \frac{\mathrm{d}\sigma^{\mathrm{DWBA}}}{\mathrm{d}\Omega} \quad (4.32)$$

需要注意以下几个问题。

① 式(4.32)中的 $C^2 S$ 包含了施主核(donor)和受主核(acceptor)谱因子的乘积,即 $C^2 S = [(C^2 S)_{\mathrm{Do}}(C^2 S)_{\mathrm{Ac}}]^{1/2}$。因此,实验上抽取转移粒子在受主核内的谱因子时,需要扣除其在施主核内的谱因子,反之亦然。

② 不同程序给出的自旋统计权重因子不一样。例如,同样是 DWBA 计算的 DWUCK 程序和 JULIE 程序[20-22],$\sigma(\theta)^{\mathrm{DWUCK}} = (2j+1)\sigma(\theta)^{\mathrm{JULIE}}$,其中 $\sigma(\theta)^{\mathrm{JULIE}}$ 符合式(4.32)。这需要特别留意。

③ 实验抽取的谱因子依赖于理论计算,是模型相关的量;另外,通过不同转移反应得到的谱因子也往往不同。表 4.1 显示了从不同转移反应抽取 ^{63}Cu 低能级的质子谱因子[23],显然不同分析方法、不同反应所得到的谱因子有所差别。

长期以来,实验抽取的谱因子存在着诸多问题。上面谈到,不同反应抽取的谱因子存在不同,差别甚至达到 2 倍以上[24-26]。此外,同一个反应抽取的谱因子随能量也存在很大的不同。例如,图 4.12 显示了转移反应实验截面与 DWBA 理论值的比随能量的变化[27-28],上图是 ^{208}Pb(^{16}O,^{15}N)^{209}Bi 反应布居到 ^{209}Bi 单粒子态的情况,下图是不同实验组开展 ^{208}Pb(^{16}O,^{17}O)^{207}Bi 反应研究的结果。很明显可以看出:在低能情况下(如 $E_{\mathrm{lab}} < 100$ MeV),$\sigma^{\exp}/\sigma^{\mathrm{DWBA}}$ 随能量增加而上升;高能情况下,这个比值随能量增加而下降。近年来,关于谱因子及其相关的一些问题引起了广泛而热烈的讨论[29]。

表 4.1　从不同转移反应抽取 ^{63}Cu 低能级的质子谱因子

能级			测量的谱因子 (C^2S)			
E_x/MeV	J^π	(^{3}He,d)	(^{3}He,d)	(^{4}He,t)	(d,n)	(^{7}Li,^{6}He)
0.00	$\frac{3}{2}^-$	0.66	0.78	0.56	0.61	0.60
0.67	$\frac{1}{2}^-$	0.70	0.71	0.76	0.78	0.71
0.96	$\frac{5}{2}^-$	0.33	0.29	0.46	⋯	0.46
1.33	$\frac{7}{2}^-$	0.057	0.072	0.10	⋯	0.10
1.41	$\frac{5}{2}^-$	0.45	0.34	0.68	0.83	0.58
2.06	$\frac{1}{2}^-$	0.23	0.195	⋯	0.29	0.30
2.35	$\frac{5}{2}^-$	0.10	0.53	⋯	⋯	0.13
2.51	$\frac{9}{2}^+$	0.31	⋯	0.28	⋯	0.52

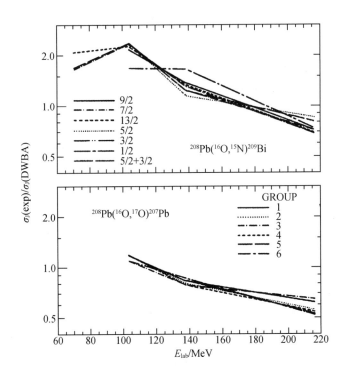

图 4.12　转移反应实验截面与 DWBA 理论值的比随能量的变化

4.4.2 选择定则——角动量和宇称守恒

转移反应可看作粒子跃迁的过程,同样要遵守一定的选择定则,即满足角动量和宇称守恒的条件。假设转移角动量为 l,则

对于束缚态: $l = (I_b + I_B) - (I_A + I_a) = j_2 - j_1 = l_2 - l_1, \pi = (-)^{l_1+l_2}$

对于散射态: $l = l_i - l_f, \pi = (-)^{l_i+l_f}$

由角动量守恒得到的 l 所应满足的条件为

$$|j_2 - j_1| \leq l \leq j_2 + j_1, \quad |l_2 - l_1| \leq l \leq l_2 + l_1 \tag{4.33}$$

结合宇称守恒,得到转移反应选择定则为

$$l_1 + l_2 + l = \text{even}, \quad \pi = (-)^l \tag{4.34}$$

需要说明的是:上述选择定则是在无反冲近似下得到的,即认为核芯在转移前后是没有被转移粒子反冲的。这是一个不好的近似,目前计算程序一般均考虑了反冲修正。在考虑反冲效应后,上述选择定则可能发生变化[30-31]。

转移角分布的形状与转移角动量 l 值相关,因此可以通过选择定则判断态的组态,这和通过非弹激发或 γ 跃迁判断组态问题一样。此外,对于较轻体系,核子一般分布在低角动量的轨道上,跃迁组合数较少,转移 l 值较少。图 4.13 显示了轻体系 $^{12}\text{C}(^{19}\text{F}, ^{20}\text{Ne})^{11}\text{B}$ 在 $E_{\text{lab}} = 60$ MeV 时单质子拾取反应的角分布。对于 ^{20}Ne 基态 $(2s_{1/2})$ 转移,角分布仅有 $l = 1$ 的成分,振荡结构明显;对于第一激发态 $(1d_{5/2})$ 的转移,角分布是 $l = 1$ 和 $l = 3$ 两个成分的叠加,振荡结构趋向平滑。对于较重体系,转移 l 值多,角分布是多个 l 成分的叠加,总体上显示出钟罩形分布。图 4.14 所显示的 $^{208}\text{Pb}(^{12}\text{C}, ^{13}\text{C})^{207}\text{Pb}$ 单中子拾取反应的角分布[32]是典型的在擦边角附近成钟罩形的分布。

4.4.3 $l = 1$ 异常

"$l = 1$ 异常"($l = 1$ anomaly)首先在 $^{12}\text{C}(^{14}\text{N}, ^{13}\text{N})$ 转移反应中观察到,图 4.15 显示了该反应布居 ^{13}C 各激发态的角分布[33]。可以看到,转移到基态和第二激发态的角分布符合 DWBA 的计算结果,然而转移到第一激发态 $(2s_{1/2})$ 的角分布不符合 $l = 1$ 的理论结果,出现了明显的相位移动,甚至倒相,显现出 $l = 0$ 的角分布特征。随后,在多个转移角动量 $l = 1$ 且末态为 $2s_{1/2}$ 轨道的反应中发现了类似的现象,被称为"$l = 1$ 异常",也被称为旋性翻转(helicity flip),引起了持久的关注,但至今仍没有圆满解释[34-40]。

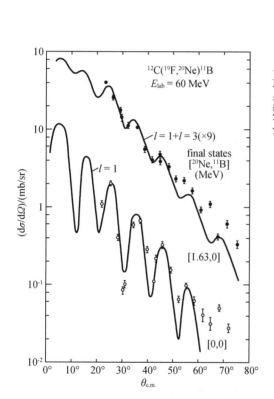
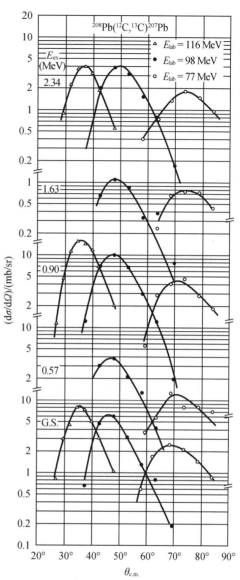

图 4.13 $^{12}\text{C}(^{19}\text{F},^{20}\text{Ne})^{11}\text{B}$ 转移角分布

图 4.14 $^{208}\text{Pb}(^{12}\text{C},^{13}\text{C})^{207}\text{Pb}$ 的转移反应角分布

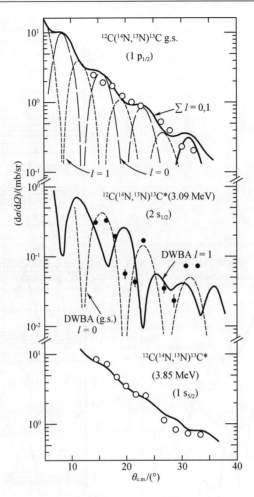

图 4.15 ^{12}C(^{14}N,^{13}N) 单中子转移到 ^{13}C 各末态的角分布

4.5 转移反应的参数化

在第 3 章谈到弹性散射的参数化（参见 3.3 节），同样，可以按照最趋近距离将转移反应的角分布进行参数化。在低能情况下，特别是对垒下转移，式(4.18)中的转移概率可以写为

$$P_{tr} = \frac{\dfrac{d\sigma_{tr}}{d\Omega}}{\dfrac{d\sigma_{Ru}}{d\Omega}} \quad (4.35)$$

假设碰撞沿卢瑟福轨道，上式等价于

$$P_{tr} = \frac{\dfrac{d\sigma_{tr}}{d\Omega}}{2\pi b db} \quad (4.36)$$

其中，$bdb = \dfrac{\eta}{k\sin\left(\dfrac{\theta_{c.m.}}{2}\right)}dD$。半经典方法给出在大相互作用距离处（垒下情况）转移概率（详见 R. Bass 一书，182~183 页）为

$$\frac{P_{tr}}{\sin\left(\dfrac{\theta_{c.m.}}{2}\right)} = \frac{\pi\kappa}{2\eta k}C_{if}\exp(-2\kappa D) \tag{4.37}$$

式中，入、出射道的谱学因子 C_{if} 是一个与能量无关的无量纲的数，κ 是由结合能导出的衰减常数，即

$$\kappa = \sqrt{\frac{2\mu E_B^{eff}}{\hbar^2}},\ E_B^{eff} = E_B - \frac{Z_x Z_{ax} e^2}{D_0} \tag{4.38}$$

式中，μ 为转移粒子和转移后施主核的折合质量，E_B^{eff} 是有效结合能，E_B 是转移粒子和转移后施主核的结合能，Z_x 和 Z_{ax} 分别是转移粒子和转移前受主核的核电荷数。需要注意：推导中使用了轨道平滑连接条件 $D_0 = D_i = D_f$，$\theta_{c.m.} = \dfrac{\theta_{c.m.}^i}{2} + \dfrac{\theta_{c.m.}^f}{2}$。

从式(4.37)可以知道，转移概率 $P_{tr}/\sin(\theta_{c.m.}/2) = C_N \cdot \exp(-2\kappa D)$，即随 D 增大以斜率 2κ 指数衰减，C_N 为截面的刻度系数。图 4.16 显示了 ^{238}U + ^{197}Au 体系能量 E_{lab} 在 5.25~6.52 MeV/u 之间 15 个能点的单中子基态转移概率 $P_{tr}/\sin(\theta_{c.m.}/2)$ 随最趋近距离 $d = D/(A_1^{1/3} + A_2^{1/3})$ 的变化[41-42]。可以看出：参数化后，所有能点的数据很好地归拢在一起；图 4.16(a) 显示了远距离 $d > 1.55$ fm 的情况，随 d 增大转移概率以斜率 2κ 指数下降；图 4.16(b) 显示了近距离 $d < 1.70$ fm 的情况，可以看出一个峰的结构，最大处对应于擦边距离，约 1.40 fm。实验还进行了 ^{197}Au + ^{197}Au 体系测量，得到了多个中子转移道的角分布，提取了概率的斜率值和截面的刻度系数等，如表 4.2 所示。可以看到，不同反应道转移概率的斜率与理论值基本一致。

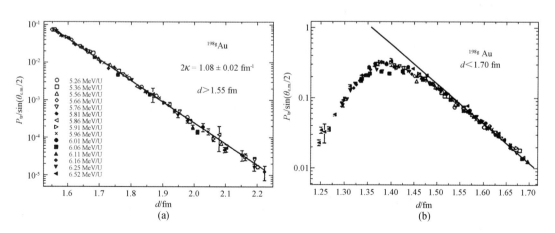

图 4.16 ^{238}U + ^{197}Au 体系单中子基态转移概率

$P_{tr}/\sin(\theta_{c.m.}/2)$ 随最趋近距离 d 的变化

(a) $d > 1.55$ fm；(b) $d < 1.70$ fm

表 4.2 ^{238}U + ^{197}Au 和 ^{197}Au + ^{197}Au 体系中子转移概率的斜率理论值与实验值的比较

反应	产物	$2\kappa_{theo}$/fm^{-1}	$2\kappa_{exp}$/fm^{-1}	C_N/mb	范围
^{238}U + ^{197}Au	^{198g}Au	1.10	1.08 ± 0.02	$(4.203 ± 0.018) \times 10^7$	$d \geq 1.55$ fm
	^{199}Au	2.16	1.94 ± 0.03		$d \geq 1.475$ fm
	^{198m}Au	1.07	1.37 ± 0.02	$(7.99 ± 0.16) \times 10^8$	$d \geq 1.55$ fm, $\theta_{c.m.} \leq 110°$
	^{196g}Au	1.11	1.12 ± 0.01	$(1.690 ± 0.021) \times 10^7$	$d \geq 1.55$ fm, $\theta_{c.m.} \leq 110°$
	^{196m2}Au	1.09	1.45 ± 0.03	$(1.49 ± 0.44) \times 10^9$	$d \geq 1.55$ fm, $\theta_{c.m.} \leq 110°$
^{197}Au + ^{197}Au	^{198g}Au	1.18	1.17 ± 0.01	$(3.958 ± 0.045) \times 10^7$	$d \geq 1.55$ fm, $\theta_{c.m.} \leq 110°$
	^{198m}Au	1.15	1.21 ± 0.07	$(7.38 ± 0.67) \times 10^6$	$d \geq 1.55$ fm, $\theta_{c.m.} \leq 110°$
	^{196g}Au	1.18	1.16 ± 0.01	$(2.491 ± 0.036) \times 10^7$	$d \geq 1.55$ fm, $\theta_{c.m.} \leq 110°$
	^{196m2}Au	1.15	1.51 ± 0.04	$(2.472 ± 0.094) \times 10^9$	$d \geq 1.55$ fm, $\theta_{c.m.} \leq 110°$

4.6 转移概率的斜率反常

转移反应参数化后,可以看出:在远距离处,转移概率随距离 D 增大以斜率 2κ 指数衰减,κ 由有效结合能给出,与反应能量无关。对于 N 个核子的转移反应,假设级联转移,则概率为每个核子转移概率的乘积,即

$$P_2 = P_1 P_1 = P_1^2, P_3 = P_1^3, \cdots, P_N = P_1^N \tag{4.39}$$

而对于集团转移,则违背上述概率的乘积规律,概率增强倍数称为增强因子 EF (Enhancement Factor),例如,对转移(pair transfer),$EF_2 = P_2/(P_1)^2$。

4.6.1 中子对转移

对于中子闭壳核体系,多中子转移倾向于级联转移。图 4.17 给出了 ^{144}Sm + ^{208}Pb 体系单中子和双中子转移概率随最趋近距离的变化[43]。注意:^{144}Sm 和 ^{208}Pb 中子数分别为 82 和 126,均为幻数。图 4.17 中,虚线是拟合实验的结果,点画线则是单中子转移斜率的平方,即 $P_{2n} = (P_{1n})^2$,虚线和点画线基本重合,这很好地说明了双中子转移为级联转移。

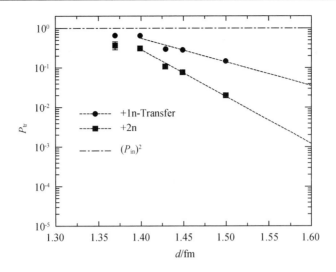

图 4.17 ^{144}Sm + ^{208}Pb 体系单中子和双中子
转移概率随最趋近距离的变化

对于中子开壳核体系,多中子转移呈现出对转移的特征。最为典型的是 Sn 同位素,它们的 $Z=50$ 为幻数,而中子数处于 50 和 82 两个壳中间,是典型的具有中子对超流性的核。图 4.18 显示了 ^{120}Sn + ^{112}Sn 体系单中子(见图 4.18(a))和多中子(见图 4.18(b))转移斜率随最趋近距离的变化[44]。可以看到,单中子转移斜率与理论预言的斜率符合很好,而多中子转移斜率则偏离了理论预言,这被称作斜率反常(slope anomaly)[45]。图 4.18 中,在 $d = 1.51$ fm 处,双中子转移增强因子 $EF \approx 3$,表现出明显的中子对转移的现象。

4.6.2 质子对转移

对于质子转移,由于有效结合能的变化,情况稍微复杂一些。同样,对于双质子转移,也存在着显著的质子对转移的现象。图 4.19 显示了 ^{144}Sm + ^{208}Pb 体系多质子转移概率随最趋近距离变化的情况[43]。可以看到,在 $d = 1.45$ fm 处,双质子转移增强因子 $EF \approx 10$,即 $P_{2p} \approx 10 \cdot (P_{1p})^2$,表现出强烈的质子对转移。值得注意的是,对于四质子和六质子转移,$P_{4p} \approx (P_{2p})^2$,$P_{6p} \approx (P_{2p})^3$,这意味着不存在四质子和六质子集团转移的现象,基本上是双质子对的级联转移。

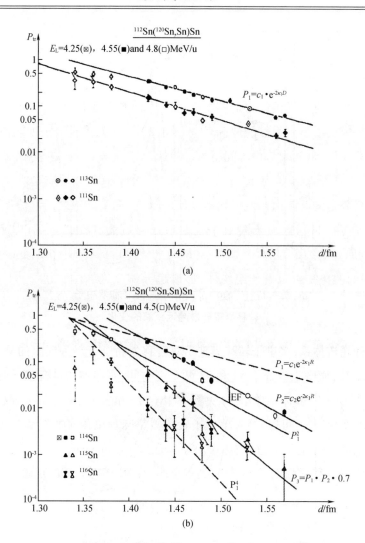

图 4.18　^{120}Sn + ^{112}Sn 体系单中子和多中子转移斜率随最趋近距离的变化

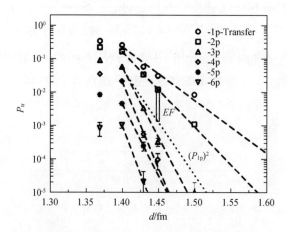

图 4.19　^{144}Sm + ^{208}Pb 体系多质子转移概率随最趋近距离的变化

4.6.3 约瑟夫森效应

对转移概率的显著增强被认为是核物质中的约瑟夫森效应(Josephson effect)[46-47],这可以在双中心势模型下得到很好的理解[45]。图 4.20 显示了质子对分别与施主核核芯和受主核形成的相互作用势,两个势中心间距为最趋近距离 $D_0 = 14$ fm,在交叠部分形成一个内部的势垒,此即约瑟夫森结(Josephson junction),核子的转移可以看作是对这个内部势垒的穿透。由于库仑势垒的匹配而产生有效结合能的变化,两个能级之间的势能差 $\Delta V = Q^{\text{eff}} = E_{\text{B}_\text{i}}^{\text{eff}} - E_{\text{B}_\text{f}}^{\text{eff}}$(参见式(4.24))。质子对或中子对形成自旋为 0 的玻色子,即库柏对(Copper pair),不受泡利原理的约束,在两个势阱中(即两个核内)可以自由移动,此时两个核可以看作超导体,而中间的势垒可以看作绝缘体,形成超导体-绝缘体-超导体(superconductor-insulator-superconductor,S-I-S)结的结构,此时库柏对有很大概率隧穿绝缘体,形成超电流(supercurrent),此即约瑟夫森效应。

转移的这种超流性(superfluidity)受到了强烈的关注[8,44-45]。目前,p-p 对和 n-n 对的转移增强现象均已观察到,鉴于 n-p 对相互作用的重要性,n-p 对转移将是值得关注的研究热点。

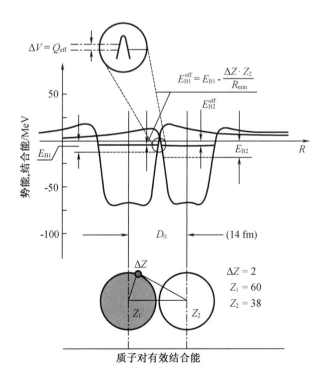

图 4.20 双中心势模型(在交叠区域形成了约瑟夫森结)

4.6.4 多核子转移

除了对转移的增强,在多核子转移中也发现了类似的斜率反常的现象[48-50]。图4.21显示了 ^{208}Pb(^{19}F,^{14}C)、^{208}Pb(^{19}F,^{15}N)和 ^{208}Pb(^{19}F,^{18}O)的转移斜率随最趋近距离的变化[6],实线是拟合实验的结果,虚线是根据有效结合能计算的结果。可以看到,对于单质子转移,实验和理论基本符合,而对于多核子转移,存在巨大偏差。表4.3给出了转移概率的斜率实验值与理论计算值之间的比较。值得注意的是,理论斜率值 κ_{theo} 仅与有效结合能相关,与能量基本无关;而实验发现,κ_{exp} 与能量存在强烈的关系,如图4.22所示。

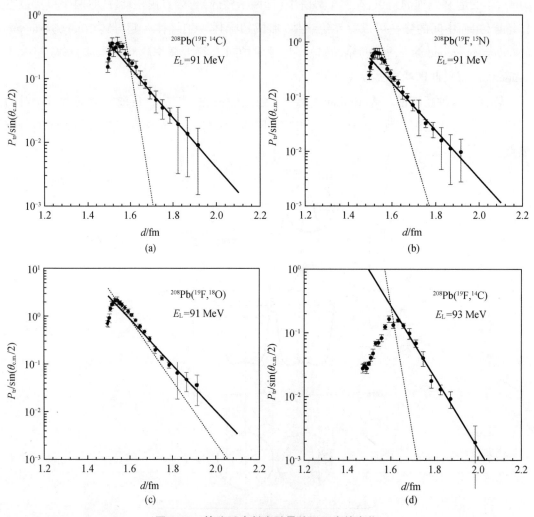

图4.21 转移反应斜率随最趋近距离的变化

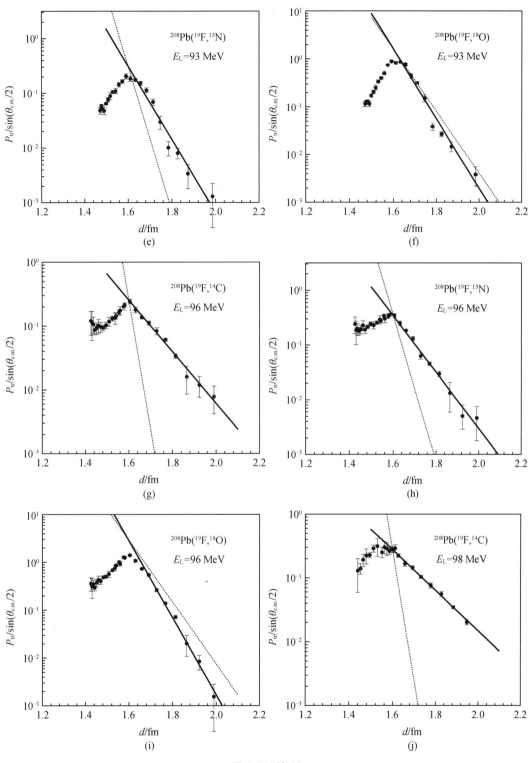

图 4.21(续 1)

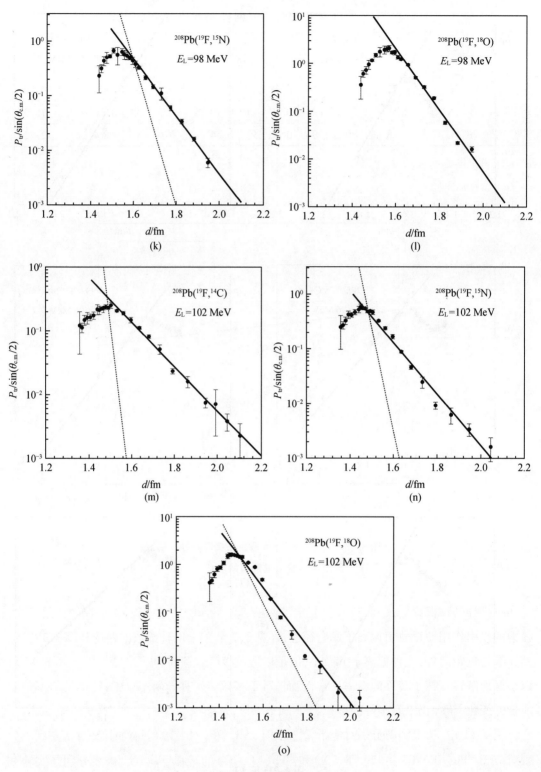

图 4.21(续 2)

表 4.3 ^{19}F + ^{208}Pb 体系转移概率的斜率实验值与理论值的比较

E_{beam}/MeV	κ_{exp}						κ_{theo}
	102	98	96	93	91	88	
^{208}Pb(^{19}F,^{18}O)	0.71(1)	0.82(1)	0.78(1)	0.85(1)	0.85(5)	0.81(11)	0.87
^{208}Pb(^{19}F,^{15}N)	0.55(2)	0.66(2)	0.67(4)	0.79(2)	0.74(3)	0.81(8)	1.79
^{208}Pb(^{19}F,^{14}C)	0.28(3)	0.37(3)	0.40(3)	0.54(2)	0.69(3)	0.86(22)	2.72

注:1. κ 的单位是 fm^{-1};

2. κ_{theo} 与能量无关

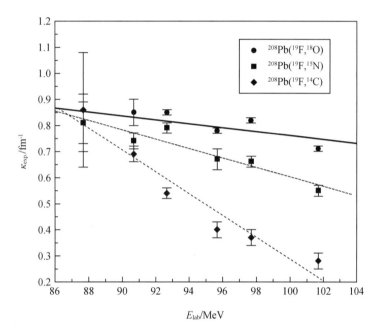

图 4.22 ^{19}F + ^{208}Pb 体系各主要转移概率的
斜率实验值随能量的变化

在推导转移概率公式(4.37)时,假定了两核碰撞沿库仑轨迹。很显然,在两核接近时,核力的吸引作用使得轨道偏离了库仑径迹,详见 3.7 节关于偏转函数的讨论和图 3.17。虽然在最趋近距离处,这种偏离十分微小,但足以造成核吸收截面的巨大改变[51]。图 3.17 可以很好地解释双核子转移的斜率反常,然而,对于多核子转移的斜率反常,特别是斜率值随能量的变化,至今仍没有很好的解释。

图 4.21 中,从上到下分别对应于 $E_{\text{beam}} = 91, 93, 96, 98, 102$ MeV 的能量;从左到右分别对应于 ^{208}Pb(^{19}F,^{14}C)、^{208}Pb(^{19}F,^{15}N) 和 ^{208}Pb(^{19}F,^{18}O) 的转移反应;实、虚线分别是实验和理论的转移概率,取 $d = 1.60$ fm 作为归一点。

参 考 文 献

[1] ALDER K, BOHR A, HUUS T, et al. Study of nuclear structure by electromagnetic excitation with accelerated ions [J]. Rev. Mod. Phys., 1956, 28: 432.

[2] STELSON P H, MCGOWAN F K. Coulomb excitation [J]. Annu. Rev. Nucl. Sci., 1963, 13: 163.

[3] HILLIS D L, GROSS E E, HENSLEY D C, et al. Multistep effects in the elastic and inelastic scattering of 70.4 MeV ^{12}C ions from the even neodymium isotopes [J]. Phys. Rev. C, 1977, 16: 1467.

[4] FORD J L C, TOTH K S, HENSLEY D C, et al. Interference between Coulomb and nuclear excitation in the inelastic scattering of ^{11}B ions from ^{208}Pb [J]. Phys. Rev. C, 1973, 8: 1912.

[5] BOND P D, GARRETT J D, HANSEN O, et al. Onset of diffraction-like angular distributions in the ^{40}Ca(^{13}C,^{12}C)^{41}Ca reaction [J]. Phys. Lett. B, 1973, 47: 231.

[6] 林承键,许谨诚,张焕乔,等. ^{19}F + ^{208}Pb 近垒及垒下准弹反应 [J]. 高能物理与核物理, 1997, 21: 872.

[7] VON OERTZEN W, BOHLEN H G, GEBAUER B. Enhancement of two-proton transfer in N = 82 nuclei [J]. Nucl. Phys. A, 1973, 207: 91.

[8] VON OERTZEN W, VITTURI A. Pairing correlations of nucleons and multi-nucleon transfer between heavy nuclei [J]. Rep. Prog. Phys., 2001, 64: 1247.

[9] BRINK D M. Kinematical effects in the heavy-ion reactions [J]. Phys. Lett. B, 1972, 40: 37.

[10] TAMURA T, UDAGAWA T, MERMAZ M C. Direct reaction analyses of heavy-ion induced reactions leading to discrete states [J]. Phys. Rep., 1980, 65: 345.

[11] BROGLIA R A, POLLAROLO G, WINTHER A. On the absorptive potential in heavy ion scattering [J]. Nucl. Phys. A, 1981, 361: 307.

[12] REHM K E. Quasi-elastic heavy-ion collisions [J]. Annu. Rev. Nucl. Part. Sci., 1991, 41: 429.

[13] POUGHEON F, ROUSSEL P. Origin of j and Q dependence in heavy-ion transfer reactions [J]. Phys. Rev. Lett., 1973, 30: 1223.

[14] BROGLIA R A, WINTHER A. Transfer reactions between heavy ions [J]. Nucl. Phys. A, 1972, 182: 112.

[15] GLENDENNING N K. Nuclear stripping reactions [J]. Ann. Rev. Nucl. Sci., 1963, 13: 191.

[16] GLENDENNING N K. Nuclear spectroscopy with two-nucleon transfer reactions [J]. Phys. Rev., 1965, 137: B102.

[17] ENDT P M. Spectroscopic factors for single-nucleon transfer in the $A = 21 \sim 44$ region [J]. Atom. Data and Nucl. Data Tab., 1977, 19: 23.

[18] CLEMENT C F, PEREZ S M. Spectroscopic sum rules for nuclear transfer [J]. Rep. Prog. Phys., 1990, 53: 127.

[19] COHEN S, KURATH D. Spectroscopic factors for the 1p shell [J]. Nucl. Phys. A, 1967, 101: 1.

[20] KUNZ P D. Instructions for the use of DWUCK: a distorted wave born approximation program [R]. University of Colorado Report COO-535-606, 1970.

[21] KUNZ P D. Algebra used by DWUCK with applications to the normalization of typical reactions [R]. University of Colorado Report COO-535-613, 1970.

[22] BASSEL R H, DRISKO R M, SATCHLER G R. The distorted-wave theory of direct nuclear reactions. I. 'Zero-Range' formalism without spin-orbit coupling, and the code sally [R]. Oak Ridge National Laboratory Report ORNL-3240, 1962.

[23] WHITE R L, KEMPER K W. Nuclear spectroscopy with the ^{62}Ni(^{7}Li,^{6}He)^{63}Cu reaction [J]. Phys. Rev. C, 1974, 10: 1372.

[24] MAGUIRE C F, BOMAR G L, BARCLAY M E, et al. Systematic spectroscopic-factor discrepancy in heavy-ion proton-pickup reactions on ^{40}Ca [J]. Phys. Rev. Lett., 1984, 52: 743.

[25] LIU X D, FAMIANO M A, LYNCH W G, et al. Systematic extraction of spectroscopic factors from ^{12}C(d,p)^{13}C and ^{13}C(p,d)^{12}C reactions [J]. Phys. Rev. C, 2004, 69: 064313.

[26] LEE JENNY, TSANG M, LYNCH W. Neutron spectroscopic factors from transfer reactions [J]. Phys. Rev. C, 2007, 75: 064320.

[27] OLMER C, MERMAZ M, BUENERD M, et al. Energy dependence of elastic scattering and one-nucleon transfer reactions induced by ^{16}O on ^{208}Pb [J]. Phys. Rev. C, 1978, 18: 180.

[28] OLMER C, MERMAZ M, BUENERD M, et al. Energy dependence of elastic scattering and one-nucleon transfer reactions induced by ^{16}O on ^{208}Pb [J]. Phys. Rev. C, 1978, 18: 205.

[29] TIMOFEYUK N K. Overlap functions for reaction theories: challenges and open problems [J]. J. Phys. G, 2014, 41: 094008.

[30] DEVRIES R M, KUBO K I. Recoil effects in single-nucleon-transfer heavy-ion reactions [J]. Phys. Rev. Lett., 1973, 30: 325.

[31] DEVRIES R M. Recoil effects in single-nucleon-transfer heavy-ion reactions [J]. Phys. Rev. C, 1973, 8: 951.

[32] LARSEN J S, FORD J L C, GAEDKE R M, et al. Investigation of the ^{208}Pb(^{12}C,^{11}B)^{209}Bi and ^{208}Pb(^{12}C,^{13}C)^{207}Pb reactions at high bombarding energies [J]. Phys. Lett. B, 1972, 42: 205.

[33] DEVRIES R M, ZISMAN M S, CRAMER J G, et al. Observation of an anomalous angular distribution in the single-nucleon-transfer reaction ^{12}C(^{14}N,^{13}N)^{13}C at 100 MeV [J]. Phys. Rev. Lett., 1974, 32: 680.

[34] NAIR K, VOIT H, HAMM M, et al. Further evidence for anomalous angular distributions for transitions to the $2s_{1/2}$ states in the mass-13 system [J]. Phys. Rev. Lett., 1974, 33: 1588.

[35] BOND P, CHASMAN C, GARRETT J, et al. Heavy-ion $L=1$ transfer: a sensitive test of reaction theory [J]. Phys. Rev. Lett., 1976, 36: 300.

[36] MOTOBAYASHI T, KOHNO I, KATORI K, et al. Anomalous angular distribution in the transition to the $2s_{1/2}$ state in ^{17}O [J]. Phys. Rev. Lett., 1976, 36: 390.

[37] KUBO K, NAIR K, NAGATANI K. Anomalous angular distributions and the unique structure of the $l=1$ transition amplitude [J]. Phys. Rev. Lett., 1976, 37: 222.

[38] SEGLIE E, ASCUITTO R. Molecular-orbital interpretation of the $\Delta l = 1\hbar$ transfer anomaly in heavy-ion reactions [J]. Phys. Rev. Lett., 1977, 39: 688.

[39] FULLER R C. Helicity flip in the $L=1$ transfer ^{40}Ca(^{13}C,^{14}N)^{39}K(g.s.) reaction [J]. Phys. Lett. B, 1977, 69: 267.

[40] KEELEY N, KEMPER K, ROBSEN D. Solution to a long-standing problem: ^{12}C(^{14}N,^{13}N)^{13}C$_{1/2}$+ [J]. Phys. Rev. C, 2002, 66: 027603.

[41] FUNKE F, KRATZ J V, TRAUTMANN N, et al. Cross sections for nuclear reactions in collisions of ^{238}U + ^{238}U and ^{238}U + ^{197}Au near and below the Coulomb barrier [J]. Z. Phys. A, 1991, 340: 303.

[42] FUNKE F, WIRTH G, KRATZ J V, et al. Quasielastic transfer reactions in ^{238}U + ^{197}Au and ^{197}Au + ^{197}Au collisions near the Coulomb barrier [J]. Z. Phys. A, 1997, 357: 303.

[43] SPEER J, VON OERTZEN W, SCHÜLL D, et al. Cold multi-proton-pair transfer between ^{144}Sm and ^{208}Pb [J]. Phys. Lett. B, 1991, 259: 422.

[44] VON OERTZCN W, BOHLEN H G, GEBAUER B, et al. Quasi-elastic neutron transfer and pairing effects in the interaction of heavy nuclei [J]. Z. Phys. A, 1987, 326: 463.

[45] WU C Y, VON OERTZCN W, CLINE D, et al. Two-nucleon transfer between heavy nuclei [J]. Annu. Rev. Nucl. Part. Sci, 1990, 40: 285.

[46] JOSEPHSON B D. Possible new effects in superconductive tunnelling [J]. Phys. Lett.,

1962, 1: 251.

[47] HERRICK D M, WOLFS F L H, BRYAN D C, et al. Elastic scattering and quasielastic transfer for ^{32}S + ^{96,100}Mo at E_{lab} = 180 MeV [J]. Phys. Rev. C, 1995, 52: 744.

[48] BISWAS D C, CHOUDHURY R K, NADKARNI D M, et al. Evidence of massive cluster transfers in ^{19}F + ^{232}Th reaction at near barrier energies [J]. Phys. Rev. C, 1995, 52: R2827.

[49] SINHA S, VARMA R, CHOUDHURY R K, et al. Measurement of quasielastic and transfer excitation functions in ^{16}O, ^{19}F + ^{232}Th reactions [J]. Phys. Rev. C, 2001, 61: 034612.

[50] MARTA H D, DONANGELO R, TOMASI D, et al. Slope anomaly in neutron transfer reactions [J]. Phys. Rev. C, 1998, 58: 601.

[51] MARTA H D, DONANGELO R, FERNÁNDEZ NIELLO J O, et al. On the slope anomaly in heavy-ion transfer reactions [J]. Nucl. Phys. A, 2002, 697: 107.

第 5 章 深部非弹性散射和多核子转移反应

深部非弹性散射(deep inelastic scattering),即深部非弹性碰撞(deep inelastic collision, DIC),是介于准弹性散射和俘获反应之间的一种反应机制。深部非弹性散射伴随着大量核子的迁移,这与多核子转移反应十分类似。本章主要介绍深部非弹性散射和多核子转移反应及其进展。

5.1 重离子核反应机制和特征时间

深部非弹性散射是 20 世纪 70 年代前后发现的一种新的反应机制,此后准裂变等机制被发现,极大地促进了重离子核反应的发展。可以说,20 世纪七八十年代是重离子核物理发展的黄金时期。为了更好地了解重离子核反应机制的全貌,有必要对重离子核反应机制和相关的特征时间作一个介绍。

5.1.1 重离子核反应机制

在重离子碰撞过程中,当弹核与靶核的距离 r 大于相互作用半径 R_{int} 时,库仑场的相互作用占主导地位,此时主要过程为弹性散射和库仑激发;当 r 趋近于 R_{int} 时,仅在核物质密度分布的尾巴部分产生少量交叠,两核保持相对独立,此时核力开始产生作用,但相互作用时间较短,反应过程以非弹性散射和少数核子转移反应等直接反应为主;当 r 小于 R_{int} 时,接近于两核半密度($\rho_{\frac{1}{2}}$)半径($R_{1/2}$)之和时,两核深度交叠,形成双核体系(Dinuclear System, DNS),相互作用时间较长,两核之间强烈的摩擦使大量核子发生交换,并伴随着能量的深度耗散,此为深部非弹性散射;当碰撞距离再减小到等于或小于两核半密度半径之和时,一般认为发生俘获反应,此时两核融为一体,形成复合体系(composite system)。再进一步演化:可通过蒸发粒子形成复合核(详见第 6 章,熔合反应),或者再分离形成裂变,包括快裂变、准裂变、预平衡裂变(可统称为类裂变)和全熔合裂变等途径(详见第 7 章,熔合-裂变过程)。上述核反应过程如图 5.1 所示。

从经典角度看,每个碰撞参数 b 都对应着一条反应径迹,因此不同的反应机制可以由特征碰撞参数来界定,如图 5.2 所示[1]。相应地,每个碰撞参数对应一个角动量 $l(l=bk)$。不同反应过程的截面随角动量的变化,即自旋分布 $d\sigma/dl$ 显示在图 5.3 中。可以看到,各反应的自旋分布沿 $\sigma(l)=2\pi\lambda^2 l$ 的直线随 l 增大而上升,总自旋分布为 $\sigma(l)=\pi\lambda^2(2l+1)$。

5.1.2 特征时间

重离子核反应机制与核内核子运动、原子核集体运动和两核相对运动等的时间密切相关。

这牵涉两个基本的时标,即核子在核内的运动时间 τ_0 和两核沿库仑径迹运动的时间 τ_1。

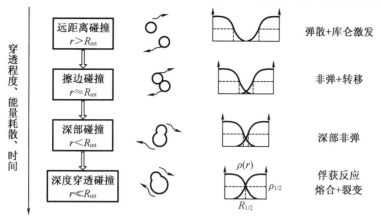

图 5.1 重离子核反应机制与碰撞距离和密度交叠的关系

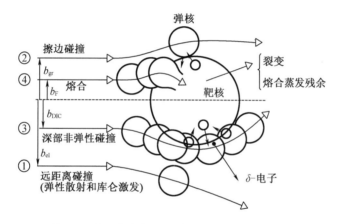

图 5.2 由碰撞参数界定的重离子核反应机制

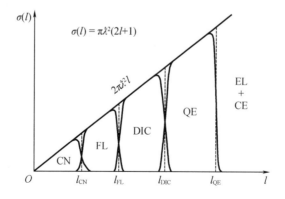

图 5.3 重离子核反应按角动量空间的划分

CN—复合核反应;FL—类裂变反应;DIC—深部非弹性散射;
QE—准弹性散射;EL—弹性散射;CE—库仑激发

1. 核子在核内的运动时间 τ_0

$$\tau_0 = \frac{m_0 r_0^2}{\eta} = 2.27 \times 10^{-23} \text{ s} \tag{5.1}$$

2. 两核沿库仑径迹运动的时间 τ_1（参见 4.1 节）

$$\tau_1 = \left(\frac{2 m_0 r_0^3}{e^2}\right)^{1/2} = 1.58 \times 10^{-22} \text{ s} \tag{5.2}$$

式中，m_0 为核子质量，$r_0 = 1.2$ fm。

一些与核反应相关的特征时间列在表 5.1 中。对这些特征时间的了解，有助于我们对反应机制的判断。

表 5.1 一些与核反应相关的特征时间

物理量	公式	量级
具有费米动量的核子经过核直径的时间	$\dfrac{2m_0 R}{p_F} = \left(\dfrac{64A}{9\pi}\right)^{1/3} \tau_0$	1×10^{-22} s
振动周期	$\dfrac{2\pi}{\omega_{\text{vib}}}$	5×10^{-21} s ① 3×10^{-22} s ②
复合核寿命 $E_x = 10$ MeV $E_x = 100$ MeV	$\dfrac{\hbar}{\Gamma} = \dfrac{h\rho(E,I)}{N(E,I)}$	$10^{-16} \sim 10^{-19}$ s ③ $10^{-20} \sim 10^{-21}$ s ③
散射体系的转动周期	$\pi\left(\dfrac{2\mu_{12} R_{12}^2}{E - V(R_{12})}\right)^{1/2}$ $= \pi\left[\dfrac{A_{12}(A_1^{1/3} + A_2^{1/3})^3}{Z_1 Z_2}\right]^{1/2} \cdot \left(\dfrac{V(R_{12})}{E - V(R_{12})}\right)^{1/2} \tau_1$	3×10^{-21} s ④
散射体系的相互作用时间	$2\left[\dfrac{2 r_0 \mu_{12} R_{12}}{2(E - V(R_{12})) - R_{12}(\text{grad } V)_{R_{12}}}\right]^{1/2}$ $= 2\left[\dfrac{A_{12}(A_1^{1/3} + A_2^{1/3})^2}{Z_1 Z_2}\right]^{1/2} \left[\dfrac{V(R_{12})}{2(E - V(R_{12})) - R_{12}(\text{grad } V)_{R_{12}}}\right]^{1/2} \tau_1$	$10^{-21} \sim 10^{-22}$ s ④

① 低能四极振动模式；
② 巨偶极或四极振动模式；
③ 适用于低至 $A \sim 30$ 的轻复合核以及高至 $A \geqslant 200$ 的重复合核；
④ 对于 $A_1, A_2 \approx 100, E \approx 1.5\ V(R_{12})$。

几点说明：

① 带有费米动量的核子穿过核半径 R 的时间，是核内部本征核子结构对核外部干扰产

生响应的一个时间度量,可以作为一个基准参考时标。

②可以看到,两核相互作用时间与核子传输时间、核集体运动周期等相当,在 $10^{-22} \sim 10^{-21}$ s 量级,这是低能核反应中存在显著耦合道效应的一个根本原因,内部运动自由度与相对运动自由度在时间尺度上是匹配的。

③两核在相互作用时间(接触时间)内产生大量的核子交换、能量耗散、角动量迁移等过程。如果接触时间小于体系的转动周期,则产物的质量、能量等分布与角分布呈现强烈的关联,可以作为深部非弹性散射、准裂变等快过程的时标。当接触时间超过转动周期时,这种关联将失去,产物在 4π 空间的均匀分布,角分布成 $90°$ 对称。

5.2 深部非弹性散射的实验特征

实验上,对反应机制的判断是通过观察产物的质量、能量、角度等分布以及它们随能量变化的规律来实现的。本节将阐述深部非弹性散射的发现、一些典型的实验现象及其总体特征。

5.2.1 深部非弹性散射的发现

深部非弹性散射的发现可以追溯到 1960 年前后 R. Kaufmann 和 R. Wolfgang 两人的先驱性工作[2-3]。他们用 ^{12}C, ^{14}N, ^{16}O 和 ^{19}F 轰击 Al, Cu, Sn, Rh 等靶,能量高于库仑势垒,最高达 10 MeV/u,观察到了令人意想不到的现象。图 5.4 显示了能量为 160 MeV 和 101 MeV 时 ^{16}O 轰击 7.35 mg/cm² 厚 ^{103}Rh 靶的产物角分布。从图 5.4 可以看到:①除角分布在擦边角成峰的单中子转移产物 ^{15}O 外,还存在(pn)、(p2n)和(2p3n)多个核子的转移产物 ^{18}F, ^{13}N 和 ^{11}C;②所有产物(包括 ^{15}O)均存在强烈前倾的角分布;③各产物的截面比例基本一致,与能量关系不大。此外,多核子转移截面约为单核子转移反应截面的 $10\% \sim 20\%$。对于不同的靶核,该比例系数基本不变,说明截面可能对反应 Q 值或核的结构不敏感。除了对擦边角成峰的 ^{15}O 可以用转移反应的机制解释外,其余现象,特别是 ^{15}O 前角截面的上升,难以解释,这意味着可能存在一个新的反应机制。

当时,他们提出擦边接触(grazing contact)机制,认为弹核穿透靶核表面,但没有熔合,而是沿表面转动,其接触时间少于转动的半个周期,强烈的摩擦产生核集体激发、核子转移和核破裂等。该模型提出的中间复合体(intermediate complex)、负角度偏转、颈部的形成和拉长、表面张力和摩擦机制等概念奠定了深部非弹性散射的理论基础,后发展为摩擦模型(friction model)[4-5]、扩散模型/输运理论(diffusion model / transport theory)[6-7] 等。

5.2.2 深部非弹性散射典型的实验现象

在 20 世纪 60 年代,由于加速器的限制,人们仅能用较轻的重离子束流(主要是 C,N,

O)开展实验,能量一般在 6~10 MeV/u,众多实验均观察到了类似的多核子转移以及角分布强烈前倾的现象[8-9]。1970 年以后,加速器的发展,使更重离子(特别是 Ar,Kr,Xe 等)可以加速至较高能量。另外,实验技术的发展,特别是关联测量(如角度-能量关联、质量-能量关联等)得以实现。这些发展使实验研究有了实质的进展,最终导致一个新反应机制的确立[10-11]。下面就深部非弹性散射中的一些典型的实验现象作一介绍。

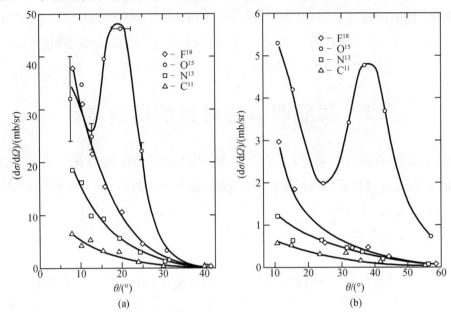

图 5.4 160 MeV 和 101 MeV 时 ^{16}O + ^{103}Rh 反应产物的角分布

(a) 160 MeV 时 ^{16}O + ^{103}Rh 反应产物的角分布;(b) 101 MeV 时 ^{16}O + ^{103}Rh 反应产物的角分布

1. 角度-能量分布

深部非弹性散射中最具代表性的例子是杜布纳的 ^{40}Ar + ^{232}Th 实验[12]以及 J. Wilczyński 对实验结果的完美解释[13]。图 5.5 显示了 E_{lab} = 288 MeV 和 379 MeV 时 ^{40}Ar + ^{232}Th 反应出射轻元素产物的角分布。从图 5.5 可以看到:①Ar 及其附近元素(如 Cl,S 等)在擦边角附近有明显的成分,这可以用准弹的转移反应机制来解释;②所有元素的分布均有非常前倾的角分布,与图 5.4 类似;③在非常远离 Ar 的产物(如 C,N,O 的元素)角分布中,中间角度有明显的隆起。图 5.6 显示了 379 MeV 时 ^{40}Ar + ^{232}Th 反映出射 Cl,Ar,K,Ca 元素在不同角度的能谱分布。从图 5.6 可以看到:①Ar 元素分布中存在一个明显准弹性峰;②在前角,能谱分布基本上是一个大的宽峰,随着角度向后移动,逐渐出现双峰结构,双峰的相对强度有变化。

单从一维谱很难对上述实验现象做出解释。Wilczyński 创造性地给出了双微分截面 $d^2\sigma/(dEd\theta)$ 的等高图,即角度-能量二维等高图,如图 5.7 所示。这种图被称作维辛斯基图(Wilczyński plot)。图 5.7 仅给出了正出射角度的 K 元素的角度-能量分布。图 5.8 给出了全角区的角度-能量分布以及相应的偏转轨道示意图。从图 5.8 可以看到:随着碰撞参数的减小,两核交叠程度增加,摩擦力增强,偏转角度增大,出射角从擦边角向前角移动,跨过 0°后

(负偏转)出射角向后角移动,在此过程中,核子迁移、能量耗散和角动量转移等增加。

结合图5.7和图5.8,可以对图5.5和图5.6的结果作出合理的解释。从图5.8可见,负角度偏转的假设是解释实验的能量和角度分布的关键。进一步,Wilczyński指出:负角度偏转和正角度偏转中出射粒子具有相反的自旋方向,这是因为出射道碎块的自旋来自入射道的轨道角动量。实验上,可以通过测量高能组(正偏转)碎块和低能组(负偏转)碎块的极化度来检验。随后的实验[14]证实了该假设,给出了负偏转角度的证据。

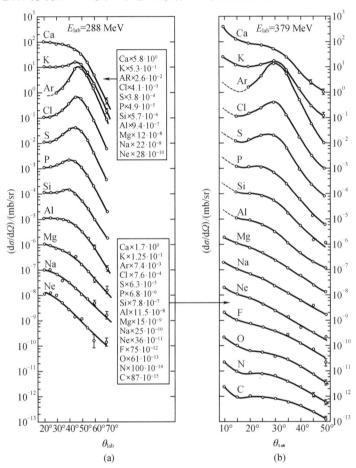

图5.5 7.20 MeV/u 和 9.48 MeV/u 时 ^{40}Ar + ^{232}Th 反映出射轻元素产物的角分布

(a) E_{lab} = 288 MeV 时;(b) E_{lab} = 379 MeV 时

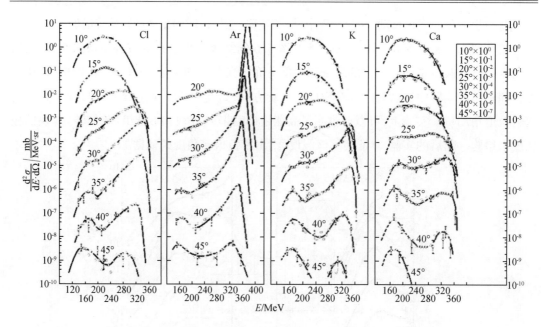

图 5.6　9.48 MeV/u 时 ^{40}Ar + ^{232}Th 反映出射不同元素的能谱分布

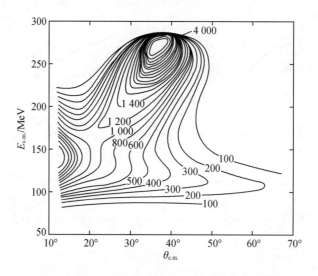

图 5.7　9.48 MeV/u 时 ^{40}Ar + ^{232}Th 反应 K 元素的

角度 – 能量分布等高图

注：双微分截面 $d^2\sigma/(dEd\theta)$ 的单位为 $\mu b/(MeV \cdot rad)$

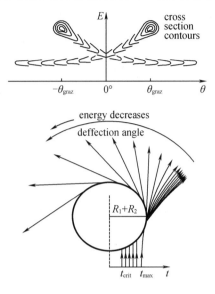

图 5.8 深部非弹性散射机制的图像

2. 质量-能量分布

可以想象,较重体系反应产物的质量将分布在一个很大范围内。图 5.9 显示了能量为 226 MeV 的 ^{40}Ar + ^{165}Ho 反应产物的质量-能量分布等高图[15],并且标注了不同区域所对应的反应过程。从准弹经过深部非弹一直到熔合反应是一个连续变化的过程,并没有绝对的分界。中间区域的熔合裂变和准裂变有一定的交叠,当然也可能混杂有深部非弹性散射的成分。

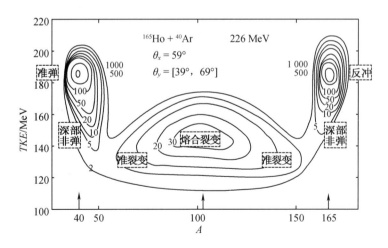

图 5.9 5.65 MeV/u 时 ^{40}Ar + ^{165}Ho 反应产物的质量-能量分布等高图

对于 ^{40}Ar + ^{165}Ho 这样的中重体系,除深部非弹性散射外,熔合裂变和准裂变占有很大的成分;对于更重的体系,反应将很难经过复合体系的阶段,几乎不存在裂变的成分,而以深部非弹性散射为主。图 5.10 显示了 500 MeV 时 ^{84}Kr + ^{209}Bi 反应产物的质量-能量分布[16],

裂变的成分几乎不可见(中间三角区域内),主要是靠近弹、靶质量区的深部非弹性散射。图 5.11 显示了 600 MeV 时 ^{84}Kr + ^{209}Bi 反应产物在 θ_{lab} = 59°的质量 – 能量分布[17](见图(a)),及其质量分布与 θ_{lab} = 34°时质量分布的对比(见图(b))。从图 5.11 可以看出:①质量分布的最大特点是呈现不对称的双峰结构;②双峰位置和结构与角度相关,即前角对应于两核交叠程度相对较小的情况,质量分布在弹、靶质量附近;后角对应于两核深度交叠的情况,有更多的核子被迁移,质量分布向对称方向发展。值得注意的是:上述特征与不对称裂变的双峰结构明显不同,后者是壳效应导致的,重碎片质量在 140 u 左右;且裂变碎片的角分布基本上是各向同性的分布。结合图 5.10 和图 5.11 可以知道:深部非弹性散射碎片的全运动学能量(total kinematic energy,TKE)带有强耗散的特征,与裂变碎片的 TKE(约在 261 MeV,水平的虚线箭头所指)不同。

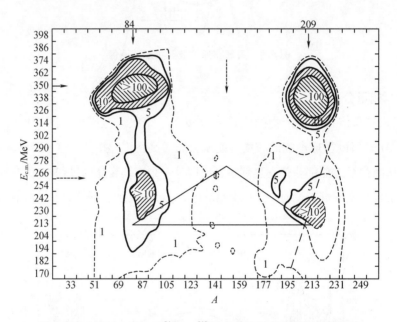

图 5.10　5.95 MeV/u 时 ^{84}Kr + ^{209}Bi 反应产物的质量 – 能量分布

3. 同位素分布及其动能分布

图 5.12 和图 5.13 分别显示了 E_{lab} = 295 MeV 时 ^{40}Ar + ^{232}Th 反应在 θ_{lab} = 18°(左)和 θ_{lab} = 40°(右)产物的同位素分布以及相应的最可几动能分布[18]。虽然这两个角度均在擦边角(约 47°)之前,但是却表现出截然不同的特点,总结在表 5.2 中。分析这些结果,可以得到一些重要的信息:①产物均为丰中子同位素,由于 N/Z 驱动力的作用,弹核 N/Z(≈1.22)和靶核 N/Z(≈1.58)分别向复合核 N/Z(≈1.52)方向发展(参见图 5.35);同时,较轻产物截面大于较重产物的截面,即轻核倾向于向重核迁移核子;由此可知,质量自由度 A 的演化方向和 N/Z 自由度的演化方向相反,这意味着在裂变过程经常使用的不变电荷分配(unchanged charge distribution,UCD;即两个碎片的 N/Z 相同)的假设在此并不适用;②在 θ_{lab} = 18°时,产物分布的统计平衡特征明显,同位素分布总体较平坦,其动能仅与 $Z_1 \times Z_2$ 相

关,即与库仑能相关(约 80% 的球形库仑能),耗散为内部的激发能约 100 MeV;在 $\theta_{lab}=40°$ 时,由于靠近擦边角,准弹性散射的影响严重,产物分布集中在弹核附近,同时最可几能量也在 Ar 附近达到最大,接近入射的运动学能量,相应地转化为内部激发能最小。

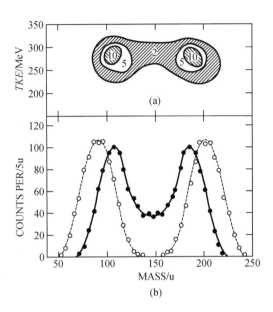

图 5.11　7.14 MeV/u 时 ^{84}Kr + ^{209}Bi 反应产物在 $\theta_{lab}=59°$ 的质量-能量分布及其质量分布(实心圆点)与 $\theta_{lab}=34°$ (空心圆点)时质量分布的对比

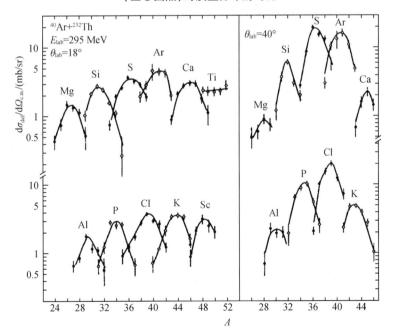

图 5.12　7.38 MeV/u 时 ^{40}Ar + ^{232}Th 反应在 $\theta_{lab}=18°$(左)和 $\theta_{lab}=40°$(右)产物的同位素分布

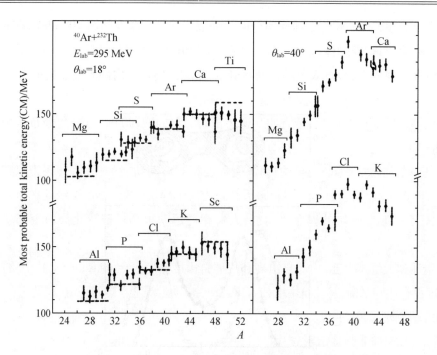

图 5.13 7.38 MeV/u 时 ^{40}Ar + ^{232}Th 反应在 θ_{lab} = 18°（左）和

θ_{lab} = 40°（右）同位素的动能分布

注：右图中各元素的水平虚线代表了 80% 的球形核库仑能

表 5.2 7.38 MeV/u 时 ^{40}Ar + ^{232}Th 反应在 θ_{lab} = 18° 和 θ_{lab} = 40° 时反应同位素分布的特点

	18°	40°
能谱	高斯分布，宽度 35～40 MeV	不对称分布，宽度 35～55 MeV
最可几动能	(a) 主要依赖于电荷 (b) 随 A 增大持续阶梯式上升 (c) 比球库仑势垒低约 20%	(a) 主要依赖于质量 (b) 在 $A \approx 40$ 处成峰 (c) 除大质量转移外，远高于势垒
最可几激发能	几乎为常数（$E^* \approx 100$ MeV）	在 $A \sim 40$ 时达到最小
截面	(a) 同位素分布成钟罩形 (b) 质量分布宽、平，并且对称 (c) 奇-偶效应小	(a) 同位素分布成钟罩形 (b) 质量分布 $A \sim 40$ 处成峰，剥离反应比拾取反应有增强
中子过剩	从 3 到 6 持续变化对应于 $Z = 12$ 到 $Z = 21$	几乎为 4.5 的常数

5.2.3 深部非弹性散射的总体特征

1. 总体特征

本节主要介绍了深部非弹性散射一些典型的实验现象和初步的解释，这里，总结其主要特征有：

(1) 对于能量高于库仑位垒十几个 MeV(一般在 6~10 MeV/u)的较重体系(弹核且靶核的质量 $A \geq 40$)中表现明显;

(2) 碰撞过程中,弹核和靶核的个体基本保持,组成一个复合的双核体系,发生大量核子的迁移(可超过 30 个核子),质量分布为宽的双峰;

(3) 出射产物为两个碎块,带有明显两体散射、周边快反应的特点,角分布呈现强烈的各向异性;

(4) 是一个强阻尼(damping)的过程,有大的相对运动动能的耗散,转化为双核体系内部激发能,能损可达几百兆电子伏特,最后转化为两个碎块的激发能(按统计平衡划分),出射道动能等于两形变碎块的库仑排斥能;大量相对运动角动量被转化为两个碎块的内禀自旋;

(5) 牵涉到大量自由度(内部自由度和集体自由度)的弛豫(relaxation),其中质量(或电荷)自由度没有达到平衡,其他自由度如 N/Z、TKE、角动量等基本达到平衡(详见 5.3 节)。

2. 深部非弹性散射过程

总的来看,深部非弹性散射过程可以分为如下三个阶段(如图 5.14 所示)。

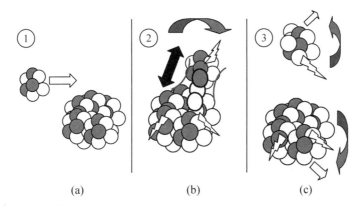

图 5.14 深部非弹性散射的三个阶段
(a)接近阶段;(b)接触阶段;(c)分离阶段

(1) 接近阶段

两核相对运动接近,运动学能量、弹靶质量、碰撞参数等初始条件决定了后续进程。

(2) 接触阶段

形成一个双核体系,从接触到断点的强阻尼过程,伴随着大量运动学能量的耗散,大量轨道角动量的转移,大量核子的迁移(N/Z 驱动势扮演了关键角色,决定了核子的流向),大量自由度的弛豫等,体系处于高激发、高自旋的状态并蒸发粒子(n, α, p, γ 等粒子的预平衡发射,可作反应时标)。

(3) 分离阶段

两个碎片由于库仑力分开,处于高激发、高自旋状态,通过蒸发粒子退激,最终探测到的产物是蒸发后的产物。

5.3 深部非弹性散射中集体自由度的弛豫

从上述讨论可以知道,各本征自由度和集体自由度的弛豫对理解深部非弹性散射的动力学过程起到至关重要的作用。通过实验观测量的分布情况以及蒸发粒子(n, α, p, γ等)所带出的信息,可以对一些自由度的弛豫进程作出一个判断。可以说,深部非弹性散射是研究黏滞性(viscosity)、核子迁移率等核物质基本属性的一个有力工具。下面就一些集体自由度的弛豫及其时间作一个简单介绍,以了解核反应体系演化的一个概貌。

5.3.1 局部热力学平衡——Q_{gg}系统学

图 5.15 显示了 174 MeV 时 ^{22}Ne + ^{232}Th 深部非弹性散射[19]的同位素产物在 40°处微分截面随 Q_{gg} 的变化情况[20]。从图 5.15 中可以看到,除个别壳效应明显的点外,各同位素均很好地分布在一条直线上(对数坐标),即

$$\frac{d\sigma}{d\Omega} \propto \exp\left(\frac{Q_{gg} - \delta(n) - \delta(p)}{T}\right) \tag{5.3}$$

这里 $\delta(n)$ 和 $\delta(p)$ 分别是中子和质子的对能,T 是核温度,该现象被称为 Q_{gg} 系统学(Q_{gg} systematics)。一般地,深部非弹性散射的产物处于很高的激发态,中子和质子不成对存在,故在 Q_{gg} 中要扣除中子和质子的对能。假设两核在碰撞过程中形成一个中间的复合体系,在末态阶段(断点处,两核即将分离之时)其激发能可以写为

$$E_x^f = Q_{gg} + E_{dis} - (V_f - V_i) - (E_f^{rot} - E_i^{rot}) \tag{5.4}$$

式中,E_{dis} 为碰撞过程中所耗散的能量;V 为势能(库仑能 + 核能);E^{rot} 为转动能;角标 i,f 分别代表入射道和出射道。注意到,式(5.4)与转移反应中用轨道匹配条件得到的有效 Q 值(Q 窗)的表达式十分类似(参见 4.3 节),只是多了一项耗散能。一般地,耗散能和势能 + 转动能差大体相当,$E_x^f \approx Q_{gg} - \delta(n) - \delta(p)$,即

$$\frac{d\sigma}{d\Omega} \propto \exp\left(\frac{E_x^f}{T}\right) \tag{5.5}$$

这意味着截面与在允许的"Q 窗"内本征末态的总数目成正比,此即 Q_{gg} 系统学的统计学解释。

Q_{gg} 系统学也表明,在深部非弹性散射过程中的确存在一个中间的复合体,即两核深度交叠所形成的高激发的一个双核体系。我们知道,整个深部非弹性散射是一个非平衡的过程,各自由度一直处于演化中。然而,在某个阶段,例如上述的末态阶段,复合体系处于一个阶段性的某些特定自由度达到平衡的状态,称之为局部统计平衡(partial statistical equilibrium)的状态。Q_{gg} 系统学反映的正是这样一种热力学局部统计平衡的证据。需要指出的是:虽然众多反应体系都显示出了 Q_{gg} 系统学[10-11,20]的特征,然而该系统学及其作为热

力学平衡的一个证据长期受到质疑[21-22],值得进一步研究。

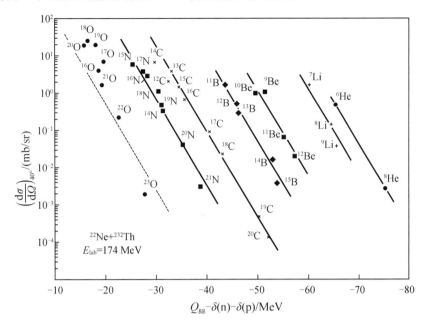

图 5.15 Q_{gg} 系统学:174 MeV 时 ^{22}Ne + ^{232}Th 深部非弹性散射产物在 40° 处微分截面随 Q_{gg} 的变化

5.3.2 运动学能量(TKE)的弛豫

从 Wilczyński 图上,我们可以对运动学能量的弛豫时间(即相互作用时间)作一个估计。假定运动学能量的弛豫随时间呈指数衰减,则弛豫时间为

$$\tau_E = \frac{\theta_{gr} - \theta}{\omega} \left[\ln \left(\frac{\langle E(\theta_{gr}) \rangle - E_0}{\langle E(\theta) \rangle - E_0} \right) \right]^{-1} \tag{5.6}$$

式中,θ_{gr} 是擦边角;$\langle E(\theta) \rangle$ 是在 θ 处对应的截面最大处的平均能量,对应于角度 - 能量分布(Wilczyński plot)中的山脊;E_0 是完全弛豫的能量;ω 是复合体系的转动频率,即

$$\omega = \frac{l_{av} \hbar}{\mu r_0^2} \tag{5.7}$$

这里,l_{av} 为平均轨道角动量,μ 是体系折合质量,r_0 为相互作用半径。对于 9.48 MeV/u 的 ^{40}Ar + ^{232}Th 反应(参见图 5.7),可以估计运动学能量的弛豫时间为 $\tau_E \approx 3 \times 10^{-22}$ s。

5.3.3 中子 - 质子比(N/Z)的弛豫

显示中子 - 质子比(中质比)弛豫的一个典型例子是 ^{40}Ca + ^{64}Ni 和 ^{40}Ar + ^{58}Ni 反应产物的对比[23-24]。图 5.16 显示了这两个反应 K 元素产物的质量随能量变化的等高图。从图 5.16 可以看到:①在高能处,两个反应中 K 元素的质量分布完全不同,主要是准弹性散射过程的产物,如少数核子转移,明显与入射道相关。在 ^{40}Ca + ^{64}Ni 反应中,K 元素截面最大值出现在 $A=39$ 处,对应于单质子剥离($-1p$)反应;而在 ^{40}Ar + ^{58}Ni 反应中,K 元素截面最大值出现在 $A=41$ 处,对应于单质子拾取($+1p$)反应。②在低能处,两个反应中 K 元素的质量分布几乎一致,截面最大值均在 $A=40$,与入射道无关,这是深部非弹性散射的结果。注意到,两个反应的复合体系有相近的 N/Z 值(分别约为 1.17 和 1.13),产物的 N/Z 非常接近该值,即平衡值。从上述讨论中可以推断,在深部非弹性散射过程中,产物的 N/Z 基本达到了平衡状态,这进一步表明的确存在一个中间的复合体系。

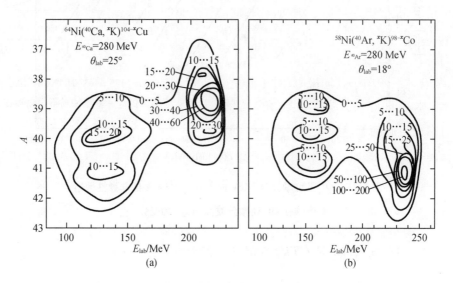

图 5.16 ^{40}Ca + ^{64}Ni 和 ^{40}Ar + ^{58}Ni(右)反应产物 K 元素的
质量随能量变化的等高图
(a) ^{40}Ca + ^{64}Ni;(b) ^{40}Ar + ^{58}Ni

同样,假定 N/Z 自由度的弛豫随时间呈指数衰减,利用式(5.6),根据不同元素角度 – 能量分布的偏转情况,可以估计出中质比的弛豫时间为 $\tau_{N/Z} \approx 1.3 \times 10^{-22}$ s。

5.3.4 轨道角动量(l)的弛豫

在深部非弹性散射过程中,当两核接触时,入射道的轨道角动量将传递到复合体系中成为本征自旋。复合体系向两个极限方向演化,即滚动极限和粘连极限。滚动极限(rolling limit):双核之间的切向摩擦力使得两个核的转动角频率逐渐趋向一致。粘连极限(sticking limit):在径向摩擦力作用下双核粘连在一起形成一个整体转动的刚体。当两个碎片分开时(断点),体系的自旋则分配到两个碎片的自旋上。需要指出的是,在此过程中复合体系和两个碎片均处于很高的激发态,通过蒸发粒子 n,p,γ 等退激发。实验上,通过测量复合体系的 γ – 多重性 $M_γ$,两个碎片退激 γ 等方法可以得到复合体系和两个碎片的自旋分布情况,从而获得轨道角动量弛豫的信息。

图 5.17 显示了 175 MeV 时 ^{20}Ne + ^{197}Ag 深部非弹性散射过程中复合体系的 γ - 多重性 M_γ 随不同角度出射轻碎片电荷数 Z 的变化[25], 图中实线和虚线分别对应于粘连极限和滚动极限在入射轨道角动量分别为 $50\hbar$ 和 $70\hbar$ 时的情况。复合体系的本征自旋约为 M_γ 的 2 倍。从图 5.17 可以看出: 在前角 (25°), 相应于碰撞参数稍大的情况, 复合体系倾向于滚动极限, 此时本征自旋为入射道轨道角动量的 2/7, 与碎片的质量不对称性无关; 在后角 (90°), 相应于深部的碰撞, 复合体系倾向于粘连极限, 对于质量对称的碎片, 本征自旋为入射道轨道角动量的 2/7, 并且本征自旋随着碎片质量不对称性的增

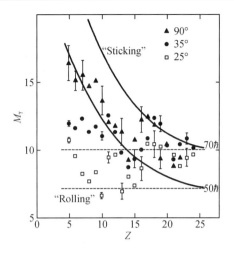

图 5.17 175 MeV 时 ^{20}Ne + ^{197}Ag 复合体系的 γ - 多重性随不同角度出射轻碎片电荷数 Z 的变化

大而迅速增大, 极不对称 ($Z\to 0$) 的情况下, 本征自旋趋近于入射道轨道角动量。很明显, 90° 是一个负偏转角, 可以估计复合体系转过角度约 $\Delta\theta\approx 150°$。此处, 体系转过的角度为[26]

$$\Delta\theta = \pi - \theta_C - \theta_{\exp} \tag{5.8}$$

式中, θ_C 是入射道和出射道库仑偏转角, 即

$$\theta_C = (\theta_C^i - \phi^i) + (\theta_C^f - \phi^f) \tag{5.9}$$

式中, 上标 i, f 分别代表入射道和出射道; ϕ 是库仑径迹偏转点与弹核中心的角度差, 详见文献 [19]。如果简单估计, 则 $\Delta\theta = \theta_{gr} - \theta_{\exp}$。

这样, 对于入射道轨道角动量 $l = 70\hbar$, 按照不对称刚体转动, 体系角频率 (参见公式 (5.7)) $\omega \approx 10 \times 10^{22} (°)/s$, 由此可以估计轨道角动量弛豫时间的上限为 $\tau_1 = \Delta\theta/\omega \approx 15 \times 10^{-22}$ s。

5.3.5 电荷 (Z) 与质量 (A) 的弛豫

1. 电荷的弛豫

图 5.18 显示了 1 130 MeV 时 ^{136}Xe + ^{209}Bi 反应类弹产物按总运动学能量损失 (TKEL) 分组的电荷分布[27], 其中实线为高斯分布。各分组的详细情况, 如出射实验室系能量、TKE、微分截面、电荷分布中心值和半高宽等列在表 5.3 中。从表 5.3 中可以看到: 从分组 1 (弹性散射道) 到分组 11, TKEL 达到约 310 MeV, 电荷分布半高宽增大约 5 倍, 中心值也有所偏移, 即 ΔZ。从扩散模型 (见式 (5.26) ~ 式 (5.29)) 可知

$$\frac{\Delta Z}{\sigma_Z^2} = \frac{v_Z t}{2 D_Z t} = -\frac{1}{2T} \frac{\partial V(Z)}{\partial Z} \tag{5.10}$$

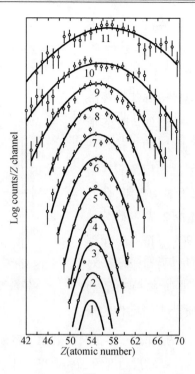

图 5.18　1 130 MeV 时 ^{136}Xe + ^{209}Bi 反应类弹产物按总运动学能量损失分组的电荷分布

这里，v_Z 和 D_Z 分别是电荷漂移速度和扩散速度，T 是体系温度，$\partial V(Z)/\partial Z$ 是驱动力。假定驱动力为常数，则 $\Delta Z/\sigma_Z^2 \propto 1/T \propto TKEL^{-1/2}$，这建立起了实验各观测量之间的联系，见表 5.3。

表 5.3　^{136}Xe + ^{209}Bi 反应类弹产物各分组的详细情况

分组	E_{lab}/MeV	$TKE_{\text{c.m.}}$/MeV	$(d\sigma/d\Omega)/(\text{mb/sr})$	$\langle Z \rangle$	FWHM
1	946	684		54	3.3 ± 0.2
2	926	662	1410	54.1 ± 0.1	4.0 ± 0.2
3	896	640	1095	54.0 ± 0.1	4.6 ± 0.2
4	857	605	700	54.8 ± 0.1	4.5 ± 0.2
5	818	575	553	54.8 ± 0.2	5.4 ± 0.2
6	779	540	515	54.8 ± 0.2	6.3 ± 0.2
7	740	510	471	55.1 ± 0.2	7.8 ± 0.3
8	700	475	405	55.0 ± 0.2	8.3 ± 0.2
9	661	442	313	55.1 ± 0.2	11.1 ± 0.3
10	622	410	234	55.4 ± 0.3	14.3 ± 0.5
11	583	375	160	57.1 ± 0.5	16.8 ± 1.0

各分组的电荷分布符合高斯分布,即

$$\frac{d^2\sigma}{dEdZ} = \left(\frac{d^2\sigma}{dEdZ}\right)_{E,Z} \exp\left[-\frac{(Z-Z_0(E))^2}{2\sigma_Z^2(E)}\right] \tag{5.11}$$

这表明了一个统计平衡的状态,并且能量耗散越大,电荷分布越宽。图 5.19 显示了四个不同反应体系的 $TKEL$ 随 σ_Z^2 的变化[28]。可见,σ_Z^2 基本与体系无关,是局部平衡的一个结果。图 5.19 中,每 10 个 σ_Z^2 对应于 7×10^{-22} s,这样,对于约 300 MeV 的能量耗散(约 60 σ_Z^2,基本达到完全弛豫),需要 42×10^{-22} s。

另外,从统计学出发,可以对弛豫时间作一个估计。我们知道,对于一个平衡体系,态数目(宏观产额 Y)与态密度 ρ 成正比,即 $Y(Z)\propto\rho(E_x-V(Z))$;假设 $V(Z)\ll E_x$,则 $Y(Z)\propto\exp(-V(Z)/T)$,这里 E_x 和 T 是体系激发能和温度。由此,根据截面随 Z 的分布以及 $V(Z)$ 形状[29],可以估计

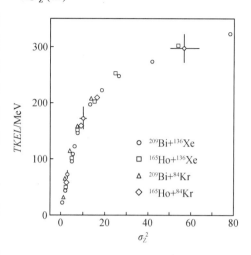

图 5.19 不同反应体系的 $TKEL$ 随 σ_Z^2 的变化

最大电荷弛豫时间[10-11]为 $\tau_Z\approx60\times10^{-22}$ s,这与上面根据 σ_Z^2 的估计相当。

2. 质量的弛豫

质量的弛豫与电荷弛豫存在着强烈的关联。图 5.20 显示了 ^{208}Pb + ^{94}Zr,^{110}Pd,^{148}Sm,^{170}Er 反应中深部非弹性散射($TKEL > 75$ MeV)类靶产物的 $A-Z$ 分布[30]。可以看到:①在大范围内 $A-Z$ 分布均沿着 β 稳定线(图中虚线),带有明显的入射道特征;这与裂变产物的分布完全不同,也说明了不变电荷分配(UCD)假设在深部非弹性散射中的不适用;②从 ^{94}Zr 到 ^{170}Er,$A-Z$ 分布的范围变小;有一个系统的倾向,即越是对称的体系,$A-Z$ 的分布越窄,与质量或电荷的驱动势 $\partial V(A)/\partial A$ 或 $\partial V(Z)/\partial Z$ 有关。

同样,在质量弛豫过程中,局部统计平衡的特征也十分明显。图 5.21 显示了 1 280 MeV 时 ^{208}Pb + ^{110}Pd 反应类靶产物按 $TKEL$ 分组(每 25 MeV 分为 1 组)的电荷和质量分布。可以看到,对于不同 $TKEL$ 的分组,Z 或 A 都呈现出很好的高斯分布(图 5.21 中实线所示)。高斯分布的中心与宽度分别与漂移速度和扩散速度相关,由此可以对 Z 或 A 自由度的弛豫时间作一个估计。图 5.22 显示了该反应中类靶产物的电荷和质量分布的宽度随时间变化的情况。从图 5.22 可以看出,大约在 20×10^{-22} s 以后,电荷或质量宽度的变化趋于平缓,σ_Z^2 变化不大,而 σ_A^2 仍有进一步弛豫的余地,这意味着质量弛豫时间略大于电荷弛豫时间。

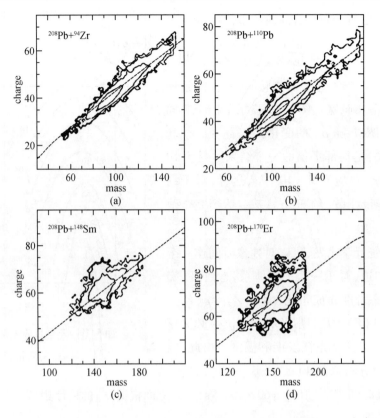

图 5.20 $^{208}Pb + ^{94}Zr$, $^{208}Pb + ^{110}Pd$, $^{208}Pb + ^{148}Sm$, $^{208}Pb + ^{170}Er$
反应中 $TKEL > 75$ MeV 时轻碎片的 $A - Z$ 分布

(a) $^{208}Pb + ^{94}Zr$ 反应；(b) $^{208}Pb + ^{110}Pd$ 反应；(c) $^{208}Pb + ^{148}Sm$ 反应；(d) $^{208}Pb + ^{170}Er$ 反应

5.3.6 小结

从上述讨论中我们知道,各自由度的弛豫时间(以 10^{-22} s 为单位)关系为

$$\tau_{N/Z} \approx 1.3 < \tau_E \approx 3 < \tau_l \approx 15 < \tau_Z \approx \tau_M \approx 60 \tag{5.12}$$

需要说明的是：不同体系、不同能量以及不同模型等,给出的弛豫时间往往很不相同,上述弛豫时间只是一个大致的估计,数量级和次序基本正确;从表 5.1 可以知道,散射体系转动一个周期的时间约为 30×10^{-22} s,这说明在深部非弹性散射过程中,中质比 N/Z、运动学能量 TKE 和角动量 l 等自由度基本上可以完全弛豫,达到平衡状态,而质量和电荷自由度则没有完全弛豫。

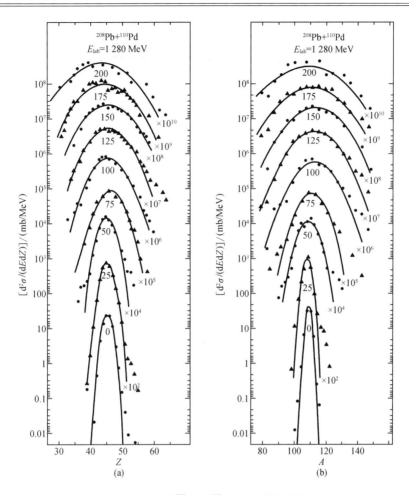

图 5.21　1 280 MeV 时 ^{208}Pb + ^{110}Pd 反应类靶产物按 *TKEL* 分组的电荷和质量分布

(a) 电荷分布；(b) 质量分布

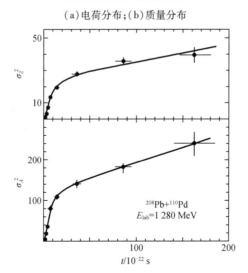

图 5.22　1 280 MeV 时 ^{208}Pb + ^{110}Pd 反应类靶产物的电荷和质量分布的宽度随时间的变化

5.4 深部非弹性散射的理论模型

与准弹性散射等仅牵涉到少数核子的反应不同,量子机制的精确描述对于深部非弹性散射这样牵涉到大量核子的反应变得极其困难。相反,经典的统计机制、流体动力学、热动力学等宏观模型对处理这种集体运动模式更加合适,尤其是对存在耗散的情况。然而,量子的隧穿机制,在经典模型中难以处理,这是一个固有的缺憾。因此,这些宏观模型一般仅适用于反应能量高于库仑势垒时的情况。需要说明的是,描述深部非弹性散射的模型,对于其他牵涉到大质量迁移的反应过程,如熔合、裂变、准裂变等均是适用的。为了给出一个大体的印象,下面对相关模型作个简单介绍。

5.4.1 摩擦模型(friction model)

我们知道,在重离子核反应过程中,由于波长较短,因此经典的图像仍然可以适用。动力学模型中涉及的力包括守恒力(如核力、库仑力、离心力)以及摩擦力。

对于所调查的体系,选择集体坐标 $\{q_i, i = 1, 2\cdots n\}$(注意:选择几个坐标就意味着几个自由度),当存在守恒力和耗散力时,拉格朗日方程为

$$\left(\frac{\mathrm{d}}{\mathrm{d}t}\frac{\partial}{\partial \dot{q}_i} - \frac{\partial}{\partial q_i}\right)\mathscr{L} = -\frac{\partial}{\partial \dot{q}_i}\mathscr{F} \tag{5.13}$$

即 Lagrange – Rayleigh 方程,体系的拉格朗日量为

$$\mathscr{L}(q_i, \dot{q}_i) = T(q_i, \dot{q}_i) - V(q_i) \tag{5.14}$$

这里,$V(q_i)$ 表示势能;$T(q_i, \dot{q}_i) = \frac{1}{2}\sum_{ij} m_{ij}\dot{q}_i\dot{q}_j$ 表示动能,m_{ij} 为质量张量;$\mathscr{F}$ 为 Rayleigh 耗散函数,即

$$\mathscr{F}(q_i, \dot{q}_i) = -\frac{1}{2}\frac{\mathrm{d}}{\mathrm{d}t}(T(q_i, \dot{q}_i) + V(q_i)) = \frac{1}{2}\sum_{ij} C_{ij}\dot{q}_i\dot{q}_j \tag{5.15}$$

其中,C_{ij} 为摩擦张量。

原则上,求解式(5.13)的耦合微分方程可以得到体系演化的信息。具体地,选择几个集体自由度 r, θ, θ_P, θ_T,其中,r 为两核的核心距离,θ 为体系相对于束流方向转过的角度(对称轴相对于束流的夹角),θ_P, θ_T 分别是弹核和靶核相对于对称轴转过的角度,如图5.23所示。体系的拉格朗日量可以写为

$$\mathscr{L} = \frac{1}{2}\mu[\dot{r}^2 + (r\dot{\theta})^2] + \frac{1}{2}g_P\dot{\theta}_P^2 + \frac{1}{2}g_T\dot{\theta}_T^2 - V_C(r) - V_N(r) \tag{5.16}$$

这里,g_i 为转动惯量,$i = P, T$;Rayleigh 耗散函数可以写为

$$\mathscr{F} = \frac{1}{2}\left\{C_r\dot{r}^2 + C_t\left(\frac{r}{R_P + R_T}\right)^2[R_P(\dot{\theta}_P - \dot{\theta})^2 + R_T(\dot{\theta}_T - \dot{\theta})^2]\right\} \tag{5.17}$$

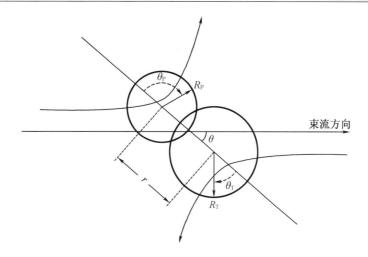

图 5.23 自由度 $r, \theta, \theta_P, \theta_T$ 的定义

式中,C_r 为径向摩擦系数,决定了能量的耗散;C_t 为切向摩擦系数,决定了角动量的转换。这样,Lagrange – Rayleigh 方程可写成

$$\begin{cases} \mu \ddot{r}^2 = -\dfrac{\partial}{\partial r}(V_C + V_N) + \mu r \dot{\theta}^2 - C_r \dot{r} \\ \dot{I}_i = \dfrac{\mathrm{d}}{\mathrm{d}t} g_i \dot{\theta}_i = -C_t \left(\dfrac{r}{R_P + R_T}\right)^2 R_i (\dot{\theta}_i - \dot{\theta}), \quad i = P, T \end{cases} \quad (5.18)$$

此即带摩擦的经典牛顿运动方程。解此动力学方程,可以得到出射动能(I_P)、角动量(I_T)、碎块的出射角度以及径向和切向摩擦系数等。

下面讨论两种特殊情形下的角动量分配情况,即滚动极限(rolling limit)和粘连极限(sticking limit),如图 5.24 所示。

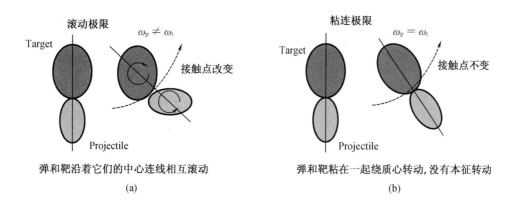

图 5.24 滚动极限和粘连极限示意图

(a)滚动极限;(b)粘连极限

1. 滚动极限(rolling limit)

两碎块表面之间切向相对运动速度为零(无滑滚动),即

$$\begin{cases} R_P(\dot{\theta}_P - \dot{\theta}) = -R_T(\dot{\theta}_T - \dot{\theta}) \\ \dfrac{I_P}{I_T} = \dfrac{R_P}{R_T} \end{cases} \tag{5.19}$$

式中,$I_i = g_i \dot{\theta}_i$, $i =$ P, T。求解上式得

$$\begin{cases} g_P \dot{\theta}_P = R_P(R_P + R_T) \dfrac{g_P g_T}{g_P R_T^2 + g_T R_P^2} \dot{\theta} \\ g_T \dot{\theta}_T = R_T(R_P + R_T) \dfrac{g_P g_T}{g_P R_T^2 + g_T R_P^2} \dot{\theta} \end{cases} \tag{5.20}$$

由 $L_i = L_f + I_P + I_T$(角动量守恒)可知

$$L_i = L_f \left(1 + \dfrac{g_P \dot{\theta}_P + g_T \dot{\theta}_T}{g \dot{\theta}} \right) = L_f \left(1 + \dfrac{g_P + g_T}{g} \cdot \dfrac{(R_P + R_T)^2}{g_P R_T^2 + g_T R_P^2}\right) \tag{5.21}$$

式中,$g = \mu(R_P + R_T)^2$,按球形计算 $g_i = \dfrac{2}{5} M_i R_i^2$, $i =$ P, T,则出射道轨道角动量为

$$L_f = \dfrac{5}{7} L_i \tag{5.22}$$

即为入射道轨道角动量的5/7,与碎片的质量比(或大小比)无关。

2. 粘连极限(sticking limit)

两碎块粘连为一体,绕体系的质心转动,滚动角速度相同,即

$$\begin{cases} \dot{\theta}_P = \dot{\theta}_T = \dot{\theta} \\ L_f = g\dot{\theta} \end{cases} \tag{5.23}$$

并由 $L_i = L_f + I_P + I_T = (g + g_P + g_T)\dot{\theta}$,可得

$$\begin{cases} \dot{\theta} = \dfrac{1}{g + g_P + g_T} L_i \\ L_f = \dfrac{g}{g + g_P + g_T} L_i \\ I_P = \dfrac{g_P}{g + g_P + g_T} L_i \\ I_T = \dfrac{g_T}{g + g_P + g_T} L_i \end{cases} \tag{5.24}$$

最后,上述两种极限情况的角动量分配总结在表5.4中。

表 5.4 滚动极限和粘连极限下的角动量分配

模型	L_f/L_i	I_P/L_i	I_T/L_i
滚动	$\dfrac{5}{7}$	$\dfrac{2}{7}\dfrac{R_P}{R_P+R_T}$	$\dfrac{2}{7}\dfrac{R_T}{R_P+R_T}$
粘连	$\dfrac{g}{g+g_P+g_T}$	$\dfrac{g_P}{g+g_P+g_T}$	$\dfrac{g_T}{g+g_P+g_T}$

5.4.2 扩散模型(diffusion model)

扩散模型是输运现象的一种统计表达。定义 $P(x,t)$ 为概率分布,则 Fokker – Planck 方程可写为

$$\frac{\partial}{\partial t}P(x,t) = -\frac{\partial}{\partial x}[v(x,t)P(x,t)] + \frac{\partial^2}{\partial x^2}[D(x,t)P(x,t)] \tag{5.25}$$

式中,$v(x,t)$ 为漂移速度,$D(x,t)$ 为扩散系数。假设 $t=0$ 时,$P(x,0)=\delta(x-x_0)$,则当 $t=\tau$ 时

$$P(x,\tau) = \frac{1}{\sqrt{4\pi D\tau}}\exp\left[-\frac{(x-x_0-v\tau)^2}{4D\tau}\right] \tag{5.26}$$

其分布为高斯形状,中心位置 $\langle x \rangle$ 和宽度 $\sigma_x = \langle(x-\langle x \rangle)^2\rangle$ 与 τ 相关,即

$$\langle x \rangle = \int_{-\infty}^{+\infty} xP(x,\tau)\mathrm{d}x = x_0 + v\tau \tag{5.27}$$

$$\langle(x-\langle x \rangle)^2\rangle = \int_{-\infty}^{+\infty} (x-x_0-v\tau)^2 P(x,\tau)\mathrm{d}x = 2D\tau \tag{5.28}$$

式(5.27)和式(5.28)清晰地表达了 v 和 D 的物理意义,v 和 D 之间的关系为

$$v = -\frac{1}{T}\left(\frac{\partial V_L(x)}{\partial x}\right)_{x=x_0} D \tag{5.29}$$

式中,T 为核温度,相互作用势 $V_L = V_C + V_N + \hbar^2 l(l+1)/(2\mu r^2)$,势梯度 $\partial V_L/\partial x$ 即为驱动力;此 v-D 关系即为著名的爱因斯坦关系(Einstein relation),它描述了布朗粒子在驱动势作用下漂移运动和扩散运动之间的关系。

上面仅简单介绍了扩散模型的一般性概念,对具体自由度处理的扩散或输运理论有大量文献描述,在此不再累述。值得注意的是:考虑统计涨落和耗散机制的输运理论,即涨落 – 耗散理论(fluctuation-dissipation theory),可以同时描述深部非弹性散射、熔合和重离子引起的熔合 – 裂变过程,详见参考文献[1]。

需要说明的是,大部分理论是建立在一体耗散(one-body dissipation)机制[31-32]基础上的,这是基于核子的平均自由程大于核相互作用势半径的假设,适于低能的情况。耗散方式有两种:"墙"(wall)耗散,描述两核沿着势能曲面的宏观演化;"窗"(window)耗散,描述两核之间的粒子交换。现有程序,如 HICOL[33]等可以对此作计算。

5.4.3 TDHF(time dependent hartree-fock)方法

TDHF方法[34]建立在平均场基础上,每个粒子都有随时间变化的独立量子态。假设体系由 $A = (A_1 + A_2)$ 个单粒子波函数 $\phi_\nu(x,t)$ 组成,含时薛定谔方程可写为

$$i\hbar\dot{\phi}_\nu = (T + U)\phi_\nu \tag{5.30}$$

式中,T为核子的动能算符,即

$$T = -\frac{\hbar^2}{2m}\nabla^2 \tag{5.31}$$

其中,m为核子质量;U是作用在ϕ_ν上的平均场算符,即

$$U\phi_\nu = \int dx' v(x,x')(\rho(x,x')\phi_\nu(x) - \rho(x,x')\phi_\nu(x')) \tag{5.32}$$

即由定域的核子-核子相互作用势 $v(x,x')$ 和单粒子密度 $\rho(x,x')$ 用直接项和交换项进行自洽计算,其中

$$\rho(x,x') = \sum_{\nu=1}^{A_1+A_2} \phi_\nu(x)\phi_\nu^*(x') \tag{5.33}$$

这里 $x \equiv \{r_i, s_i, \tau_i\}$,即核子 i 的空间坐标、自旋坐标和同位旋坐标。

值得一提的是,近年来微观方法,如 TDHF,QMD(quantum molecular dynamics),FMD(fermionic molecular dynamics)和 AMD(antisymmetrized molecular dynamics)等进展迅速,极大地加深了人们对核物质性质及其演化动力学的理解。微观方法和宏观方法之间的联系,尤其是用微观方法对宏观参数的约束,对减小宏观模型的参数依赖性起到了重要的作用。

5.5 多核子转移反应

深部非弹性散射存在着大量的核子迁移,在强调转移时亦被称为深部非弹性转移(deep inelastic transfer,DIT);在准弹性散射中也存在着多核子转移的现象,但这两个多核子转移的机制有所不同。简单而言,深部非弹性散射的多核子转移主要通过摩擦机制,伴有大的运动学能量耗散,*TKEL* 达几十兆电子伏特乃至几百兆电子伏特,角分布涵盖从擦边角到负角度的大范围;准弹性散射的多核子转移主要通过核态间量子跃迁机制(单步或多步过程),初末态之间的有效 Q 值(费米面的差别)起决定作用,几乎没有运动学能量的耗散,角分布仍然是在擦边角附近成峰。因此这种准弹性的多核子转移反应也被称为冷多核子转移(cold multi-nucleon transfer)[35]。当然,在反应中这两种机制是交叠在一起的。实验上,对具体反应道而言,虽然通过 *TKEL* 可以作大体的判断,但是严格鉴别其反应机制是不现实的。本节对多核子转移反应作一般性的介绍,包括深部非弹性散射和准弹性散射两种机制,也可能涉及准裂变或快裂变机制,不涉及具体机制。

5.5.1 多核子转移反应的实验现象

实验上,多核子转移反应可利用传统的重离子飞行时间(time of flight,ToF)谱仪进行测量,产物的质量 A 鉴别通过 ToF 实现,电荷 Z 鉴别通过 $\Delta E - E$ 方法实现。下面,主要以 E_{lab} = 390 MeV 时 ^{64}Ni + ^{238}U 反应[36]为例,简单介绍一下多核子转移反应的一些实验现象。

1. $Z - A$ 鉴别

图 5.25 显示了类弹产物在前角 55°和擦边角附近 80°的 $\Delta E - E$ 二维图,图中数字标识产物的 Z 值。从图 5.25 中可以看到:①产物在擦边角附近有明显成峰的趋势;②弹核剥离 7 个质子(-7p)的反应道仍清晰可见。该反应类弹产物的 $Z - A$ 鉴别图显示在图 5.26 中,图中 ± xp 表示拾取(+)和剥离(-) x 个质子的反应道。从图 5.26 中可以看到,从弹核 ^{64}Ni 转移到靶核 ^{238}U 上的核子数将近 20 个;对于 -8p 反应道,可生成 ^{256}Fm 这样较丰中子的重核。要注意,这仅仅是在 80°的微分截面。

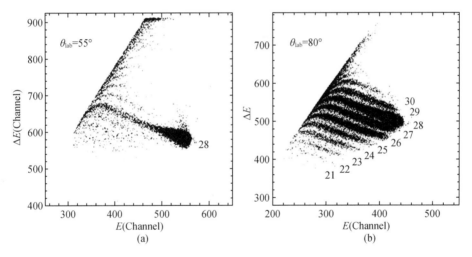

图 5.25 E_{lab} = 390 MeV 时 ^{64}Ni + ^{238}U 反应类弹产物在
55°和80°的 ΔE-E 二维图
(a) $\theta_{lab} = 55°$; (b) $\theta_{lab} = 80°$

2. 角分布

图 5.27 显示了从 0p 到 -4p 反应道一些同位素产物的角分布,实线为 GRAZING 程序[37-38]的计算结果。从图 5.27 可以看到:各同位素分布均呈现出在擦边角($\theta_{gr}^{c.m.} \approx 95°$)成峰的特征,这是典型的准弹性转移反应的特征;随着转移核子数目的增多,峰宽度越宽。

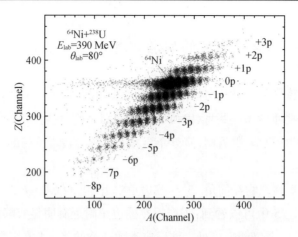

图 5.26　$E_{lab}=390$ MeV 时 ^{64}Ni + ^{238}U 反应类弹
产物在 80° 的 Z-A 鉴别图

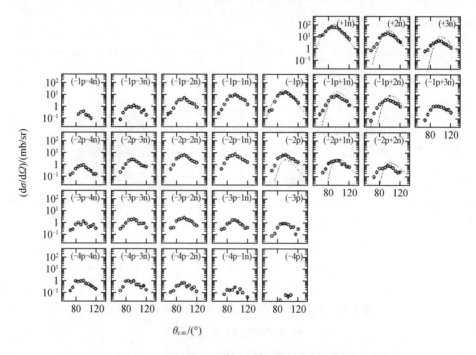

图 5.27　$E_{lab}=390$ MeV 时 ^{64}Ni + ^{238}U 反应类弹产物的角分布

3. 能谱分布

图 5.28 显示了从 0p 到 −3p 反应道一些同位素产物的反应 Q 值随角度变化的等高图，即 Wilczyński plot。从图 5.28 可以看到：虽然角度的变化不大，但是随着转移核子数目的增多，能量耗散 $TKEL(=-Q)$ 增加，这强烈显示出深部非弹性转移反应的特征。作为参考，图 5.28 中长、短横箭头分别指示出 Q_{opt} 和 Q_{gg} 的位置。

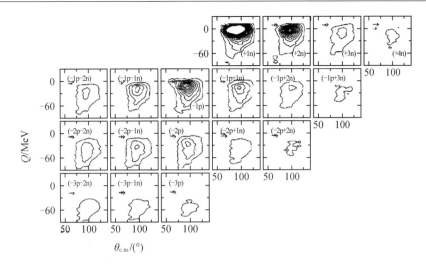

图 5.28 $E_{lab}=390$ MeV 时 ^{64}Ni + ^{238}U 反应类弹产物的 Wilczyński plot

注：等高线从 25 mb·sr^{-1}/MeV 画起，步长为 100 mb·sr^{-1}/MeV

4. 截面分布

图 5.29 显示了从 +2p 到 -6p 反应道多核子转移的截面随质量数变化的情况，图中实线为基于统计模型的 GRAZING 程序的计算结果，已做了中子蒸发的修正。从图 5.29 可以看到：①除 0p 和 -1p 反应道外，其他反应道的实验值均大于理论结果，特别是 +2p 和 -6p 反应道，实验截面在 0.1~1 mb 量级，而理论截面小于 0.01 mb 量级，增大了至少 1~2 个数量级；②随着转移质子数的增多，实验和理论之间的同位素分布呈现出系统性的偏离，而且对于拾取和剥离反应道，这种偏离的方向相反。对于剥离反应，实验结果更倾向于缺中子方向（仍是丰中子产物）；而对于拾取反应，实验结果倾向于更丰中子的方向。

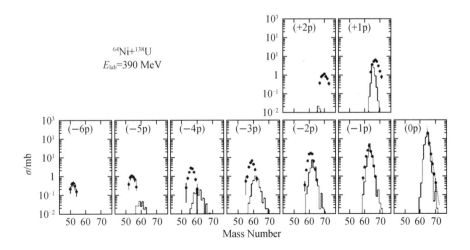

图 5.29 $E_{lab}=390$ MeV 时 ^{64}Ni + ^{238}U 多核子转移反应的截面分布

类似的同位素异常分布的现象在众多体系中均有存在。图 5.30 和图 5.31 分别显示

了 ^{48}Ca + ^{124}Sn 体系和 ^{40}Ca + ^{124}Sn 体系[39-40] 多核子转移反应的截面分布,图中,虚线是 GRAZING 程序的计算结果,实线是中子蒸发修正后的结果。从图 5.30 和图 5.31 可以看到,理论和实验之间存在着巨大的差别。这表明了多核子转移反应机制的复杂性,现有理论的描述仍然存在巨大的不足,有待于进一步研究。

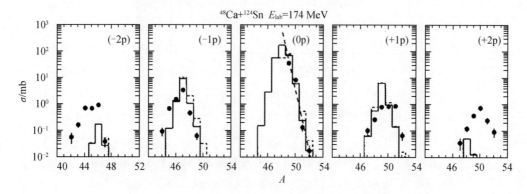

图 5.30　E_{lab} = 174 MeV 时 ^{48}Ca + ^{124}Sn 多核子转移反应的截面分布

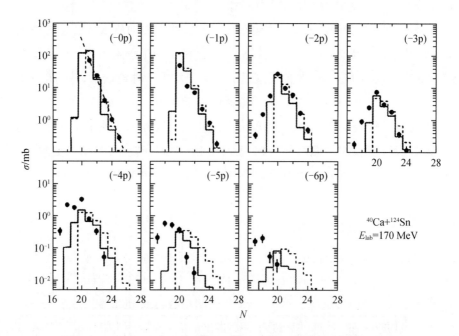

图 5.31　E_{lab} = 170 MeV 时 ^{40}Ca + ^{124}Sn 多核子转移反应的截面分布

5.5.2　多核子转移反应的特殊现象

多核子转移反应包含着准弹性转移和深部非弹性转移两种截然不同的机制,现有理论尚无法将这两种机制统一在一个框架内,人们对多核子转移反应的理解还远远不够。下面介绍一些较为特殊现象,以便了解其反应机制的复杂性。

1. +xn 截面的指数衰减规律

对于多中子拾取(+xn)反应,其截面随拾取中子的数目按指数衰减。图 5.32 显示了 ^{58}Ni + ^{124}Sn 体系[41]在 4 个近垒和垒下能量时多中子转移反应截面随转移中子数目的变化,其中实线是拟合实验的结果,衰减系数标在实线下方。从图 5.32 可以看到,+xn 的截面随转移中子数目的增加呈指数衰减,衰减因子在 4.0～5.4 之间,并随能量降低而增加。

另外,从图 5.29～图 5.31 也可以看出,在 0p 反应道,+xn 的截面也符合指数衰减的规律。众多其他反应体系也表现出这个规律,这意味着中子转移主要以级联转移为主。在 ^{48}Ca + ^{124}Sn 和 ^{40}Ca + ^{124}Sn 体系中,可以看到 +2n 的截面略高,含有对中子转移的成分。

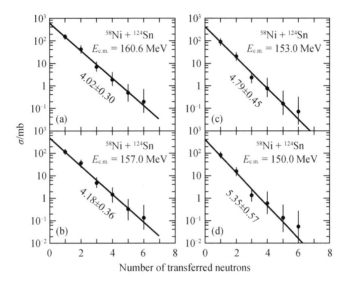

图 5.32　^{58}Ni + ^{124}Sn 体系多中子转移反应截面随转移中子数目的变化

2. 对转移和集团转移

可以想象,在冷的多核子转移反应中,对效应和集团效应将扮演重要的角色。图 5.33 显示了 $E_{\text{lab}} = 170$ MeV, $\theta_{\text{lab}} = 75°$ 时 ^{40}Ca + ^{124}Sn 体系和 $E_{\text{c.m.}} = 153$ MeV, $\theta_{\text{lab}} = 20°$ 时 ^{58}Ni + ^{124}Sn 体系 +xn 反应的质量分布,虚线表达了 +xn 截面的指数衰减规律。从图 5.33 可以看到明显的奇偶效应,这是中子对转移的表现。需要指出的是:由于对关联仅几个 MeV,因此这种中子对转移在擦边角之前观察较为明显;而在擦边角附近或背角,强大的核势将掩盖这种效应;总的积分截面难以体现出对关联效应,如图 5.29 和图 5.32 所示。同样,集团转移,如 α 集团转移表现也十分明显,如图 5.34 所示。

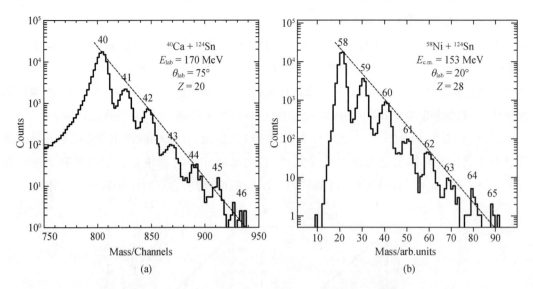

图 5.33 ^{40}Ca + ^{124}Sn 和 ^{58}Ni + ^{124}Sn 体系 + xn 反应的质量分布

(a) ^{40}Ca + ^{124}Sn 体系;(b) ^{58}Ni + ^{124}Sn 体系

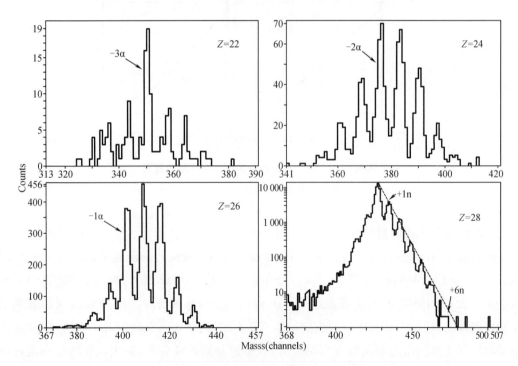

图 5.34 $E_{lab} = 390$ MeV,$\theta_{lab} = 80°$ 时 ^{64}Ni + ^{238}U 体系

$Z = 22,24,26,28$ 产物的质量分布

3. N/Z 异常过渡现象

我们知道,N/Z 自由度的弛豫非常快,弹、靶的 N/Z 分别向复合核的 N/Z 发展,N/Z 驱动力在碰撞过程中扮演了关键的角色。图 5.35 显示了 $E_{beam} = 255$ MeV 时 ^{106}Cd + ^{54}Fe[42] 和

E_{beam} =350 MeV 时 ^{208}Pb + ^{64}Ni[43] 反应产物的 N/Z 随质量的变化情况,图中实线是弹、靶的 N/Z 值,点画线是复合核的 N/Z 值。可以清楚看到弹、靶的 N/Z 值分别向复合核 N/Z 值过渡的现象。然而,在此过程中,N/Z 值并不是持续变化的,而是在某个地方出现一个平台,如图5.35中虚线所示。这种 N/Z 值自由度的异常过渡现象可能与复合体系的微观结构,如壳效应、对关联或者集团结构等相关,值得深入研究。

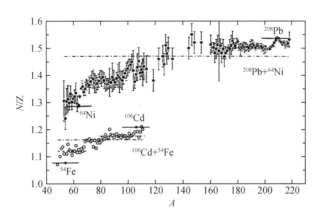

图 5.35 N/Z 自由度的异常过渡现象

总而言之,人们对多核子转移反应的理解仍远远不够。新近一些进展可参考一些综述文章[44-45]。

5.6 高 Z 元素的产生——合成丰中子重核的途径

我们知道,熔合反应是合成重核素的一条现实的途径。例如,目前合成的超重元素,直到 Z = 118 号元素,都是通过熔合反应合成的。然而,熔合仅能合成缺中子的重核素,这造成了核素图在 Pb 附近以及其上广大丰中子区域的空白;对超重核而言,受弹、靶中子数的限制,目前离超重岛中心(Z = 114,N = 184)仍差距甚远。例如,1999 年合成的 114 号元素 ^{289}Fl[46],距超重岛中心仍差 9 个中子。此外,合成的核越重,熔合截面越低,已达到现有探测的极限(约 pb 量级)。自深部非弹性散射发现以来,人们就意识到:多核子转移反应可以产生 Z 高于靶核的元素,是合成丰中子重核的一条有效途径。鉴于熔合途径合成超重核的困难,现在人们的兴趣越来越集中在多核子转移这条途径上,特别是 Z = 119 和 Z = 120 及其以上元素的合成。本节将简单介绍一些相关的现象。

5.6.1 高 Z 元素(high-Z element)的产生

图 5.36 显示了能量为 7.5 MeV/u 的 ^{238}U 束流轰击 ^{238}U 厚靶反应产物的电荷分布(见图 5.36(a))和 A-Z 分布的等高图[47](见图 5.36(b))。图 5.36(a)中,空心圆点是低激发能

(弱阻尼)的准弹性转移(右侧单峰 $Z\approx 92$)和级联裂变(左侧双峰 $Z\approx 38$ 和 $Z\approx 54$)的产物,实心圆点是高激发能(强阻尼)的深部非弹性转移(左)和级联裂变(右)的产物;图 5.36(b)中,可以看到,裂变产物是丰中子的核素,而多核子转移产物基本上是沿着 β 稳定线分布,并且有大量 Z 值高于靶核的超铀元素产生。

特别地,将高 Z 值元素的产生截面画在图 5.37 中。作为对比,图 5.37 中还显示了 $E_{beam}=7.5$ MeV/u 时 ^{136}Xe + ^{238}U 的高 Z 元素分布情况。可以看到,产物从 $Z=93$ 的 Pu 到 $Z=100$ 的 Fm,虽然截面呈快速下降趋势,但到 Fm 元素,仍约有 10 nb 的可观截面。如果采用更重的靶,如 ^{248}Cm,产生 Fm 元素的截面将大大提高。图 5.38 给出了 $E_{beam}=7.4$ MeV/u 时 ^{238}U + ^{248}Cm 的高 Z 值元素分布[48]情况,作为对称,^{238}U + ^{248}Cm 的结果也画在图中。可以看到,^{248}Cm 靶产生 Fm 元素的截面达到了约 10 mb,比 ^{238}U 靶提高了 3 个量级。不难想象,通过这样的多核子转移,合成超重核是可能的[49-51]。

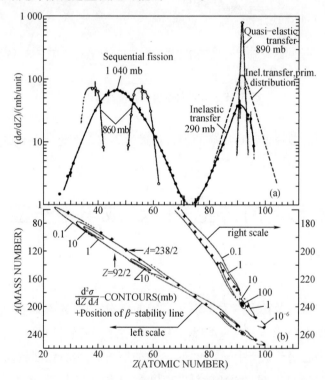

图 5.36 $E_{lab}\leqslant 7.5$MeV/u 的 ^{238}U + ^{238}U 反应产物的电荷分布和 $A-Z$ 分布的等高图

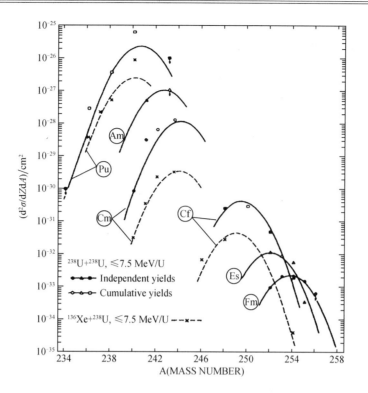

图 5.37 ^{136}Xe，^{238}U + ^{238}U 反应中高 Z 元素的产生

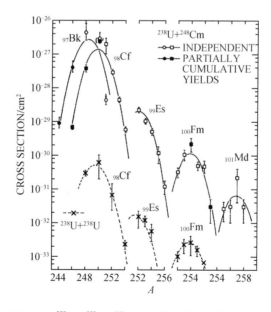

图 5.38 ^{238}U + ^{238}U，^{248}Cm 反应中高 Z 元素的产生

5.6.2 反准裂变(inverse quasifission)现象

在核碰撞的接触阶段,两核形成一个复合体系,各种自由度开始弛豫并向复合核方向发展。一般而言,质量从重核向轻核的迁移,出射碎片有对称化的倾向。从图 5.20 的 ^{208}Pb + ^{94}Zr,^{110}Pd,^{148}Sm,^{170}Er 反应产物的 Z-A 分布可以看出:从 ^{94}Zr 到 ^{170}Er,随着靶核变重,入射道越来越对称,导致产物的 Z-A 分布变窄。值得注意的是,对于低激发、弱阻尼的反应,由于核微观结构,如壳效应的影响,产物分布向反对称化方向发展,即轻核越来越轻,重核越来越重。这种现象被称为"不对称出射道准裂变"(asymmetry exit channel quasifission)[52]或者"反准裂变"(inverse quasifission)[53-56],其基本概念如图 5.39 所示。由于存在壳效应,产物倾向于向 ^{208}Pb 的方向发展;对于 ^{48}Ca + ^{248}Cm 反应,^{248}Cm→^{208}Pb,产物向对称化方向发展,即正常的准裂变;而对于 ^{238}U + ^{248}Cm 反应,则 ^{238}U→^{208}Pb,产物向反对称化方向发展,即反准裂变,这样靶核 ^{248}Cm 则向超重元素(Super-Heavy Element,SHE)方向发展;这两个反应的质量分布显示在图 5.39(a)中。注意,这里用了准裂变一词,只是习惯说法,其反应机制可能是准裂变、深部非弹性散射或准弹性多核子转移,可以统称为弱阻尼的多核子转移反应。至于准裂变与深部非弹性散射的区别,将在第 7 章熔合-裂变中讨论。

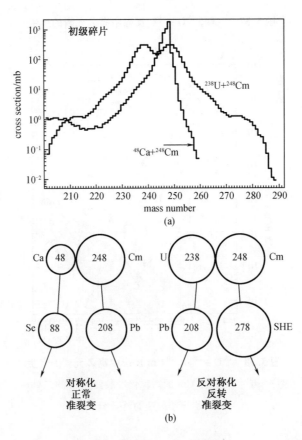

图 5.39 对称化(正常)准裂变和
反对称化(反)准裂变示意图

作为一个例子,图 5.40 显示了 ^{136}Xe + ^{248}Cm 的对称化准裂变和 ^{238}U + ^{248}Cm 反对称化准裂变的 $A-Z$ 分布,可以明显看出这两个反应产物分布的趋势不同。

值得一提的是,在 ^{64}Ni + ^{238}U(见图 5.26)和 ^{58}Ni + ^{208}Pb[57] 的多核子转移反应中也出现了"反准裂变"现象,这与复合体系的势能曲面密切相关。可以说,势能曲面决定了体系的演化方向。实验上,通过观测不同弹靶组合体系的产物分布,可以实现对势能曲面的探测。然而,现有的实验素材仍十分稀少,特别是重核体系,这严重限制了理论模型的发展,也制约了利用多核子转移反应生成超重核的实现,这将是今后的一大任务。

总而言之,多核子转移反应是产生超重元素一个十分有希望的途径。对比熔合反应,一般而言,多核子转移反应有如下优点:①产生截面较高;②产物沿 β 稳定线自然分布,可产生丰中子核素,有利于登陆超重岛的中心区域;③激发能较低,有利于生成核存活。

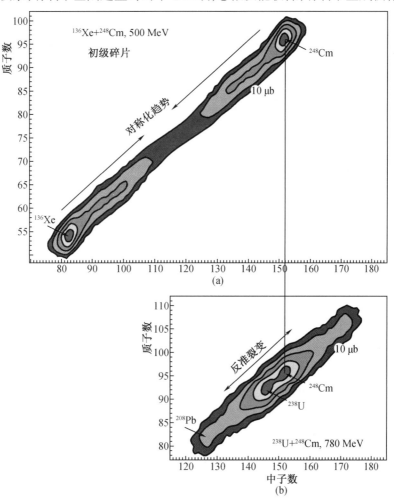

图 5.40 　 ^{136}Xe + ^{248}Cm 的对称化准裂变和 ^{238}U + ^{248}Cm 反对称化准裂变的 A-Z 分布

参 考 文 献

[1] FRÖBRICH P, GONTCHAR I I. Langevin description of fusion, deep-inelastic collisions and heavy-ion-induced fission [J]. Phys. Rep. , 1998, 292: 131.

[2] KAUFMANN R, WOLFGANG R. Complex nucleon transfer reactions of heavy ions [J]. Phys. Rev. Lett. , 1959, 3: 232.

[3] KAUFMANN R, WOLFGANG R. Nucleon transfer reactions in grazing collisions of heavy ions [J]. Phys. Rev. ,1961, 121: 192.

[4] HASSE R W. Approaches to nuclear friction [J]. Rep. Prog. Phys. , 1978, 41: 1027.

[5] FRÖBRICH P. Fusion and capture of heavy ions above the barrier: analysis of experimental data with the surface friction model [J]. Phys. Rep. ,1984, 116: 337.

[6] NÖRENBERG W. Transport phenomena in multi-nucleon transfer reactions [J]. Phys. Lett. B, 1974, 52: 289.

[7] WEIDENMÜLLER H A. Transport theory of heavy-ion reactions [J]. Prog. Part. Nucl. Phys. ,1980, 3: 49.

[8] ANDERSON C E, KNOX W Z, QUINTON A R, et al. Nuclear fragments produced in the heavy ion bombardment of aluminum [J]. Phys. Rev. Lett. , 1959, 3: 557.

[9] GALIN J, GUERREAU D, LEFORT M, et al. Mechanism of single-nucleon and multi-nucleon transfer reactions in grazing collisions of heavy ions on silver [J]. Nucl. Phys. A, 1970, 159: 461.

[10] VOLKOV V V. Deep inelastic transfer reactions—the new type of reactions between complex nuclei [J]. Phys. Rep. , 1978, 44: 93.

[11] MORETTO L G, SCHMITT R P. Deep inelastic reactions: a probe of the collective properties of nuclear matter [J]. Rep. Prog. Phys. , 1981, 44: 533.

[12] ARTUKH A G, GRIDNEV G F, MIKHEEV V L, et al. Transfer reactions in the interaction of ^{40}Ar with ^{232}Th [J]. Nucl. Phys. A, 1973, 215: 91.

[13] WILCZYŃSKI J. Nuclear molecules and nuclear friction [J]. Phys. Lett. B, 1973, 47: 484.

[14] TRAUTMANN W, DE BOER J, DÜNNWEBER W, et al. Evidence for negative deflection angles in ^{40}Ar + Ag deep-inelastic reactions from γ-ray circular polarization measurements [J]. Phys. Rev. Lett. ,1977, 39: 1062.

[15] TAMAIN B, NGÔ C, PÉTER J, et al. Fission of medium and heavy nuclei induced by ^{40}Ar from 160 to 300 MeV: cross sections [J]. Nucl. Phys. A, 1975, 252: 187.

[16] LEFORT M, NGÔ C, PÉTER J, et al. Recherche de Fission provenant de l'lnteraction ^{84}Kr + ^{209}Bi: La fusion entre ions krypton et noyaux lourds est-elle possible [J]. Nucl.

Phys. A, 1973, 216: 166.

[17] WOLF K L, UNIK J P, HUIZENGA J R, et al. Study of strongly damped collisions in the reaction of 600 MeV ^{84}Kr on a ^{209}Bi target [J]. Phys. Rev. Lett., 1974, 33: 1105.

[18] JACMART J C, COLOMBANI P, DOUBRE H, et al. Isotope distribution of transfer products in the ^{40}Ar + ^{232}Th interaction at 295 MeV [J]. Nucl. Phys. A, 1975, 242: 175.

[19] ARTUKH A G, GRIDNEV G F, MIKHEEV V L, et al. Multinucleon transfer reactions in the ^{232}Th + ^{22}Ne system [J]. Nucl. Phys. A, 1973, 211: 299.

[20] FREIESLEBEN H, KRATZ J V. N/Z-equilibration and nucleon exchange in dissipative heavy-ion collisions [J]. Phys. Rep., 1984, 106: 1.

[21] GELBKE C K, OLMER C, BUENERD M, et al. Energy dependence of peripheral reactions induced by heavy ions [J]. Phys. Rep., 1978, 42: 311.

[22] ANTONENKO N V, NASIROV A K, SHNEIDMAN T M, et al. Towards exotic nuclei via binary reaction mechanism [J]. Phys. Rev. C, 1998, 57: 1832.

[23] GATTY B, GUERREAU D, LEFORT M, et al. Deep inelastic collisions in the interaction of 280 MeV ^{40}Ar with ^{58}Ni [J]. Nucl. Phys. A, 1975, 253: 511.

[24] GATTY B, GUERREAU D, LEFORT M, et al. Evidence for the temporary existence of a composite system in deep inelastic nuclear interactions [J]. Z. Phys. A, 1975, 273: 65.

[25] GLÄSSEL P, SIMON R S, DIAMOND R M, et al. Angular-momentum transfer in deep-inelastic processes [J]. Phys. Rev. Lett., 1977, 38: 331.

[26] SCHRÖDER W U, BIRKELUND J R, HUIZENGA J R, et al. Mechanisms of very heavy-ion collisions: the ^{209}Bi + ^{136}Xe reaction at E_{lab} = 1130 MeV [J]. Phys. Rep., 1978, 45: 301.

[27] SCHRÖDER W U, BIRKELUND J R, HUIZENGA J R, et al. Study of the reaction ^{209}Bi + ^{136}Xe [J]. Phys. Rev. Lett., 1976, 36: 514.

[28] HUIZENGA J R, BIRKELUND J R, SCHRÖDER W U, et al. Energy dissipation and nucleon transfer in heavy-ion reactions [J]. Phys. Rev. Lett., 1976, 37: 885.

[29] RUSSO P, SCHMITT R P, WOZNIAK G J, et al. Evidence for diffusive relaxation along the mass asymmetry coordinate in the reaction ^{197}Au + 620 MeV ^{86}Kr [J]. Nucl. Phys. A, 1977, 281: 509.

[30] REHM K E, ESSEL H, SPERR P, et al. Dissipative collisions of heavy ions at energies close to the Coulomb barrier [J]. Nucl. Phys. A, 1981, 366: 477.

[31] BLOCKI J, BONEH Y, NIX J R, et al. One-body dissipation and the super-viscosity of nuclei [J]. Ann. Phys., 1978, 113: 330.

[32] RANDRUP J, SWATECKI W J. One-body dissipation and nuclear dynamics [J]. Ann. Phys., 1980, 125: 193.

[33] FELDMEIER H. Transport phenomena in dissipative heavy-ion collisions: the one-body

dissipation approach [J]. Rep. Prog. Phys., 1987, 50: 915.

[34] NEGELE J W. The mean-field theory of nuclear structure and dynamics [J]. Rev. Mod. Phys., 1982, 54: 913.

[35] VON OERTZEN W. Cold multi-nucleon transfer between heavy nuclei and the synthesis of new elements [J]. Z. Phys. A, 1992, 342: 177.

[36] CORRADI L, STEFANINI A M, LIN C J, et al. Multinucleon transfer processes in ^{64}Ni + ^{238}U [J]. Phys. Rev. C, 1999, 59: 261.

[37] WINTHER A. Grazing reactions in collisions between heavy nuclei [J]. Nucl. Phys. A, 1994, 572: 191.

[38] WINTHER A. Dissipation, polarization and fluctuation in grazing heavy-ion collisions and the boundary to the chaotic regime [J]. Nucl. Phys. A, 1995, 594: 203.

[39] CORRADI L, HE J H, ACKERMANN D, et al. Multinucleon transfer reactions in ^{40}Ca + ^{124}Sn [J]. Phys. Rev. C, 1996, 54: 201.

[40] CORRADI L, STEFANINI A M, HE J H, et al. Evidence of complex degrees of freedom in multinucleon transfer reactions of ^{48}Ca + ^{124}Sn [J]. Phys. Rev. C, 1997, 56: 938.

[41] JIANG C L, REHM K E, ESBENSEN H, et al. Multineutron transfer in ^{58}Ni + ^{124}Sn collisions at sub-barrier energies [J]. Phys. Rev. C, 1998, 57: 2393.

[42] BRODA R, ZHANG C T, KLEINHEINZ P, et al. Collisions between ^{106}Cd and ^{54}Fe at 30 MeV above the Coulomb barrier by high resolution $\gamma\gamma$ coincidences [J]. Phys. Rev. C, 1998, 49: R575.

[43] KRÓLAS W, BRODA R, FORNAL B, et al. Gamma coincidence study of ^{208}Pb + 350 MeV ^{64}Ni collisions [J]. Nucl. Phys. A, 2003, 724: 289.

[44] BRODA R. Spectroscopic studies with the use of deep-inelastic heavy-ion reactions [J]. J. Phys. G, 2006, 32: R151.

[45] CORRADI L, POLLAROLO G, SZILNER S. Multinucleon transfer processes in heavy-ion reactions [J]. J. Phys. G, 2009, 36: 113101.

[46] OGANESSIAN YU TS, UTYONKOV V K, LOBANOV YU V, et al. Synthesis of superheavy nuclei in the ^{48}Ca + ^{244}Pu reaction [J]. Phys. Rev. Lett., 1999, 83: 3154.

[47] SCHÄDEL M, KRATZ J V, AHRENS H, et al. Isotope distributions in the reaction of ^{238}U with ^{238}U [J]. Phys. Rev. Lett, 1978, 41: 469.

[48] SCHÄDEL M, BRÜCHLE W, GÄGGELER H, et al. Actinide production in collisions of ^{238}U with ^{248}Cm [J]. Phys. Rev. Lett., 1982, 48: 852.

[49] GÄGGELER H, TRAUTMANN N, BRÜCHLE W, et al. Search for superheavy elements in the ^{238}U + ^{238}U reaction [J]. Phys. Rev. Lett., 1980, 45: 1824.

[50] KRATZ J V, BRÜCHLE W, FOLGER H, et al. Search for superheavy elements in damped collisions between ^{238}U and ^{248}Cm [J]. Phys. Rev. C, 1986, 33: 504.

[51] KRATZ J V, SCHÄDEL M, GÄGGELER H W. Reexamining the heavy-ion reactions ^{238}U + ^{238}U and ^{238}U + ^{248}Cm and actinide production close to the barrier [J]. Phys. Rev. C, 2013, 88: 054615.

[52] ADAMIAN G G, ANTONENKO N V, ZUBOV A S. Production of unknown transactinides in asymmetry-exit-channel quasifission reactions [J]. Phys. Rev. C, 2005, 71: 034603.

[53] ZAGREBAEV V I, OGANESSIAN YU TS, ITKIS M G, et al. Superheavy nuclei and quasi-atoms produced in collisions of transuranium ions [J]. Phys. Rev. C, 2006, 73: 031602(R).

[54] ZAGREBAEV V, GREINER W. Synthesis of superheavy nuclei: a search for new production reactions [J]. Phys. Rev. C, 2008, 78: 034610.

[55] ZAGREBAEV V, GREINER W. Production of heavy and superheavy neutron-rich nuclei in transfer reactions [J]. Phys. Rev. C, 2011, 83: 044618.

[56] ZAGREBAEV V, GREINER W. Production of heavy trans-target nuclei in multinucleon transfer reactions [J]. Phys. Rev. C, 2013, 87: 034608.

[57] CORRADI L, VINODKUMAR A M, STEFANINI A M, et al. Light and heavy transfer products in ^{58}Ni + ^{208}Pb at the Coulomb barrier [J]. Phys. Rev. C, 2002, 66: 024606.

第6章 熔合反应

熔合反应是指弹核克服库仑势垒被势阱俘获并形成复合核的反应。一般而言,复合核(compound nuclei)处于较高激发态,故用"熔合"一词而非"融合"。高激发的复合核通过蒸发粒子(n,α,p,γ等)或裂变等方式退激。在近库仑势垒能区,对于轻体系,弹核被俘获后基本上都形成复合核,称为全熔合;对于重体系,两核接触后形成复合体系的势能曲面非常复杂,存在多个演化途径,仅有部分能够形成复合核,即不完全熔合(将在第7章介绍)。本章主要讨论俘获反应,习惯上仍称之为熔合反应,主要包括理论描述、垒下熔合异常、耦合道效应和势垒分布等,最后介绍一些新近的热点问题。

6.1 熔合反应的描述

熔合是一个克服库仑势垒的过程(见图6.1):弹核 a 轰击靶核 A,当 $E_{c.m.}>V_B$ 时,a 越过库仑势垒被俘获;当 $E_{c.m.}\leq V_B$ 时,a 穿过(隧道效应)库仑势垒被俘获;两种情况均形成具有较高激发能的复合核 CN^*,即 $a+A\rightarrow CN^*$。复合核的概念由 N. Bohr 提出[1],对核物理的发展起到了深远的影响。复合核是具有较长寿命($>10^{-21}$ s)的激发的准稳态,内部所有自由度均达到平衡,并忘记其形成的历史。由于守恒定律的要求,复合核的激发能、自旋等由入射道带来:入射道的相对运动能量转化为激发能,相对运动角动量转化为自旋。

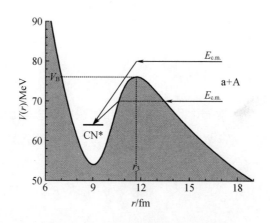

图6.1 垒上熔合和垒下熔合示意图

利用分波法,总反应截面(参见式(1.37))为

$$\sigma_R = \pi\lambda^2 \sum_{l=0}^{\infty}(2l+1)T_l = \sum_{l=0}^{\infty}\sigma_l \tag{6.1}$$

式中,λ 为入射道相对运动的波长,l 为入射道相对运动的角动量,T_l 为穿透系数,σ_l 为

l 分波的反应截面。垒上熔合是一个经典的越过库仑势垒的过程,垒下熔合是一个典型的量子隧穿库仑势垒的过程。下面就这两种情况分别进行讨论。

6.1.1 垒上熔合

按照半经典的锐截止模型(参见 1.6 节),假定在 l 小于临界角动量 l_{cr} 的时候,两核熔合在一起形成复合核,即

$$T_l = \begin{cases} 1, & l < l_{cr} \\ 0, & l \geqslant l_{cr} \end{cases} \tag{6.2}$$

这样,熔合截面可写为

$$\sigma_{fus} = \pi \lambdabar^2 \sum_{l=0}^{l_{cr}} (2l+1) = \pi \lambdabar^2 (l_{cr}+1)^2 \approx \pi \lambdabar^2 l_{cr}^2 \tag{6.3}$$

熔合的临界角动量可由入射能量确定,如图 6.2 所示。

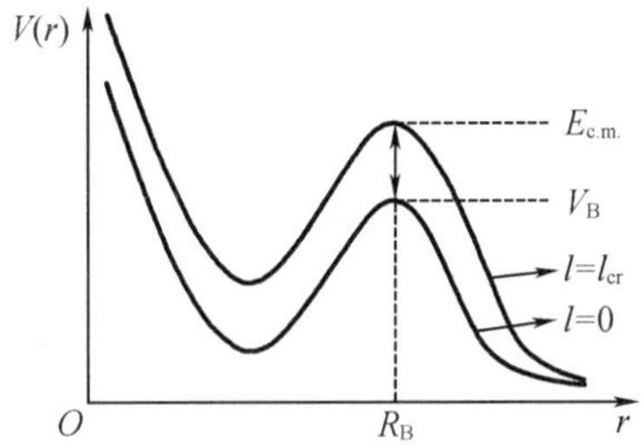

当 $l = l_{cr}$ 时,有

$$\frac{\hbar^2 l_{cr}(l_{cr}+1)}{2\mu R_B^2} \approx \frac{\hbar^2 l_{cr}^2}{2\mu R_B^2} = E_{c.m.} - V_B \tag{6.4}$$

其中,μ 为折合质量,由此得到 l_{cr} 为

$$l_{cr}^2 = \frac{2\mu R_B^2}{\hbar^2} E_{c.m.} \left(1 - \frac{V_B}{E_{c.m.}}\right) = \frac{R_B^2}{\lambdabar^2}\left(1 - \frac{V_B}{E_{c.m.}}\right) \tag{6.5}$$

图 6.2 临界角动量的确定

代入式(6.3)有

$$\sigma_{fus} = \pi R_B^2 \left(1 - \frac{V_B}{E_{c.m.}}\right) \tag{6.6}$$

此即常用的垒上熔合截面计算公式。

可以看出:① 当 $E_{c.m.} = V_B$ 时,$\sigma_{fus} = 0$,V_B 是熔合反应的阈值;当 $E_{c.m.} \to \infty$ 时,$\sigma_{fus} = \pi R_B^2$,即熔合反应可能的最大截面,故 πR_B^2 称为熔合的几何截面。② 垒上熔合截面 σ_{fus} 与质心系能量倒数 $1/E_{c.m.}$ 呈线性关系,该直线的斜率为 $-\pi R_B^2 V_B$,纵轴截距为 πR_B^2,横轴截距为 $1/V_B$。因此,可以根据垒上熔合实验值定出两个重要的库仑势垒参数,即 R_B 和 V_B。

图 6.3 显示了 ^{32}S + ^{24}Mg,^{27}Al,^{40}Ca,^{58}Ni 体系 σ_{fus} 随 $1/E_{c.m.}$ 的变化[2-3]呈现出很好的线性关系。直线外推得到 V_B 值,相应的 R_B 值标在上方。

图 6.4 采用了多家的实验数据[4-10]显示了 ^{16}O + ^{27}Al 熔合截面随 $1/E_{c.m.}$ 的变化,其中 J. Dauk 等人的结果是测量蒸发残余核退激 γ 得到的,是部分的熔合截面,因此参照其他家的实验,乘以 1.2 作了归一。图 6.4 中实线是拟合 $0.04 < 1/E_{c.m.} < 0.06$ 区间的数据,给出 $R_B \approx 8.17$ fm,$V_B \approx 15.75$ MeV。可以看到:当能量升高,例如 $1/E_{c.m.} < 0.04$ 时,在高激发能和高角动量下复合核的裂变开始出现,导致全熔合截面偏离拟合的直线;当能量进一步升

高,例如 $1/E_{c.m.} < 0.025$ 时,深部非弹性散射等反应道的开放,导致俘获截面降低,熔合截面呈下降趋势。因此,根据式(6.6)确定势垒参数 R_B 和 V_B 仅适用于近垒能区,需要注意。

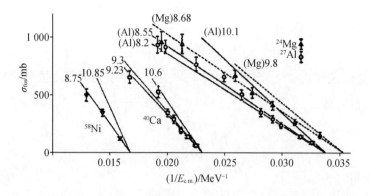

图 6.3　$^{32}S + ^{24}Mg,^{27}Al,^{40}Ca,^{58}Ni$ 体系 σ_{fus} 随 $1/E_{c.m.}$ 的变化

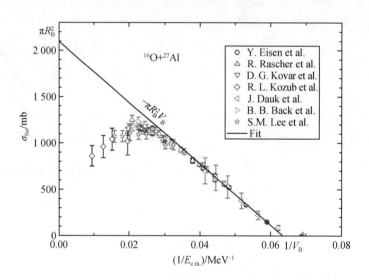

图 6.4　$^{16}O + ^{27}Al$ 熔合截面随 $1/E_{c.m.}$ 的变化

6.1.2　垒下熔合

垒下熔合是对库仑势垒的量子隧穿,通过解径向薛定谔方程,即

$$\frac{d^2\psi_l(r)}{dr^2} + k_l^2(r)\psi_l(r) = 0 \tag{6.7}$$

可以得到精确的熔合截面。式(6.7)中,定域波数为

$$k_l(r) = \left[\frac{2\mu}{\hbar^2}(E_{c.m.} - U_l(r))\right]^{1/2} \tag{6.8}$$

这里,相互作用势 $U_l(r) = V_l(r) + iW_l(r)$,包含实部和虚部。如果采用入射波边界条件(Ingoing-Wave Boundary Condition,IWBC)[11-15],即入射波只要穿过库仑势垒就不会被反射

回来,这样 $U_l(r)$ 仅使用实部 $V_l(r)$ 即可。这大大方便了理论计算以及微观相互作用势的应用,同时也方便了势垒隧穿概念的理解。实际上,IWBC 是强吸收的概念,把原子核当作一个黑体,只要入射波穿透到势垒内部,就不会被反射出来。因此,式(6.1)中的 σ_R 等同于 σ_{fus}。下面的讨论建立在 IWBC 的基础上。

实际应用中,常用半经典的 WKB(来源于 Wentzel, Kramers, Brillouin 三人名字的首字母)方法[16],对隧穿势垒的路径做积分[17],得到穿透系数。对于相互作用势

$$V_l(r) = V_C(r) + V_N(r) + \frac{\hbar^2 l(l+1)}{2\mu r} \tag{6.9}$$

l 分波的穿透系数为

$$T_l(E_{c.m.}) = [1 + \exp(2K_l(E_{c.m.}))]^{-1} \tag{6.10}$$

其中,隧穿积分为

$$K_l(E_{c.m.}) = \mp \int_{r_a}^{r_b} \left(\frac{2\mu}{\hbar^2}|V_l(r) - E_{c.m.}|\right)^{1/2} dr \tag{6.11}$$

这里,积分前面的 $\mp$ 对应于垒上和垒下的情况;a,b 对应穿透路径上的两个转折点(turning point),如图 6.5 所示。

假设势垒形状可以用抛物线近似(见图 6.5),通过

$$\left.\frac{\partial V_l(r)}{\partial r}\right|_{r=R_B^l} = 0 \tag{6.12}$$

可定出 R_B^l 和 $V_B^l = V_l(R_B^l)$,相应的曲率半径为

$$\hbar\omega_l = \left(-\frac{\hbar^2}{\mu} \left.\frac{\partial^2 V_l(r)}{\partial r^2}\right|_{r=R_B^l}\right)^{1/2} \tag{6.13}$$

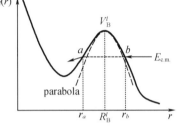

图 6.5 WKB 方法和抛物线近似

这样,穿透系数可写为

$$T_l(E_{c.m.}) = \left\{1 + \exp\left[\frac{2\pi}{\hbar\omega_l}(V_B^l - E_{c.m.})\right]\right\}^{-1} \tag{6.14}$$

此即 Hill-Wheeler 公式[18]。可以看出,当 $E_{c.m.} = V_B^l$ 时,$T_l = 1/2$,这是锐截止模型光滑后的结果。

进一步,假定各分波的势垒形状都一样,即 $R_B^l = R_B$,$V_B^l = V_B$,$\hbar\omega_l = \hbar\omega$,这时 Hill-Wheeler 公式退化为 Bohr-Wheeler 公式[19],带入式(6.1)作积分得到熔合截面为

$$\sigma_{fus} = \frac{R_B^2 \hbar\omega}{2E_{c.m.}} \ln\left\{1 + \exp\left[\frac{2\pi}{\hbar\omega}(E_{c.m.} - V_B)\right]\right\} \tag{6.15}$$

此即 Wong 公式[20]。该公式在垒上和垒下均是适用的,当 $E_{c.m.} \gg V_B$ 时,公式退化为式(6.6);当 $E_{c.m.} \ll V_B$ 时,有

$$\sigma_{fus} = \frac{R_B^2 \hbar\omega}{2E_{c.m.}} \exp\left[\frac{2\pi}{\hbar\omega}(E_{c.m.} - V_B)\right] \tag{6.16}$$

这表明,在深垒下能区,熔合截面随能量的下降呈简单的指数衰减形式。

需要说明的是:①上述公式不仅适用于垒下,也适于垒上情况;②WKB 方法具有较好的精度,不亚于精确解薛定谔方程的结果,在垒上能区,WKB 公式退化为 Hill-Wheeler 公式;

③抛物线近似仅在势垒附近能区适用,当 $E_{c.m.} \ll V_B$ 时,实际势垒的厚度比抛物线的厚度要大,式(6.14)或式(6.15)给出的熔合截面偏高;④上述理论基于简单的一维势垒隧穿,故称为一维势垒穿透模型(One-Dimensional Barrier Penetration Model,1D-BPM)。

图6.6显示了 $^{16}O + ^{144}Sm$ 体系近垒及垒下熔合截面的实验值以及在一维势垒穿透模型框架下上述各种方法的理论结果,计算采用了 Akyüz-Winther 势(详见2.2节中关于亲近势的部分)。图6.6中,箭头所指为库仑势垒的位置;实线是量子精确计算的结果(仅有 IWBC 近似),虚线是 WKB 的结果,二者符合得很好;采用抛物线近似的 Hill-Wheeler 公式(点线)和 Wong 公式(点画线)的结果在垒下能区均比精确计算和 WKB 的结果要高;式(6.16)的结果也画

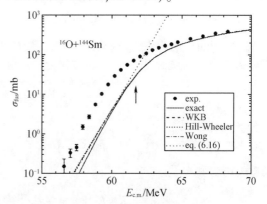

图6.6 在一维势垒穿透模型下各种方法计算的熔合截面的比较

在图中作为参考。不论哪种方法,在垒上能区,结果基本一致。值得注意的是,在近垒及垒下能区,实验截面比一维势垒穿透模型的理论截面要高出许多,此即所谓的垒下熔合截面的增强现象,将在下一节阐述。

6.2 近垒及垒下熔合异常的实验现象

自20世纪70年代末起,在近垒及垒下熔合反应中发现了一系列异常现象,例如熔合截面增强、自旋分布展宽等。由此,20世纪80年代掀起了熔合反应研究的高潮,20世纪90年代初产生了势垒分布的概念,极大地推进了人们对重离子体系这个典型量子多体系统的耦合道机制和多维势垒隧穿机制的理解。下面将简单介绍近垒及垒下熔合异常的实验现象。

6.2.1 熔合截面的增强

1978年,R. G. Stokstad 等人[21-23]报道了 $^{16}O + ^{148,150,152,154}Sm$ 体系近垒及垒下熔合截面出现异常增强的现象,实验截面比一维势垒穿透模型预言的截面高出许多,如图6.7所示。其中,曲线是一维势垒穿透模型 WKB 方法的计算结果,采用了 Akyüz-Winther 势,箭头所指为库仑势垒的位置。可以看到:①近垒及垒下截面有很大的增强,在 $E_{lab} \approx 60$ MeV 时,增强可达3个数量级;②截面增强与靶核质量数强烈相关,这主要是由于靶核的静态形变不同所致,从 ^{148}Sm 到 ^{154}Sm,形变越增加,截面增强越大。

此后,多家实验室调查了大量各种弹靶组合的体系,证实了近垒及垒下熔合截面增强是一个普遍现象[24-26],引起了极大的关注。作为一个例子,图6.8显示了 $^{16}O + ^{208}Pb$ 体系实验的熔合激发函数[27]与一维隧穿 WKB 计算结果的对比,同样采用了 Akyüz-Winther 势,箭头所指为库仑势垒的位置。我们知道,^{16}O 和 ^{208}Pb 均是球形的双幻核,但是在近垒及垒下区域,实验熔合

截面比 WKB 的结果仍然高出很多。这表明,除了静态形变,动力学形变(如非弹的振动激发)也将极大增强近垒及垒下熔合的截面。另外,图 6.8 中还给出了熔合截面(Fus,圆点)、裂变截面(FF,星形)和熔合蒸发残余核截面(EvR,菱形)。可以看到,对于 ^{16}O + ^{208}Pb 这样的重体系,由于复合核的裂变势垒较低,熔合后的复合核基本上通过裂变退激,蒸发残余核仅占了很小的一部分。此时,熔合称为俘获更为妥当,但由于历史的原因,习惯上仍称为熔合。

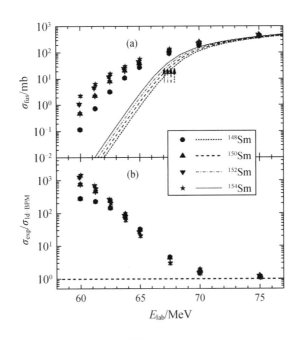

图 6.7 ^{16}O + ^{148,150,152,154}Sm 体系近垒及垒下熔合
激发函数与一维势垒穿透模型值的比较

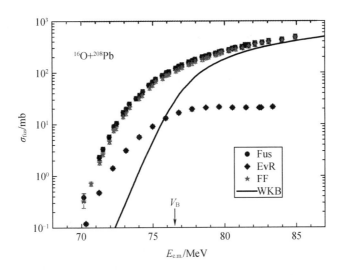

图 6.8 ^{16}O + ^{208}Pb 体系实验熔合激发函数与
一维隧穿 WKB 计算结果的比较

6.2.2 自旋分布的展宽

1983年,R. Vandenbosch 等人[28]通过测量$^{16}O + ^{154}Sm$体系复合核蒸发 4n 残余核^{166}Yb退激 γ 的多重性 M_γ,导出其平均自旋 $\langle l \rangle$(注:$\langle l \rangle \propto M_\gamma$),发现比一维势垒穿透模型计算的值高出许多。随后,更详细和广泛的研究证实了自旋分布的异常展宽现象[29-34]。图 6.9 显示了 $^{16}O + ^{152,154}Sm$ 体系平均自旋实验值与理论值的比较,虚线是一维势垒穿透模型的结果,实线是考虑了靶核静态形变的结果,较好地重现了实验的结果。值得注意的是:①在深垒下能区,自旋分布将趋于一个常数值[35-36];②在势垒附近,自旋分布出现一个"鼓包"[37],这是典型的形变效应所致。

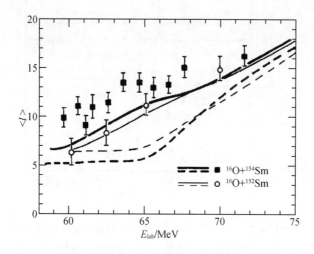

图 6.9 $^{16}O + ^{152,154}Sm$ 体系平均自旋随能量的变化

自旋分布的展宽与熔合截面的增强是相关联的。复合核平均自旋 $\langle l \rangle$ 或均方自旋 $\langle l^2 \rangle$ 由分波截面 σ_l 加权得到,即

$$\langle l \rangle = \frac{\sum_{l=0}^{\infty} l\sigma_l}{\sum_{l=0}^{\infty} \sigma_l}, \quad \langle l^2 \rangle = \frac{\sum_{l=0}^{\infty} l^2 \sigma_l}{\sum_{l=0}^{\infty} \sigma_l} \tag{6.17}$$

Wuosmaa 等人[38]的对 $^{16}O + ^{152}Sm$ 体系的详细研究很好地诠释了这一点,如图 6.10 所示,其中虚线是一维势垒穿透模型的结果,实线是考虑了靶核静态形变的结果,均作了归一化。

上述熔合截面的增强和自旋分布的展宽是相对一维势垒穿透模型而言的。这些异常现象表明:简单的一维势垒隧穿不足以解释近垒及垒下熔合的实验结果,需要扩展到多维势垒隧穿模型(Multi-Dimensional Barrier Penetration Model,MD-BPM)的框架下。

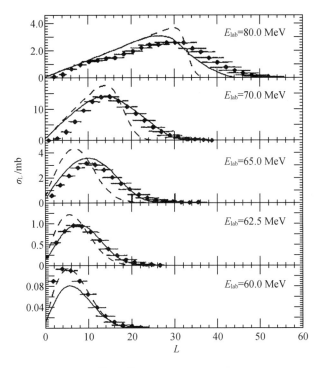

图 6.10 ^{16}O + ^{152}Sm 体系在不同能量下熔合
分波截面随角动量的变化

6.3 近垒及垒下熔合异常的理论解释

针对近垒及垒下熔合的异常,人们提出了各种可能的解释。例如:考虑原子核静态形变的 Wong 模型[20]、考虑原子核表面量子涨落的零点振动模型[39]、考虑非弹激发及核子转移的耦合道模型[40-42]、复合体颈生成和中子流[43-45]的影响等,使得一维的势垒扩展为多维的势垒。值得指出的是,很多理论是在深部非弹性散射研究基础上发展而来的[46-47]。下面就一些理论模型作一个简单介绍。

6.3.1 静态形变模型

人们很早就认识到,原子核的静态形变在核反应过程中扮演了重要的角色[48-49]。考虑静态形变最简洁的方法是将核-核相互作用势按形变展开(参见 2.3 节形变势)。为方便起见,此处仅考虑弹核和靶核具有轴对称四极形变 β_2 的情况。在反应平面内,两个形变核的定义如图 6.11 所示。这样,核势可以写为

$$V_N(r,\theta) = -V_0 \Big/ \Big\{ 1 + \exp\Big\{ \Big[r - \sum_{i=1}^{2} R_i \Big(1 + \sqrt{\frac{5}{4\pi}} \beta_2^{(i)} P_2(\cos\theta_i) \Big) \Big] \Big/ a \Big\} \Big\} \quad (6.18)$$

库仑势为

$$V_C(r,\theta) = \frac{Z_1 Z_2 e^2}{r}\left\{1 + \frac{1}{r^2}\sum_{i=1}^{2} R_i^2\left[\sqrt{\frac{9}{20\pi}}\beta_2^{(i)} P_2(\cos\theta_i) + \frac{3}{7\pi}\left(\beta_2^{(i)} P_2(\cos\theta_i)\right)^2\right]\right\}$$
(6.19)

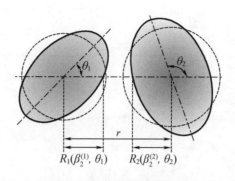

图 6.11 两个形变核的定义

作为例子,图 6.12 显示了 ^{16}O + ^{154}Sm 体系 $l = 0$ 时相互作用势随距离和角度变化的二维分布[50](参看图 2.10)。图 6.13 显示了两个形变核 $l = 0$ 时相互作用势随距离和形变的二维分布[46-47],这里体系的四极形变 $\beta_2 = \beta_2^{(1)} + \beta_2^{(2)}$。可以看到:扁椭-扁椭体系的势垒高于长椭-长椭体系的库仑势垒,势垒的最低点位于 $\beta_2 = 0.75$ 处。

将式(6.18)和式(6.19)代入式(6.9),可以利用 WKB 方法(见式(6.10))或者 Hill-Wheeler 公式(见式(6.14)),求得角度相依的分波穿透系数 $T_l(E_{\text{c.m.}},\theta_1,\theta_2)$,对角度积分得到熔合截面为

$$\sigma_{\text{fus}} = \pi\lambda^2 \sum_{l=0}^{\infty}(2l+1)\int_0^{\pi/2}\int_0^{\pi/2} T_l(E_{\text{c.m.}},\theta_1,\theta_2)\sin\theta_1\sin\theta_2 \mathrm{d}\theta_1\mathrm{d}\theta_2 \quad (6.20)$$

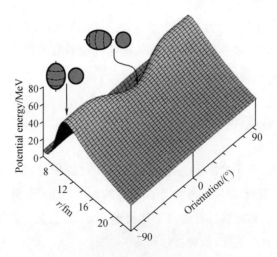

图 6.12 ^{16}O + ^{154}Sm 体系相互作用势随
距离和角度变化的二维分布

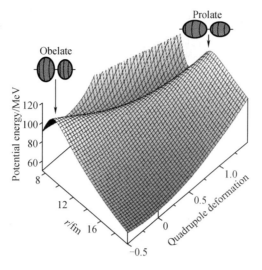

图 6.13 两个形变核的相互作用势随距离和形变的二维分布

此外,如果对各分波势垒采用相同形状的抛物线近似,可以得到熔合截面的解析式,此即 Wong 模型[20]。

6.3.2 零点振动模型

零点振动[35-36]是指原子核表面在平衡点附近做集体振动的一种运动形式,是典型的量子涨落现象。在表面振动的集体模型中,核半径可以写为

$$R(\hat{e}) = R_0 \left(1 + \sum_{\lambda\mu} \alpha_{\lambda\mu} Y_{\lambda\mu}^*(\hat{e}) \right) \tag{6.21}$$

其中,振幅 $\alpha_{\lambda\mu}$ 通过与平衡半径 R_0 比较得到,即

$$\alpha_{\lambda\mu} = \frac{1}{R_0} \int R(\theta,\varphi) Y_{\lambda\mu}(\theta,\varphi) \, d\Omega \tag{6.22}$$

也就是说,核半径围绕平衡半径的涨落等效于核形状发生变形,某一振幅发生的概率与找到该形变的振幅平方成正比。为简单起见,我们考虑球形核的表面简谐振动。此时,核半径的分布为高斯形式,即

$$g(R_\lambda) = \frac{1}{\sqrt{2\pi\sigma_\lambda^2}} \exp\left[-\frac{(R_\lambda - R_0)^2}{2\sigma_\lambda^2} \right] \tag{6.23}$$

其中,λ 为振动级次,标准偏差 σ_λ 为

$$\sigma_\lambda^2 = \frac{R_0^2}{4\pi} \sum_\lambda \beta_\lambda^2 \tag{6.24}$$

或写为

$$\sigma_\lambda = \frac{R_0}{2(\lambda+3)} \left[(2\lambda+1) \frac{B(E\lambda)}{B_W(E\lambda)} \right]^{1/2} \tag{6.25}$$

这里，$B(E\lambda)$ 为约化跃迁概率，$B_W(E\lambda)$ 为 Weisskopf 估计。

如果零点振动的周期比碰撞时间长，则冻结近似成立。这样，反应体系的有效相互作用势可写为

$$V_{\text{eff}}(r) = \frac{Z_1 Z_2 e^2}{r}\left(1 + \frac{3}{5}S_2\frac{R_0^{(2)}}{r^2} + \frac{3}{7}S_3\frac{R_0^{(2)}}{r^3}\right) + \frac{\hbar l(l+1)}{2\mu r^2} -$$
$$V_0 \bar{R}/\{1 + \exp[(r - S - R_0^{(1)} - R_0^{(2)} - \Delta R)/a]\} \tag{6.26}$$

式中，上标(1)，(2)分别表示弹核和靶核，相应的平衡半径为 $R_0^{(1)}$ 和 $R_0^{(2)}$；这里仅考虑了靶核的四极和八级零点振动，$S_\lambda = R_\lambda^{(2)} - R_0^{(2)}$，$\lambda = 2, 3$；$S = S_2 + S_3$；$\bar{R}$ 为约化半径，$\bar{R} = R_0^{(1)} R_0^{(2)} / (R_0^{(1)} + R_0^{(2)})$；$\Delta R$ 为可调参数，$\Delta R \approx 0.29$ fm。势参数可以选择 Akyüz-Winther 势或者 Broglia-Winther 势的参数。同样，可以利用 WKB 方法或者 Hill-Wheeler 公式求得穿透系数，并对角度积分得到熔合截面。

注：静态形变模型和零点振动模型是基于原子核几何形状的改变，故称为几何模型。

6.3.3 耦合道模型

上一章我们讨论过：在近库仑势垒能区，弹核与靶核相互作用时间与核内核子传输时间、核集体运动周期等相当（参见5.1节）。反应参与核的内部运动自由度，如核激发（包括转动激发、振动激发、巨共振等）和核子转移等，与相对运动自由度之间产生强烈的耦合，此即所谓的耦合道（Coupled-Channels, CC）效应。耦合道效应改变了反应进程，使得直接反应道影响了熔合反应道，在近垒及垒下能区扮演了至关重要的角色。

1. 简化的耦合道模型

下面对耦合道模型[37]作一个简单描述。耦合的薛定谔方程为

$$\left(-\frac{\hbar^2}{2\mu}\frac{d^2}{dx^2} + V(x) - E\right)u_\alpha(x) = -\sum_\beta \langle\alpha|H_0 + V^{\text{cpl}}(x,\xi)|\beta\rangle u_\beta(x) \tag{6.27}$$

式中，$\alpha, \beta = 1, 2, \cdots$，当 $\alpha, \beta = 1$ 时为弹性道，$\alpha, \beta \neq 1$ 时为非弹道，弹核或靶核处于激发态；H_0 为本征哈密顿量，$H_0|\beta\rangle = \varepsilon_\beta|\beta\rangle$；$V^{\text{cpl}}(x,\xi)$ 为耦合相互作用，x 代表相对运动自由度，ξ 代表核内部运动自由度。当 $V^{\text{cpl}}(x,\xi)$ 可以分解为相对运动部分 $F(x)$ 和本征部分 $G(\xi)$ 时，上述耦合方程可以通过耦合矩阵元的对角化进行退耦合，这被称为简化的耦合道模型（simplified coupled-channels model）。这里，耦合矩阵为

$$M_{\alpha\beta} = \langle\alpha|H_0 + V^{\text{cpl}}(\beta)|\beta\rangle = \delta_{\alpha\beta}\varepsilon_\beta + F(x)\langle\alpha|G(\xi)|\beta\rangle \tag{6.28}$$

进一步假定 $F(x)$ 在库仑势垒 R_B 附近是一个常数 F_0，即常数耦合近似（constant coupling approximation），式(6.28)最后一项可以写为 $F_0 V_{\alpha\beta}$。此时，耦合矩阵 $M_{\alpha\beta}$ 可以对角化为 $U_{\alpha\beta}$，相应本征值为 λ_β，退耦合后的方程为

$$\left(-\frac{\hbar^2}{2\mu}\frac{d^2}{dx^2} + V(x) + \lambda_\beta(R_B) - E\right)\sum_\alpha U_{\alpha\beta} u_\alpha(x) = 0 \tag{6.29}$$

从而方便地进行求解。可以看到，退耦合后，实际的相互作用势变成 $V(x) + \lambda_\beta(R_B)$。在 IWBC 近似下，总穿透系数是各道穿透系数 T_β 的总和，即

$$T(E) = \sum_{\beta} |U_{1\beta}|^2 T_\beta(E, V(x) + \lambda_\beta(R_B)) \tag{6.30}$$

式中,交叠因子 $|U_{1\beta}|^2$ 是 T_β 的权重。

为更好地理解耦合道效应,下面以两道耦合为例,阐述一下这个过程。两道中一个道为弹性道,另一个道为非弹道。此时,耦合矩阵为

$$\boldsymbol{M}_{\alpha\beta} = \begin{pmatrix} 0 & F \\ F & -Q \end{pmatrix} \tag{6.31}$$

式中,耦合强度 $F = F_0 V_{\alpha\beta}$,$-Q = \varepsilon_\beta$(激发能);耦合方程为

$$\left(-\frac{\hbar^2}{2\mu} \frac{d^2}{dx^2} + V(x) - E \right) u_1(x) = F u_2(x)$$
$$\left(-\frac{\hbar^2}{2\mu} \frac{d^2}{dx^2} + V(x) - E \right) u_2(x) = F u_1(x) - Q u_2(x) \tag{6.32}$$

将 $\boldsymbol{M}_{\alpha\beta}$ 对角化(耦合⇒非耦合),即

$$\boldsymbol{M}_{\alpha\beta} = \begin{pmatrix} 0 & F \\ F & -Q \end{pmatrix} \xrightarrow{\text{对角化}} \begin{pmatrix} \lambda_+ & 0 \\ 0 & \lambda_- \end{pmatrix} \tag{6.33}$$

这样,非耦合的方程可以写为

$$\left(-\frac{\hbar^2}{2\mu} \frac{d^2}{dx^2} + V(x) + \lambda_\pm - E \right) u_\pm(x) = 0 \tag{6.34}$$

式中,$\lambda_\pm = \frac{1}{2}[-Q \pm (4F^2 + Q^2)^{1/2}]$。从上式可以看出,退耦合后,实际上相互作用势变为 $V(x) + \lambda_\pm$。这意味着,耦合道效应使得单个势垒劈裂为两个势垒;当 $Q=0$ 时,势垒高度的改变为 $\pm F$,如图 6.14(a) 所示。假设入射能量 $E_{\text{c.m.}}$ 在无耦合势垒 V_B 处,对于有耦合情况,该能量在 $V(x) + \lambda_+$ 的垒下,穿透概率减小,但在 $V(x) + \lambda_-$ 的垒上,穿透概率增加,如图 6.14(b) 所示。这样,总的穿透系数为

$$T(E) = \sum_\beta \langle 1|\beta \rangle^2 T_\beta[E, V(x) + \lambda_\beta] \tag{6.35}$$

此处,$\beta = \pm$,$\langle 1|\beta \rangle$ 是权重因子。穿透概率为权重因子的平方,即

$$P_\pm = \langle 1|\beta \rangle^2 = \frac{F^2}{F^2 + \lambda_\pm^2} \tag{6.36}$$

注意:垒下时,熔合截面随能量降低近似指数衰减(参见图 6.6);垒上时,熔合截面随能量升高近似线性增加(参见图 6.4)。因此有耦合时,总的熔合截面大大增加,如图 6.14(c) 所示,相应的自旋分布展宽,如图 6.14(d) 所示。

需要说明以下几点。①在强耦合的情况下,常数耦合近似会明显高估垒下熔合的截面[51]。为此,C. H. Dasso 和 S. Landowne 将耦合形状因子 $F(x)$ 在势垒附近作一个二级展开的修正[52],较好地解决了这个问题。②耦合势 $V^{\text{cpl}}(x,\xi)$ 可以分解是简化的耦合道模型的基础,这种分解的条件比较苛刻,比如谐振子耦合的情况。此时,耦合势对内部自由度(如形变)可以展开为多项式,一般仅保留 1 次项,即线性耦合近似(linear coupling approximation),忽略其他高次项。通常情况下,线性耦合具有足够的精度[53]。

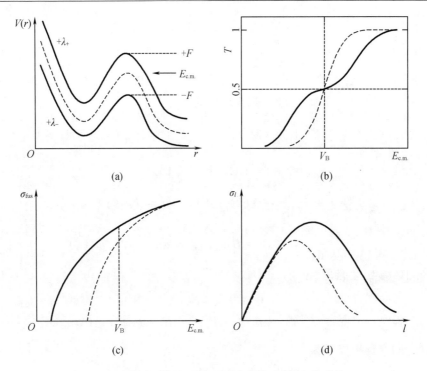

图 6.14 耦合(实线)和无耦合(虚线)时相互作用势
穿透概率、熔合截面以及自旋分布的比较

(a)相互作用势;(b)穿透概率;(c)熔合截面;(d)自旋分布

在线性耦合框架下,耦合强度 F 是距离 r 的函数,称为耦合形状因子。对于非弹道耦合,其形状因子为

$$F_{\text{inel}}(r) = \frac{\beta_\lambda}{\sqrt{4\pi}} \left(-R \frac{dV_N(r)}{dr} + \frac{3Z_1 Z_2 e^2}{2\lambda + 1} \frac{R^\lambda}{r^{\lambda+1}} \right) \tag{6.37}$$

式中,方括号内第一项对应核激发,第二项对应库仑激发;R 为激发核的半径;β_λ 为相应激发态的形变参数,可通过约化跃迁概率确定,即

$$\beta_\lambda = \frac{4\pi}{3ZR^\lambda} \left(\frac{B(E\lambda)}{e^2} \right)^{1/2} \tag{6.38}$$

式中,λ 为跃迁级次。可以看出,但 $r = R_B$ 时,线性耦合退化为常数耦合。对于转移道耦合,情况复杂,精确处理仍是一个艰巨的任务。简单地,在对转移的情况下,耦合形状因子可以写为[54-56]

$$F_{\text{tran}}(r) \approx \frac{F_{\text{tr}}}{\sqrt{4\pi}} \frac{dV_N^0}{dr} \doteq \frac{F_{\text{tr}}}{\sqrt{4\pi}} \exp\left(-\frac{r - R_B}{a} \right) \tag{6.39}$$

式中,dV_N^0/dr 表示库仑势垒附近核势的变化;F_{tr} 为耦合强度,与转移概率相关,可以从实验的转移截面推出[57];$a = 1.2$ fm。

简化的耦合道模型自提出以来,由于其便捷性,得到了广泛的应用,依次出现了一个系列的计算程序:CCFUS[58],CCDEF[59],CCMOD[60] 和 CCMPH[61-62]。最早出现的是 CCFUS,包含两种算法:①对于一般情况,采用常数耦合并在 R_B 处作对角化;②对于强耦合情况,采

用指数形式的形状因子,并在 R_B 附近做二级展开。CCDEF 在 CCFUS 的基础上加上了弹核和靶核的静态形变(β_2,β_4),CCMOD 在 CCDEF 的基础上将矩阵元的对角化做了更精确的处理(与 r 相关),而 CCMPH 则在 CCMOD 的基础上加入了多声子耦合,如双声子耦合和相互之间的耦合。需要指出的是:①上述程序都是在常数耦合或线性耦合框架下,因此计算中可以包含多个反应道的耦合,这是优势之处;②隧穿部分仍然采用了抛物线近似(Hill-Wheeler 公式),因此在垒下,特别是深垒情况下,过高地估计了熔合截面(参见图 6.6)。

2. 完全耦合道方法

耦合方程式(6.27)可以通过数值计算进行精确求解,这样所有级次的耦合均包含在内,此即完全耦合道方法。K. Hagino 等人于 1999 年开发的 CCFULL 程序[63-64]正是这样一种完全耦合道的程序,采用了修正的努梅罗夫方法(Numerov's Method)进行迭代计算,直接积分求解耦合二阶微分方程。考虑了入射波边界条件之后,在实体空间对角化耦合矩阵元,逐个分波计算其穿透系数。程序中仅有两个近似:IWBC 近似和等离心近似(详见 2.4 节离心势)。完全耦合道方法可以参考一些评述文章[65-66],在此不再详述。

CCFULL 程序自出现后就受到普遍的欢迎,成为一个主流程序。由于采用精确的算法,耦合的核态数目有一定限制。对于非谐振子耦合,仅能考虑一个弹核态和两个靶核态;对于谐振子线性耦合,可以考虑两个弹核态和两个靶核态。耦合核态数目的限制是 CCFULL 程序的不便之处。因此,考虑多个核态的耦合时,人们仍会用简化的耦合道模型的 CCFUS 系列程序。

3. 耦合道计算

最后,关于耦合道计算需要说明以下几点。

①一般而言,低激发态的耦合是垒下熔合增强的主要因素。对于形变核,如稀土区核或者锕系核等,主要考虑转动激发,包括 2^+,4^+ 和 6^+ 态(8^+ 及其以上的高激发态作用很小);对于球形或近球形核,主要考虑 3^- 态的振动激发,可以是单声子振动或者双声子振动模式。需要指出的是:对于转动耦合,$+\beta$(长椭)和 $-\beta$(扁椭)形变的效应是不同的,$+\beta$ 比 $-\beta$ 对垒下熔合的增强要大;对于振动耦合,$+\beta$ 和 $-\beta$ 效应是一样的。

②除了弹核和靶核本身的耦合,计算中还需要包含弹靶之间的耦合,所需耦合道的空间是巨大的。例如,考虑弹核和靶核 2^+,3^- 态的双声子耦合,需要 15 个耦合道,如图 6.15 所示。

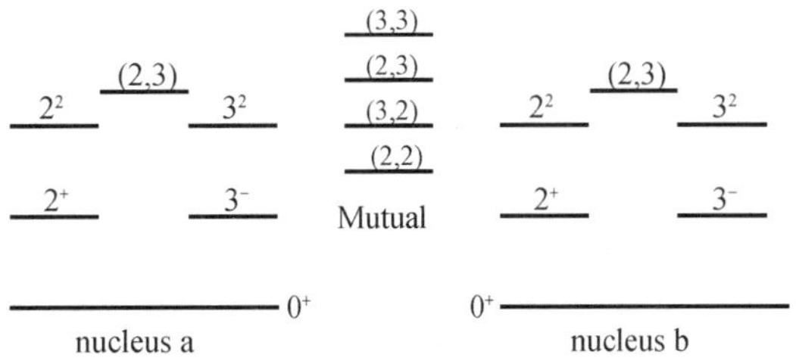

图 6.15 考虑弹核和靶核 2^+,3^- 态耦合时计算中所包含的态

③耦合道计算的结果是模型相关的。耦合道模型本身是一个微观的模型,但在耦合道计算中,需要用到一些宏观参数,如耦合半径、激发模式、形变参数等,有时需要调整以符合实验结果,存在一定的不确定性。宏观参数的选择,可以通过其他观测量(如势垒分布)或

者微观模型进行限制[67]。

作为一个例子,图 6.16 显示了 ^{16}O + ^{144,148,154}Sm 体系熔合激发函数的实验结果[68]与完全耦合道程序 CCFULL 计算结果的比较,图中实线是耦合道计算的结果,主要考虑了靶核 2^+,4^+ 态的转动耦合和 3^- 态的单声子振动耦合;虚线是无耦合的结果。^{144}Sm 是近球形核($\beta_2 = 0.09$;$\beta_3 = 0.20$),3^- 的态振动耦合起主要作用;^{148}Sm 小形变核($\beta_2 = 0.14$,$\beta_4 = 0.05$;$\beta_3 = 0.14$),2^+ 和 4^+ 态的转动耦合和 3^- 态的振动耦合作用基本相当;^{154}Sm 是大形变核($\beta_2 = 0.34$,$\beta_4 = 0.10$;$\beta_3 = 0.07$),2^+ 和 4^+ 态的转动耦合起主要作用,甚至 6^+ 态也有一定作用。可以看到,形变效应在近垒及垒下熔合中起到了重要的作用,耦合道模型可以很好地重现熔合截面的增强。

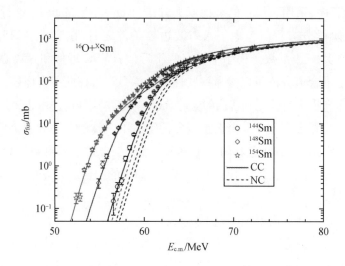

图 6.16　^{16}O + ^{144,148,154}Sm 体系熔合激发函数的
实验结果与 CCFULL 结果的比较

6.3.4　能量相依的光学势模型

在第 3 章讨论过光学势的阈异常现象,我们知道,阈异常是动力学效应在光学势上的总体反映,包括了耦合道效应。因此,利用这种能量相依的光学势,可以很好地重现近垒及垒下熔合激发函数及其自旋分布等[69-72]。

图 6.17 显示了 ^{19}F + ^{208}Pb 体系熔合激发函数和均方自旋分布[73]。图中包含了简化的耦合道 CCDEF 程序的计算结果和考虑了 ^{19}F 形变的能量相依光学势的计算结果,这两个均能很好地重现实验的激发函数和均方自旋分布。另外,考虑形变后,均方自旋分布在库仑势垒附近会出现一个"鼓包"。

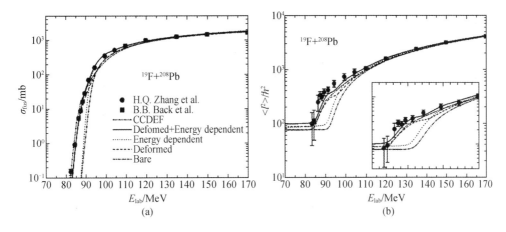

图 6.17 ^{19}F + ^{208}Pb 体系熔合激发函数和均方自旋分布

(a)熔合激发函数;(b)均方自旋分布

6.4 势垒分布

对近垒及垒下熔合截面增强和自旋分布展宽的探究使人们意识到,只有将一维势垒拓展为多维势垒才能解释这些异常现象,这就形成了一个势垒分布(barrier distribution)的概念。早期,在颈生成和中子流模型[43-45]中就提出一个很宽的势垒分布,成功解释了近垒及垒下熔合截面的增强。在之前的两道耦合模型中,我们看到:当两个道耦合时,原先的一个势垒就劈裂成两个势垒(参见图 6.14)。当多个道耦合时,就存在多个势垒,从而形成一个分布。势垒分布概念的产生是近库仑势垒重离子核反应研究中的一个重要进展。下面就势垒分布的概念、实验抽取和应用作一个介绍。

6.4.1 势垒分布的定义

尽管势垒分布的概念出现得很早,但往往采用矩形分布或高斯分布来描述。直到 1991 年,N. Rowly 等人[74]从理论上提出,可以通过精确测量熔合激发函数抽取位垒分布。此后,大量高精度的熔合数据被测量,势垒分布被抽取并被广泛应用于耦合道机制的研究中,极大地推进了核反应动力学的深入研究。

首先考虑经典情况,从垒上熔合公式(6.6)可以知道:

$$E\sigma = \begin{cases} \pi R^2(E-B), & E \geqslant B \\ 0, & E < B \end{cases} \quad (6.40)$$

将其对能量进行一次微分有

$$\frac{\mathrm{d}(E\sigma)}{\mathrm{d}E} = \begin{cases} \pi R^2, & E \geqslant B \\ 0, & E < B \end{cases} \quad (6.41)$$

此即穿透概率 T,在经典情况下是一个阶梯函数;对能量进行二次微分有

$$\frac{1}{\pi R^2}\frac{\mathrm{d}^2(E\sigma)}{\mathrm{d}E^2} = \delta(E-B) \tag{6.42}$$

此即势垒分布,在经典情况下是一个 δ 函数。

在量子情况下,可以利用 Wong 公式(6.15),有

$$E\sigma = \frac{\hbar\omega R^2}{2}\ln\left\{1+\exp\left[\frac{2\pi}{\hbar\omega}(E-B)\right]\right\} \equiv \frac{\hbar\omega R^2}{2}\ln(1+e^x) \tag{6.43}$$

相应的一次微商和二次微商分别为

$$\frac{1}{\pi R^2}\frac{\mathrm{d}(E\sigma)}{\mathrm{d}E} = \frac{1}{(1+e^x)} \tag{6.44}$$

$$\frac{1}{\pi R^2}\frac{\mathrm{d}^2(E\sigma)}{\mathrm{d}E^2} = \frac{2\pi}{\hbar\omega}\frac{e^x}{(1+e^x)^2} \equiv G(E-B) \tag{6.45}$$

在量子情况下,势垒分布是一个高斯分布,其物理宽度 $FWHM \approx 0.56\hbar\omega$。

总熔合截面可以表达为势垒分布下熔合截面的积分,即

$$\sigma(E) = \int \sigma(E,B)D(B)\mathrm{d}B \tag{6.46}$$

即

$$\frac{1}{\pi R^2}\frac{\mathrm{d}^2(E\sigma)}{\mathrm{d}E^2} = \int G(E-B)D(B)\mathrm{d}B \tag{6.47}$$

在经典情况下,可以写为

$$\frac{1}{\pi R^2}\frac{\mathrm{d}^2(E\sigma)}{\mathrm{d}E^2} = D(E) \tag{6.48}$$

这是一个简单并且常用的势垒分布的表达式。

图 6.18 显示了单道和两道耦合时经典的和量子的穿透概率 $T(E)$ 和势垒分布 $D(E)$ 的情况。从图 6.18 可以看到:在两道耦合时,原先的单势垒 B_0 劈裂为 B_1 和 B_2 两个势垒;在量子机制下,单个势垒呈高斯分布,多个势垒形成一个连续的分布。

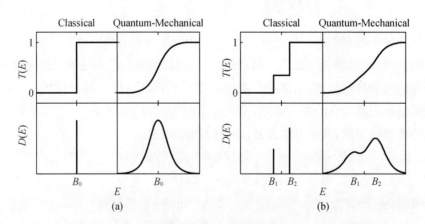

图 6.18 单道和两道耦合时经典的和量子的穿透概率和势垒分布
(a)单道耦合;(b)两道耦合

需要指出的是:势垒分布是势垒高度的概率密度,即势垒 B 出现的概率,而非势垒高度本身的分布。势垒分布是归一化的,即

$$\int D(B) \mathrm{d}B = 1 \tag{6.49}$$

6.4.2 势垒分布的实验抽取

实验上,可以通过熔合激发函数、自旋分布和背角准弹激发函数三种方式抽取势垒分布。下面作一个简单介绍。

1. 从熔合激发函数抽取势垒分布——$D^{\mathrm{fus}}(E)$

从式(6.48)可知,势垒分布可以直接从熔合激发函数对能量进行二次微分抽取,即

$$D^{\mathrm{fus}}(E) = \frac{\mathrm{d}T(E)}{\mathrm{d}E} = \frac{1}{\pi R_B^2} \frac{\mathrm{d}^2(E\sigma_{\mathrm{fus}})}{\mathrm{d}E^2} \tag{6.50}$$

此即熔合势垒分布。注意到,式(6.50)采用了一定的近似:不同的势垒对应不同的势垒半径,这里没有考虑熔合半径 R 的变化,简单取 $R = R_B$,这样得到的势垒分布有一定的失真。由于 R_B 一般较大(约为 10 fm),而变化通常较小(<1 fm),由此带来的失真较小。

在实际计算中,通常采用 3 点微分方法[36],即

$$\frac{\mathrm{d}^2(E\sigma_{\mathrm{fus}})}{\mathrm{d}E^2} = 2\left(\frac{(E\sigma_{\mathrm{fus}})_3 - (E\sigma_{\mathrm{fus}})_2}{E_3 - E_2} - \frac{(E\sigma_{\mathrm{fus}})_2 - (E\sigma_{\mathrm{fus}})_1}{E_2 - E_1}\right)\left(\frac{1}{E_3 - E_1}\right) \tag{6.51}$$

对应于 $D^{\mathrm{fus}}(E)$ 的能量 $E = (E_1 + 2E_2 + E_3)/4$。在等能量步长 $\Delta E = E_2 - E_1 = E_3 - E_2$ 的情况下,式(6.51)可以简化为

$$\frac{\mathrm{d}^2(E\sigma_{\mathrm{fus}})}{\mathrm{d}E^2} = \frac{(E\sigma_{\mathrm{fus}})_3 - 2(E\sigma_{\mathrm{fus}})_2 + (E\sigma_{\mathrm{fus}})_1}{\Delta E^2} \tag{6.52}$$

相应势垒分布的误差可近似为

$$\delta D^{\mathrm{fus}}(E) \approx \left(\frac{E}{\Delta E^2}\right)\left[(\delta\sigma_{\mathrm{fus}})_1^2 + 4(\delta\sigma_{\mathrm{fus}})_2^2 + (\delta\sigma_{\mathrm{fus}})_3^2\right]^{1/2} \tag{6.53}$$

这里 $(\delta\sigma_{\mathrm{fus}})_i$ 是各能量点熔合截面的测量误差。进一步,可以得到 $\delta D^{\mathrm{fus}}(E) \approx \sqrt{6}\left(\frac{E}{\Delta E^2}\right) \cdot (\delta\sigma_{\mathrm{fus}})$。由于垒上熔合截面测量的绝对误差 $(\delta\sigma_{\mathrm{fus}})$ 很大,并且 E 也较大,导致熔合势垒分布在垒上误差较大,而在垒下的误差较小。

在实际测量中,一般要求熔合截面的测量误差达到约 1% 的精度,能量步长约 1 MeV。在抽取熔合势垒分布时,由于势垒分布本身有 $0.56\hbar\omega$ 的物理展宽,因此微分步长 ΔE 可取 2~3 MeV($\hbar\omega$ 约为 4~6 MeV),这对势垒分布有一定的光滑作用。当然 ΔE 越大,光滑作用越大;通常在垒上情况采用较大的微分步长。

1991 年,魏建新等人[75]高精度测量了 $^{16}\mathrm{O} + ^{154}\mathrm{Sm}$ 体系熔合激发函数(图 6.19(a)),首次从实验上抽取了势垒分布,并与各种形状的势垒分布进行了比较(图 6.19(b)),揭示了势垒分布对核形变非常敏感。此后,众多体系高精度的熔合激发函数被测量,势垒分布被抽取,使得势垒分布的概念深入人心,极大地推进了近垒及垒下熔合反应机制的研究。

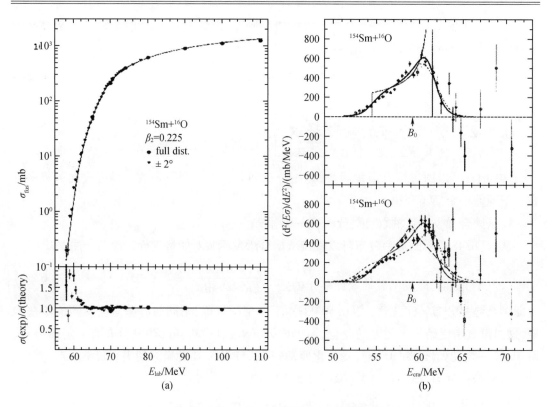

图6.19 $^{16}O + ^{154}Sm$ 体系的熔合激发函数和势垒分布

(a) $^{16}O + ^{154}Sm$ 体系的熔合激发函数;(b) $^{16}O + ^{154}Sm$ 体系的势垒分布

2. 从自旋分布抽取势垒分布——$D^{mom}(E)$

从式(6.1)可以知道,熔合的分波截面为

$$\sigma_l^{fus}(E) = (2l+1)\pi\lambda^2 T_l(E) \tag{6.54}$$

式中,$T_l(E)$ 为 l 分波的穿透系数。假设通过能量移动,l 波穿透系数可以与 s 波的穿透系数联系起来[76-78],即

$$T_l(E) \approx T_0(E - E_{rot}) \tag{6.55}$$

式中,E_{rot} 是复合核的转动能或反应体系的离心势能 $E_{cent} = l(l+1)\hbar^2/(2\mu R_B^2)$。这样,在某个能量 E 的自旋分布 σ_l 中提供了能量从 E 到 $E - E_{rot}(l_{max})$ 区间内各个分波的穿透系数。将这些穿透系数对能量微分得到势垒分布,即

$$D^{mom}(E) = \frac{dT_l}{dE} = \frac{1}{(2l+1)\pi\lambda^2}\frac{d\sigma_l^{fus}}{dE} = -\frac{4\mu^2 R_B^2 E}{\pi\hbar^4(2l+1)^2}\frac{d\sigma_l^{fus}}{dl} \tag{6.56}$$

从自旋分布抽取势垒分布,实际上是将不同分波的熔合截面等效到不同能量下的相应的熔合截面。显然,能量越高,卷入的分波越多,所能抽取势垒分布的能区范围越广。1997年,D. Ackermann 等人[79-80]首次利用上述公式从自旋分布抽取了势垒分布。图 6.20 显示了 $E_{lab} = 80$ MeV 时 $^{16}O + ^{152}Sm$ 体系的自旋分布[38](参见图 6.10)和所抽取的势垒分布。由于自旋分布的数据较少,且高精度数据测量困难,该方法的应用受到限制。

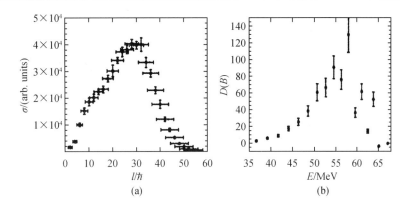

图 6.20 $^{16}O + ^{152}Sm$ 体系的自旋分布和势垒分布

(a) $^{16}O + ^{152}Sm$ 体系的自旋分布;(b) $^{16}O + ^{152}Sm$ 体系的势垒分布

3. 从背角准弹激发函数抽取势垒分布——$D^{qel}(E)$

对比式(6.1)和式(1.37)可以知道：

$$T_l = 1 - R_l \tag{6.57}$$

这里,$R_l = A_l^2$(散射振幅的平方)是反射系数,即被势垒反射回来的概率,包括了弹性散射、非弹性散射和转移反应等准弹性散射道。式(6.57)常通写为 $T = 1 - R$,或 $T + R = 1$,即概率流守恒。由于 l 分波的处理较为复杂,常用 s 波表达式,即 $T_0 = 1 - R_0$。这样,势垒分布可以表达为

$$D^{qel}(E) = \frac{dT_0}{dE} = -\frac{dR_0}{dE} = -\frac{d}{dE}\left(\frac{d\sigma_{qel}}{d\sigma_{Ru}}\right) \tag{6.58}$$

这样,可以用背角准弹激发函数对能量一次微分抽取势垒分布,这被称为准弹势垒分布。由于仅对能量进行一次微分,故准弹势垒分布比熔合势垒分布的精度大大提高。另外,在低能处,$d\sigma_{qel}/d\sigma_{Ru}$ 的比值几乎等于1,对能量微分的误差较大。因此,准弹势垒分布在垒下的误差较大,而在垒上的误差较小,与熔合势垒分布形成互补。

实验上难以测量到180°的散射,人们往往在背角,如170°或160°等角度测量。这样,有效能量需要减去一个离心势能：

$$E_{eff} = E_{c.m.} - E_{cent} = E_{c.m.} - E_{c.m.}\frac{\csc(\theta_{c.m.}/2) - 1}{\csc(\theta_{c.m.}/2) + 1} = \frac{2E_{c.m.}}{\csc(\theta_{c.m.}/2) + 1} \tag{6.59}$$

在背角,这个能量修正比较小。

1995年,H. Timmers 等人[81]首次从背角准弹激发函数中抽取了势垒分布,考察了不同测量角度对准弹势垒分布的影响,并将准弹势垒分布与熔合势垒分布作了对比。图 6.21 显示了 $^{16}O + ^{154}Sm$,^{186}W,^{92}Zr,^{144}Sm 和 $^{17}O + ^{144}Sm$ 体系准弹势垒分布与熔合势垒分布的比较。从图 6.21 中可以看出：①这两个势垒分布基本一致;②准弹势垒分布的误差比熔合势垒分布的误差小,尤其在垒上能区;③在垒上能区,准弹势垒分布有一些畸变,这主要是核扭曲效应所致[82]。

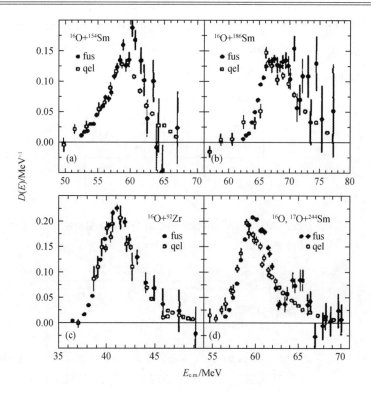

图 6.21 $^{16}O + {}^{154}Sm, {}^{186}W, {}^{92}Zr, {}^{144}Sm$ 和 $^{17}O + {}^{144}Sm$
体系准弹势垒分布与熔合势垒分布的比较

更进一步,N. Rowley 等人[83]提出,势垒分布可以从背角弹性散射的激发函数中抽取:

$$D^{qel}(E) = -\frac{d}{dE}\left(\frac{d\sigma_{el}}{d\sigma_{Ru}}\right)^{1/2} \quad (6.60)$$

这被称为弹性势垒分布。图 6.22 显示了$^{16}O + {}^{154}Sm, {}^{186}W, {}^{144}Sm, {}^{208}Pb$ 体系弹性势垒分布与熔合势垒分布的比较。从图 6.22 可以看到,这两个势垒分布大体上是一致的。由于弹性散射相对准弹散射测量上稍微困难些(需要较好地分辨识别弹性散射峰),并且所抽取的势垒分布存在较大的畸变,因此应用不多。

4. 几点说明

① 上面介绍了三种抽取势垒分布的途径,即从熔合激发函数、自旋分布和背角准弹(弹性)散射激发函数中抽取。以$^{16}O + {}^{152}Sm$体系为例,张焕乔等人[84]证实了这三种途径所抽取的势垒分布是等价的。

② 从精度上看,准弹(弹性)势垒分布误差最小。考虑到熔合产物分布在 0° 附近,与束流混杂在一起,高精度测量十分困难;而背角准弹散射的本底低,高精度实验简单,因此得到广泛的应用,需要注意的是,测量角度和垒上能区引起的歧变[82]。对于重体系而言,由于熔合以及裂变测量的困难,从背角准弹抽取势垒分布成为一条有效途径[85],这对于合成超重核至关重要。另外,在弱束缚核反应研究中,从背角准弹抽取势垒分布也起到了重要作用。值得注意的是,V. I. Zagrebaev 指出:从背角准弹抽取的势垒分布实际上是全反应阈的分布[86],即 $R = 1 - P^R$,这里 P^R 指除准弹以外所有反应的概率。当然,对于轻体系而言,P^R

即为穿透概率 T,即 $R=1-T$(见式(6.57));而对于重体系而言,由于深部非弹等反应道的影响,简单使用 $R=1-T$ 将造成一些偏差。一般而言,准弹势垒分布会比熔合势垒分布低几兆电子伏特,体系越重,这种偏差越大,值得进一步系统地研究。

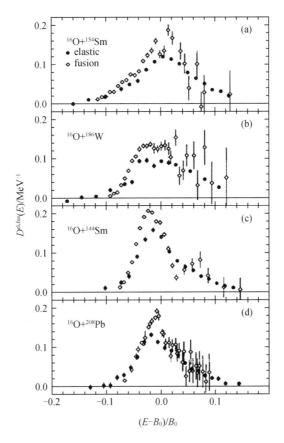

图 6.22 ^{16}O + ^{154}Sm,^{186}W,^{144}Sm,^{208}Pb 体系
弹性势垒分布与熔合势垒分布的比较

③从真实性上看,熔合势垒分布的歧变最小。虽然高精度熔合激发函数的测量较为困难,但仍是抽取势垒分布的主流手段。

6.4.3 势垒分布的物理意义

通过上面讨论我们知道,势垒分布是对熔合激发函数的二次微商或对准弹激发函数的一次微商,相当于将激发函数中的精细结构凸显出来。这样,通过势垒分布可以定量地研究核内部自由度在耦合道效应中所扮演的角色。

1. 势垒分布的表象

假设有 α 个反应道,每个反应道本征势垒为 B_α,在经典锐截止模型中,总的熔合截面可以表述为各道熔合截面的加权和[68],即

$$E\sigma_{\text{fus}} = \pi R^2 \sum_\alpha w_\alpha (E - B_\alpha) \tag{6.61}$$

这里，w_α 为势垒的权重因子，在量子描述中即为势垒分布。图 6.23 形象地表达了势垒分布的形成：在经典框架下，各反应道的本征势垒如图中竖线所示，其高度代表了权重，这是一系列的分立的势垒；在量子框架下，每个本征势垒是一个 $0.56\hbar\omega$ 宽度的高斯函数，这样形成了连续的势垒分布，如图中实线所示，虚线是光滑后的结果。由此可见，对势垒分布的分析，可以判断哪些耦合因素在熔合反应中起了主要作用。

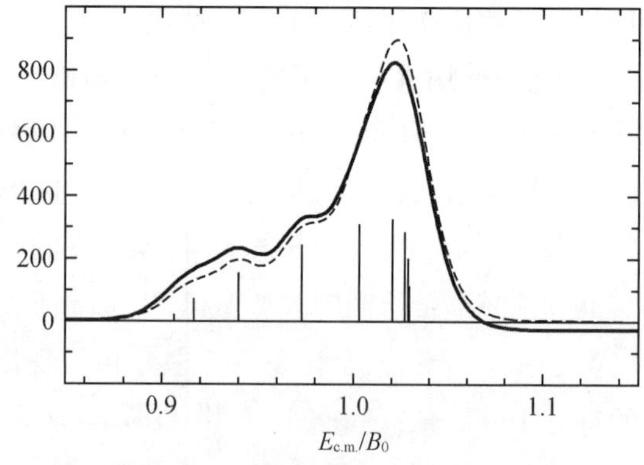

图 6.23 势垒分布的经典表达（分立势垒）和量子表达（连续势垒）

2. 形变核的势垒分布

最容易理解的是形变的耦合道效应。不同方向的碰撞相当于不同的本征道，对应着不同的势垒，总体上就形成了一个势垒分布。以 ^{16}O + ^{154}Sm 为例，将碰撞方向角从 $0°\sim90°$ 分成 6 个区间，利用静态形变模型（详见 6.3 节）计算每个区间的熔合激发函数和势垒分布以及所有区间的加权和（权重为 $\sin\theta \mathrm{d}\theta$），结果显示在图 6.24 中。实验数据取自文献[68]，虚线是各方向角的计算结果，对应于 1～6 个区间，实线是加权和的结果。计算中，^{154}Sm 的形变取 $\beta_2 = 0.322$，$\beta_4 = 0.05$；核势取 $V_0 = 165$ MeV，$r_0 = 0.95$ fm，$a = 1.05$ fm。从图 6.24 中可以看到：对于尖碰撞，势垒高度最低，对垒下熔合截面的贡献最大（图中最左侧虚线）；对于腰碰撞，势垒高度最高，垒下熔合截面极小（图中最右侧虚线）。

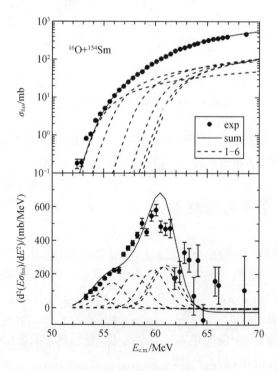

图 6.24 ^{16}O + ^{154}Sm 体系的熔合激发函数（上）和势垒分布（下）

3. 一些典型体系的势垒分布

为更好说明势垒分布对内部核子运动自由度的灵敏性，一些典型体系的势垒分布[87]画在图 6.25 中。其中，图 6.25(a) 中 ^{40}Ca 是球形双幻核，^{40}Ca + ^{40}Ca 体系的势垒分布显示出典型的单高斯形状；图 6.25(b) 中 ^{92}Zr 是近球形核，声子振动激发是主要模式，^{16}O + ^{92}Zr 体系的势垒分布是一系列声子振动耦合形成的一个连续的分布；图 6.25(c) 和图 6.25(d) 中 ^{154}Sm 和 ^{186}W 都是长椭的大形变核，β_2 值相近，转动激发是主要模式，但 ^{154}Sm 是 $+\beta_4$ 形变而 ^{186}W 是 $-\beta_4$ 形变，两个体系的势垒分布呈现出明显的倾向性的不同，这表明势垒分布对 β_4 的符号十分敏感；图 6.25(e) 中 ^{144}Sm 是近球形核，其 3^- 态的声子振动激发造成了在其本征峰之上（约 65 MeV 处）出现了一个峰，这两个峰能量间距较大，故势垒分布呈现出双高斯峰的结构；图 6.25(f) 中 ^{58}Ni + ^{60}Ni 体系的势垒分布呈现出典型的多声子（可达 4 个声子）振动耦合的特征，表现出多峰的振荡结构，并且分布较宽。以上主要介绍了核转动和振动激发的耦合道效应，关于转移反应耦合道效应将在后文中介绍。

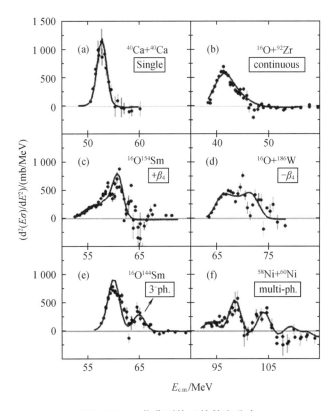

图 6.25 一些典型体系的势垒分布

在图 6.24 和图 6.25(c)(d) 的例子中，我们看到：势垒分布对核形变十分敏感，可以用来抽取形变参数，特别是 β_4 形变。需要说明的是，从势垒分布抽取的形变值往往与其他方法得到的形变值有一些差别，有一定的模型相关性。一般而言，β_2 形变较容易确定，而 β_4 形变要困难得多。高精度的熔合激发函数测量困难，一般仅能确定 β_4 形变的符号。值得指出的是，最近贾会明等人[88]提出可以从垒下的高精度背角准弹激发函数中抽取 β_4 形变值。

图 6.26 显示了 ^{16}O + ^{174}Yb 体系背角准弹激发函数及其势垒分布,拟合 $\dfrac{d\sigma_{qel}}{d\sigma_{Ru}} > 0.7$ 的激发函数及相应的势垒分布,可以抽取 β_4 形变的大小和符号。图 6.26 中显示了三条不同 β_4 值的曲线,以说明该方法的灵敏性。值得指出的是,由于采用垒下的准弹散射,所抽取的 β_4 值与模型的相关性小与近似模型无关的,这是该方法的优点之一。

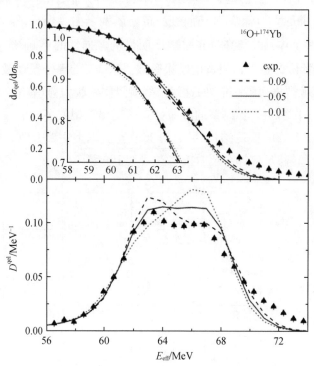

图 6.26 ^{16}O + ^{174}Yb 体系背角准弹激发函数(上)及其势垒分布(下)以及 3 个不同 β_4 值的耦合道计算结果

从上述讨论可以知道:势垒分布是探测核形状、核内部运动自由度等耦合性质的一个灵敏的探针,这为我们提供了一个很好的检验耦合道计算的工具,特别是在耦合道的选取和耦合参数的约束等方面,大大减小了耦合道计算的模型相关性。

4. 突然极限和绝热极限

当核内部运动的能量 $\varepsilon \to 0$ 时,原子核处于冻结状态,相对运动的能量不能够改变这种冻结状态,这称为突然极限(sudden limit);反之,当核内部运动的能量 $\varepsilon \to \infty$ 时,核内部发生剧烈变化,相对运动的能量对内部运动的状态改变微乎其微,这称为绝热极限(adiabatic limit)。这两种极限都是退耦合(decoupling)的状态。

实际情况介于这两种理想情况之间,需要选择一些合适的能量标尺作判断。例如:考虑核激发对熔合反应的影响,可以选择激发能 E_x 和势垒曲率 $\hbar\omega$ 作标尺。一般而言,当 $E_x < \hbar\omega$ 时($\Delta E = 1$ MeV 激发的时标约为 3.29×10^{-22} s),耦合道效应显著,核内部本征自由度的运动通过势垒分布呈现出来,这是我们通常遇见的情况;而当 $E_x > \hbar\omega$ 时,熔合过程接近于绝热过程,此时核激发对熔合的耦合道效应十分微弱。

在图 6.24～图 6.26 一些 ^{16}O 引起的熔合反应中,仅考虑了靶核激发态的耦合,而未考虑 ^{16}O 的激发。我们知道, ^{16}O 是球形双幻核,其第一个 3^- 态的激发能为 6.13 MeV,激发时标为 5.37×10^{-23} s,这远大于相对运动的时标(参见 5.1 节),处于绝热状态[89]。图 6.27 显示了 ^{16}O + ^{144}Sm 体系的熔合激发函数及其势垒分布,其中,点线是仅考虑靶核 ^{144}Sm 3^- 态(E_x = 1.81 MeV, β_3 = 0.205)振动耦合的结果,实线是加上 ^{16}O 的 3^- 态(E_x = 6.15 MeV, β_3 = 0.733)振动耦合的结果。从图 6.27 可以看到:熔合截面明显高于实验值,并且势垒分布向低能端移动了约 2 MeV,如实线所示;如果向高能端移动 2 MeV,则熔合激发函数和势垒分布与实验结果以及不考虑 ^{16}O 激发态的结果一致。这表明,对于像 ^{16}O 的 3^- 态这样的高激发态,可以不考虑其耦合道效应;如果考虑,则需要对相互作用势作一个重归一化(renormalization),即绝热势的重归一化。

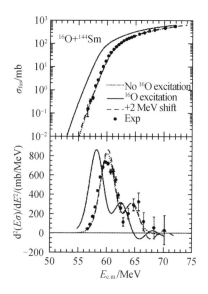

图 6.27 ^{16}O + ^{144}Sm 体系的熔合激发函数(上)及其势垒分布(下)

6.5 新近的热点问题

随着研究的深入,熔合反应中的一些问题逐渐浮出水面,有些是历史遗留的问题,而有些是新近发现的问题。本节将列举几个热点问题作简单介绍。

6.5.1 正 Q 值中子转移的耦合道效应

早期人们就认识到,转移反应道的耦合对垒下熔合会产生重要的影响。1980 年 M. Beckerman 等人[90-91]在 ^{58,64}Ni + ^{58,64}Ni 体系中观察到明显的同位素效应,即 ^{58}Ni + ^{64}Ni 体系的垒下熔合截面要比相邻 ^{58}Ni + ^{58}Ni 和 ^{64}Ni + ^{64}Ni 体系的高出许多,这不能用结构效应来解释,如图 6.28 所示。为了方便进行比较,三个体系的熔合截面除以各自的几何截面 πR_B^2 作了约化外,能量也除以各自的库仑势垒高度作了约化,这里 R_B 和 V_B 由无耦合时 Akyüz-Winther 势给出。

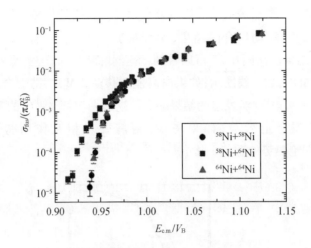

图 6.28 ^{58,64}Ni + ^{58,64}Ni 体系的熔合激发函数

三年后,R. A. Broglia 等人[92]提出正 Q 值中子转移耦合道效应解释该现象,即^{58}Ni + ^{64}Ni 体系存在 Q 值为 +3.9 MeV 的 2n 转移反应道,极大增强了垒下熔合截面。此后,在众多体系,如^{40,48}Ca + ^{40,48}Ca 体系[93-94],^{16}O + ^{60}Ni 与 ^{18}O + ^{58}Ni 体系[95]以及^{32,36}S,^{40,48}Ca + ^{90,96}Zr 体系[96-99]等的对比实验中,证实了正 Q 值中子转移的耦合道效应将极大增强垒下熔合的截面。长期以来,这种观念一直占据着主流地位。

人们对正 Q 值中子转移感兴趣的主要原因有两点:①中子不带电,可以自由穿透库仑势垒使得反应在较远距离可以发生,特别是两个中子成对后,不受泡利不相容原理的限制,可以在两个核之间自由流动,即中子流[43-45],这将增强熔合发生的概率;②正 Q 是一个放能的过程,这将增加体系的反应能量[92],无疑将极大增强垒下熔合的概率。此外,丰中子放射性次级束流的产生,可能成为合成丰中子超重核新途径的预期,进一步推进了这方面的研究。

但是,最近一系列的实验提出了问题。例如:存在正 Q 值多中子转移道的^{58}Ni + ^{124,132}Sn 体系的熔合截面与其他 Ni + Sn 体系的截面一样[100],没有增强。如图 6.29 所示,(a)图为熔合激发函数,(b)图为中子转移道的 Q 值分布。另外,在对^{16}O + ^{76}Ge 和 ^{18}O + ^{74}Ge 体系[101]对比性的研究中,没有发现由正 Q 值 2n 转移耦合引起的熔合增强。回顾历史,可以发现一些与上述主流观念相悖的实验,如:^{16,17,18}O + ^{112,116,117,118,119,120,122,124}Sn 体系[102]的熔合激发函数没有显示出同位素效应,^{40}Ca + ^{116,124}Sn 体系[103]的熔合激发函数几乎完全一致;理论方面,对正 Q 值中子转移的增强作用也有不同的看法[104-105]。然而,这些观点被主流所忽视,淹没在历史中。直至最近,正 Q 值中子转移的耦合道效应才受到人们的重视,成为一个热点话题。

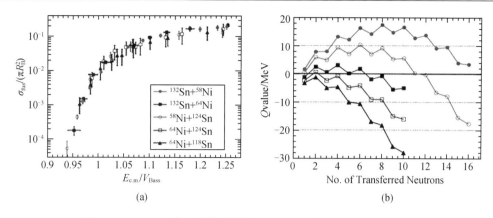

图 6.29　Ni + Sn 体系的熔合激发函数和中子转移道的 Q 值分布

理论上,对于正 Q 值中子转移的耦合道机制,目前还没有一致的解释。例如:V. I. Zagrebaev 的半经典中子级联转移模型[106]可以描述正 Q 值中子转移对熔合反应的增强;而 G. Pollarolo 和 A. Winther 认为,仅考虑靶核 3^- 态多声子的振动耦合就可以重现熔合增强[107],并不一定需要考虑转移的耦合;V. V. Sargsyan 等人认为,熔合是否增强取决于转移中间态的形变效应[108]。最近,R. Wolski 提出考虑熔合 Q 值的能量标度规律[109],对传统的耦合道模型形成了挑战。

对 $^{32}\text{S} + ^{90,94,96}\text{Zr}$ 体系[110]的研究发现:对于不含正 Q 值中子转移道的 $^{32}\text{S} + ^{90}\text{Zr}$ 体系,仅考虑弹核和靶核非弹激发的耦合道计算就可以重现实验激发函数;而对含有正 Q 值多中子转移道的 $^{32}\text{S} + ^{94,96}\text{Zr}$ 体系,仅考虑非弹激发不足以描述垒下熔合截面的增强,这意味着正 Q 值多中子转移耦合可能起到了重要作用。进一步,以包含非弹激发耦合的 CCFULL 结果为标准,去刻度实验的结果,即 $\sigma_{\exp}/\sigma_{\text{ccfull}}$,这样可以凸显转移耦合道的效应(可能包含其他的高阶效应),详见图 6.30。图 6.30 显示了 $^{32}\text{S} + ^{90,94,96}\text{Zr}$ 这三个体系的熔合激发函数(见图 6.30(a))、相对于耦合道计算的增强因子(见图 6.30(b)),以及中子转移道 Q 值的分布(见图 6.30(c))。可以看到: $^{32}\text{S} + ^{94}\text{Zr}$ 体系多中子转移道的 Q 值比 $^{32}\text{S} + ^{96}\text{Zr}$ 体系的略小,但是垒下熔合截面的

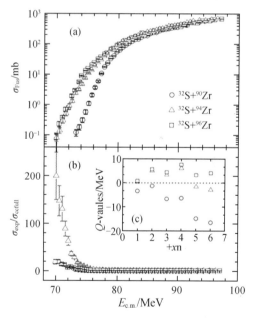

图 6.30　$^{32}\text{S} + ^{90,94,96}\text{Zr}$ 体系的熔合激发函数、相对于耦合道计算的增强因子以及中子转移道 Q 值的分布

相对增强极大,在 $E_{\text{c.m.}} = 70$ MeV 处可达 200 倍;而 $^{32}\text{S} + ^{96}\text{Zr}$ 体系的相对增强与 $^{32}\text{S} + ^{90}\text{Zr}$ 体系的几乎一样,垒下仅有少许的相对增强。类似现象在 $^{40}\text{Ca} + ^{90,94,96}\text{Zr}$ 体系中也存在。现有理论均不能解释这种异常的同位素效应,值得进一步的研究。

近垒熔合反应涉及多维势垒隧穿和多反应道的耦合等基本的量子机制。经过长期的实验和理论研究,目前耦合道理论能够很好地处理核形变、振动和转动激发等非弹性散射道的耦合,但对转移反应耦合的处理仍是十分粗糙,精确的转移耦合道理论需要进一步的发展。此外,人们在谈论转移耦合道效应对垒下熔合的增强时,往往忽视了转移反应道本身。例如,在简单的对转移耦合道计算中,有两个重要参数,最佳 Q 值和耦合强度(参见式(6.39)),都需要实验来确定。然而,人们仅仅测量了熔合反应道,相关转移反应道的测量十分稀少。转移反应本身的缺失,是造成目前理论解释混乱的原因之一。因此,全反应道(弹性 + 非弹 + 转移 + 熔合)的研究,特别是多核子转移反应的实验测量,是必要和迫切的。转移反应耦合道效应的研究,将是今后重要的任务之一。

6.5.2 光学势弥散参数的异常

到 20 世纪 90 年代末期,随着高精度熔合数据的增多,允许人们深入地研究熔合及其相关的反应机制。1999 年, C. R. Morton 等人[111]在对 ^{16}O + ^{208}Pb 体系高精度的熔合势垒分布进行详细研究后发现:无法用一套光学势同时描述熔合激发函数和势垒分布。图 6.31 显示了这种状况:实线是用弥散参数 a = 0.40 fm 进行耦合道计算的结果,能够很好地符合实验的势垒分布,但是在垒上和垒下能区均和实验的熔合激发函数存在较大的偏差;双点画线是用 a = 1.005 fm 进行单道计算的结果,能够很好地符合垒上的熔合激发函数;势垒分布中还显示了不考虑^{16}O 中 3^- 态的影响(点线)和不考虑^{208}Pb 双声子态的影响(虚线)。

值得注意的是:需要用较大的弥散参数才能拟合垒上的熔合激发函数,见图6.31 (a)中的插图,虽然是单道计算的结果,但是耦合道计算在垒上时也大抵如此。随后, J. O. Newton 等人[112,113]采用 Woods-Saxon 势,在对大量高精度熔合数据进行系统学调查后发现:在垒上

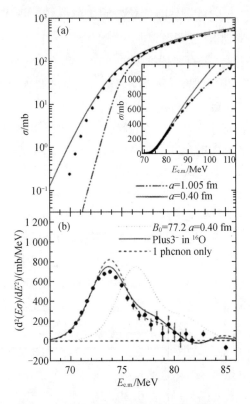

图 6.31 ^{16}O + ^{208}Pb 体系实验的熔合激发函数和势垒分布与不同参数的理论结果的比较
(a)熔合激发函数;(b)势垒分布

几个 MeV 能区,需要用较大的光学势表面弥散参数 a 值才能拟合实验数据,a 值在 0.75 ~ 1.5 fm 之间,这远比传统从弹性散射数据中抽取的约 0.65 fm 大,此即所谓的"弥散参数异常"问题。而且,a 值的大小明显与反应体系的 Z_1Z_2 相关。图 6.32 显示了从垒上熔合激发函数抽取的 a 值随 Z_1Z_2 的变化。其中,图 6.32(a)包含了所有的体系,图 6.32(b)仅针对弹核为^{16}O 的体系;实心星号、圆圈和方块分别表示闭壳核、振动核和转动核体系,空心圆表示实验数据进行了归一化;虚

线是线性拟合趋势,实线是 Akyüz-Winther 势的结果,空心小圆圈是双折叠势的结果。

光学势弥散参数异常的问题引起了广泛的关注,其物理原因尚不清楚。a 值与 Z_1Z_2 相关意味着耗散过程,比如深部非弹性散射可能存在影响。当然,a 值异常也可能与其他动力学过程,比如颈部生成等有关。此外,Woods-Saxon 形状的光学势本身也是值得怀疑的。为检验光学势的有效性,K. Hagino 等人[114]提出:可以用极高精度的深垒下背角准弹散射的激发函数抽取一个模型近似无关的弥散参数值,为避免核扭曲效应[82],一般要求测量的 $\mathrm{d}\sigma_{\mathrm{qel}}/\mathrm{d}\sigma_{\mathrm{Ru}} > 0.94$,实验精度要达到 0.5% 以上。图 6.33 显示了 $^{16}\mathrm{O} + {}^{154}\mathrm{Sm}, {}^{184}\mathrm{W}, {}^{196}\mathrm{Pt}, {}^{208}\mathrm{Pb}$ 体系[115] 深垒下背角准弹激发函数以及用单道(SC)和耦合道(CC)模型拟合实验数据抽取的弥散参数值。可以看到:用单道计算时,抽取的 a 值较大;而用耦合道计算时,$a \approx 0.65$ fm,与弹性散射给出的值很好地一致。此外,多家实验[116-119]也给出了类似的结论,即弥散参数是正常的。因此,在垒上熔合数据中发现的弥散参数异常现象,很可能来源于反应的动力学效应,需要进一步研究。

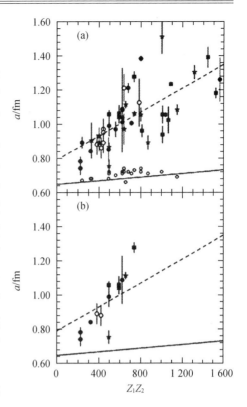

图 6.32 拟合垒上熔合激发函数抽取的 a 值随反应体系 Z_1Z_2 的变化

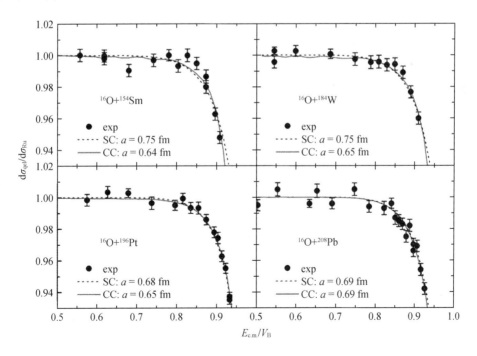

图 6.33 $^{16}\mathrm{O} + {}^{154}\mathrm{Sm}, {}^{184}\mathrm{W}, {}^{196}\mathrm{Pt}, {}^{208}\mathrm{Pb}$ 体系背角准弹激发函数以及用单道(SC)和耦合道(CC)模型抽取的弥散参数值

6.5.3 极深垒下熔合的抑制

对于垒下熔合截面的测量,一般人们仅测量到 0.1 mb 左右。2002 年,姜承烈等人[120]将能量推到极端深垒下的区域,截面低至微巴恩量级以下,甚至纳巴恩量级,发现截面下降比预想的要快得多,这被称作"极深垒下熔合抑制"。图 6.34 左侧显示了 ^{58}Ni + ^{58}Ni 和 ^{90}Zr + ^{92}Zr 体系的熔合激发函数(见图 6.34(a))以及与理论的比值(见图 6.34(b)),其中:实线是耦合道计算的结果,虚线是用 Wong 公式(式(6.15))拟合实验的结果;乘号和空心圆分别是与耦合道计算和 Wong 公式比较的结果。为清楚显示下降斜率的变化,图 6.34 右侧画出了上述两个体系和 ^{60}Ni + ^{89}Y 体系的指数斜率 $L = d(\ln(\sigma E))/dE$ 随能量的变化,实心圆和星号分别是两点和三点求导的结果,实线和虚线分别是 Wong 公式和耦合道计算的结果。注意,Wong 公式给出 $L = \frac{2\pi}{\hbar\omega}$。从图 6.34 中可以看到:当能量低于某个值(左图中箭头所示,右图中对应于 E_0),实验的熔合截面呈快速下降趋势,相应的指数斜率快速上升。

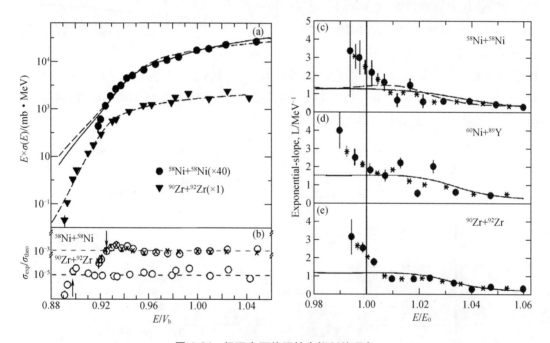

图 6.34 极深垒下能区熔合抑制的现象

极深垒下熔合抑制的现象引发了广泛的讨论[121-122],包括 Wong 公式中抛物线近似的有效性、光学势参数、内部势的形状以及极端深垒能区熔合的退耦合效应等。例如,K. Hagino 等人认为,可以用一个很大的弥散参数 a 值来描述,如图 6.35 所示,用 $a = 1.3$ fm 的耦合道计算能够较好地重现 ^{58}Ni + ^{58}Ni 体系的激发函数和指数斜率。注意到,垒上也存在着弥散参数异常的问题,或许两者之间存在着某种联系。

极深垒下的熔合牵涉到天体环境的核合成过程[123-125],因此备受关注,是近年来的热点问题。在这里,需要特别提及其背后的两点物理原因。

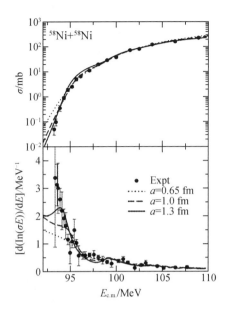

图 6.35 极深垒下能区熔合抑制的现象

1. 内部势的形状

C. H. Dasso 和 G. Pollarolo 认为,极深垒下熔合抑制与库仑势垒内部的形状相关[126]。我们知道:库仑势垒外部的形状可以由弹性散射的数据很好地确定,而且各种模型给出的形状基本一致;而库仑势垒内部的形状至今仍缺乏有效的信息,理论模型给出的形状差别较大(参见第 2 章关于相互作用势的讨论)。图 6.36 给出了三种不同内部形状的势和抛物线势所计算的 ^{60}Ni + ^{89}Y 体系的熔合激发函数。可以看到:在 1mb 以上,这四种势计算的熔合截面基本一致;但在极深垒下区域,差别巨大,内部势阱越浅,截面下降越快。

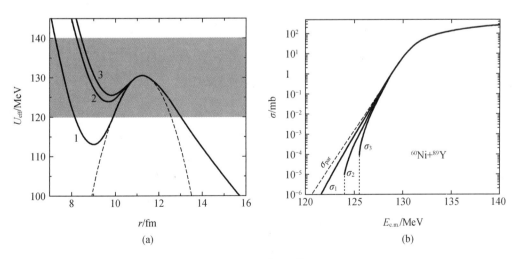

图 6.36 用不同形状的势计算的 ^{60}Ni + ^{89}Y 体系的熔合激发函数

(a) 不同形状的势;(b) ^{60}Ni + ^{89}Y 体系的熔合激发函数

值得指出的是:极深垒下的熔合,为我们提供了一个探测内部势形状的有效手段,这是目前所知的唯一手段。极深垒下熔合抑制表明内部的势阱较浅,这可能与核的不可压缩性有关。S. Misicu 和 H. Esbensen 采用 M3Y + 排斥的有效核子 – 核子相互作用势,利用双折叠模型得到了一个较浅的内部势阱,在整个能区很好地重现了熔合激发函数[127-129],包括极深垒下能区,如图 6.37 所示。令人感兴趣的是:这种 M3Y + 排斥的势也能较好地重现垒上熔合激发函数,这为光学势弥散参数的异常提供了另一种可能的解释,即核的不可压缩性所致。

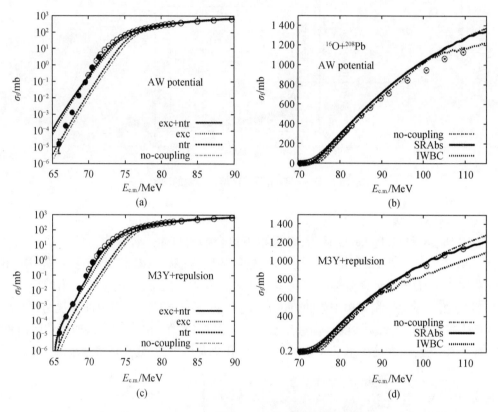

图 6.37 用 AW 势和 M3Y + 排斥的双折叠势计算的
$^{16}O + ^{208}Pb$ 体系的熔合激发函数

2. 量子的退耦合效应

在 3.6 节阈异常中,我们曾提及,可以从熔合激发函数中抽取包含动力学极化的光学势(参见图 3.15),而极化势是耦合道效应在相互作用势上的一个总体反映。在对众多近垒和垒下熔合激发函数进行系统分析后,可以发现:极化势在垒下呈现下降的趋势,这表明耦合道效应在垒下是逐渐减小的,相应的熔合概率呈快速下降趋势。图 6.38 显示了从 ^{58}Ni + ^{58}Ni 体系熔合数据中抽取的光学势(见图 6.38(a))和用这种能量相依的光学势计算熔合激发函数及其指数斜率(见图 6.38(b))。这是首次用退耦合的观念来解释极深垒下熔合抑制的现象[130]。

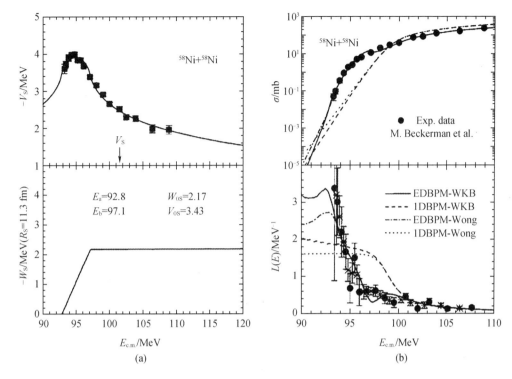

图 6.38 ^{58}Ni + ^{58}Ni 体系的动力学极化势和用能量相依势重现的熔合激发函数

2007 年,M. Dasgupta 等人[131]测量了极深垒下^{16}O + ^{204,208}Pb 体系的熔合激发函数,发现其指数斜率在低能区域趋向饱和,指出需要用退相干效应来解释这种现象。结合垒上能区的弥散参数异常的情况,他们认为需要一种相干耦合道之外的理论来描述近垒和垒下的熔合反应。在此基础上,随后 T. Ichikawa 等人[132]在耦合道计算中加入了阻尼效应,很好地重现了^{64}Ni + ^{64}Ni 和^{16}O + ^{208}Pb 的极深垒熔合激发函数及其指数斜率,如图 6.39 所示。阻尼效应是通过在耦合相互作用势上加入一个阻尼因子引入的,依赖于两核之间的距离。可以理解,这和上面谈及的核不可压缩性有异曲同工之妙。当两核距离较远时,处于两体相对独立的阶段,此时突然近似是成立的;而当两核接触后,阻尼开始起作用,体系进入绝热演化的阶段。这里"接触",即半密度半径之和,意味着两核交叠的密度达到饱和密度,此时核不再可压缩。这些理论仅定性地给出了解释,如何微观描述两核接触后的动力学演化过程,仍是今后面临的一个巨大挑战。

6.5.4 小结

除了上述的转移反应耦合道效应(特别是正 Q 值转移耦合道效应)、垒上熔合光学势弥散参数异常和极深垒下熔合抑制的问题,在熔合反应中仍有诸多问题有待解决,详见新近的综述文章[133]。总言之,近垒和垒下熔合牵涉到复杂量子多粒子体系的隧穿、耦合、退耦合等基本问题,全面理解需要全反应道的调查,仍然任重而道远。

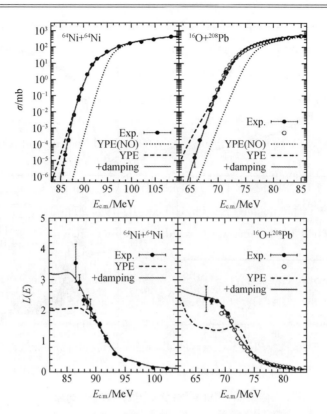

图 6.39 无阻尼(虚线)和有阻尼(实线)情况下耦合道方法计算的 $^{64}Ni+^{64}Ni$(左)和 $^{16}O+^{208}Pb$(右)体系的熔合激发函数(上)及其指数斜率(下)

参 考 文 献

[1] BOHR N. Neutron capture and nuclear constitution [J]. Nature, 1936, 137: 344.

[2] GUTBROD H H, WINN W G, BLANN M. Measurement and interpretation of heavy ion fusion excitation functions [J]. Nucl. Phys. A, 1973, 213: 267.

[3] LEFORT M. Nuclear fusion between heavy ions [J]. Rep. Prog. Phys., 1976, 39: 129.

[4] EISEN Y, TSERRUYA I, EYAL Y, et al. Total fusion cross sections for $^{18,17,16}O + ^{27}Al$ at energies near the Coulomb barrier [J]. Nucl. Phys. A, 1977, 291: 459.

[5] RASCHER R, MÜLLER W F J, LIEB K P. Complete fusion of $^{16,18}O$ with ^{27}Al and ^{nat}Si [J]. Phys. Rev. C, 1979, 20: 1028.

[6] KOVAR D G, GEESAMAN D F, BRAID T H, et al. Systematics of carbon-and oxygen-induced fusion on nuclei with $12 \leq A \leq 19$ [J]. Phys. Rev. C, 1979, 20: 1305.

[7] KOZUB R L, LU N H, MILLER J M, et al. Complete fusion of heavy ions with ^{27}Al [J]. Phys. Rev. C, 1975, 11: 1497.

[8] DAUK J, LIEB K P, KLEINFELD A M. Gamma radiation following heavy ion reactions

[J]. Nucl. Phys. A, 1975, 241: 170.

[9] BACK B B, BETTS R R, GAARDE C, et al. Fusion cross sections for the $^{16}O + ^{27}Al$ reaction [J]. Nucl. Phys. A, 1977, 285: 317.

[10] LEE S M, HIGASHI Y, NAGASHIMA Y, et al. Statistical Yrast line effect in $^{16}O + ^{27}Al$ and $^{19}F + ^{24}Mg$ fusion cross sections [J]. Phys. Lett. B, 1981, 98: 418.

[11] BETHE H A. A continuum theory of the compound nucleus [J]. Phys. Rev., 1940, 57: 1125.

[12] FESHBACH H, PEASLEE D C, WEISSKOPF V F. On the scattering and absorption of particles by atomic nuclei [J]. Phys. Lett. B, 1947, 71: 145.

[13] RAWITSCHER G. Ingoing-wave boundary-condition analysis of α-^{62}Ni elastic-scattering cross sections [J]. Phys. Rev. Lett., 1965, 14: 150.

[14] CHRISTENSEN P R, SWITKOWSKI Z E. IWB analysis of scattering and fusion cross sections for the $^{12}C + ^{12}C$, $^{13}C + ^{16}O$ and $^{16}O + ^{16}O$ reactions for energies near and below the Coulomb barrier [J]. Nucl. Phys. A, 1977, 280: 205.

[15] LANDOWNE S, PIEPER S C. Coupled-channels fusion calculations for $^{58}Ni + ^{58}Ni$ [J]. Phys. Rev. C, 1984, 29: 1352.

[16] WKB approximation [EB/OL]. https://en.wikipedia.org/wiki/WKB_approximation.

[17] BRINK D M, SMILANSKY U. Multiple reflections in the path-integral approach to barrier penetration [J]. Nucl. Phys. A, 1983, 405: 301.

[18] HILL D L, WHEELER J A. Nuclear constitution and the interpretation of fission phenomena [J]. Phys. Rev., 1953, 89: 1102.

[19] BOHR N, WHEELER J A. The mechanism of nuclear fission [J]. Phys. Rev., 1939, 56: 426.

[20] WONG C Y. Interaction barrier in charged-particle nuclear reactions [J]. Phys. Rev. Lett., 1973, 31: 766.

[21] STOKSTAD R G, RISEN Y, KAPLANIS S, et al. Effect of nuclear deformation on heavy-ion fusion [J]. Phys. Rev. Lett., 1978, 41: 465.

[22] STOKSTAD R G, RISEN Y, KAPLANIS S, et al. Fusion of $^{16}O + ^{148,150,152,154}Sm$ at sub-barrier energies [J]. Phys. Rev. C, 1980, 21: 2427.

[23] STOKSTAD R G, GROSS E E. Analysis of the sub-barrier fusion of $^{16}O + ^{148,150,152,154}Sm$ [J]. Phys. Rev. C, 1981, 23: 281.

[24] JAHNKE U, ROSSNER H H, HILSCHER D, et al. Global increase of near-and below-barrier fusion for heavier systems [J]. Phys. Rev. Lett., 1982, 48: 17.

[25] BECKERMAN M. Subbarrier fusion of atomic nuclei [J]. Phys. Rep., 1985, 129: 145.

[26] BECKERMAN M. Sub-barrier fusion of two nuclei [J]. Rep. Prog. Phys., 1988, 51: 1047.

[27] MORTON C R, HINDE D J, LEIGH J R, et al. Resolution of the anomalous fission

fragment anisotropies for the $^{16}O + ^{208}Pb$ reaction [J]. Phys. Rev. C, 1995, 52: 243.

[28] VANDENBOSCH R, BACK B B, CAIL S, et al. Penetration of the centrifugal barrier in the fusion of ^{16}O with heavy targets [J]. Phys. Rev. C, 1983, 28: 1161.

[29] HAAS B, DUCHGÊNE, BECK F A, et al. Strong angular momentum effects in near-barrier fusion reactions [J]. Phys. Rev. Lett., 1985, 54: 398.

[30] GIL S, VANDENBOSCH R, LAZZARINI A J, et al. Spin distribution of the compound nucleus in heavy ion reactions at near-barrier energies [J]. Phys. Rev. C, 1985, 31, 1752.

[31] MURAKAMI T, SAHM C C, VANDENBOSCH R, et al. Fission probes of sub-barrier fusion cross section enhancements and spin distribution broadening [J]. Phys. Rev. C, 1986, 34: 1353.

[32] VANDENBOSCH R, MURAKAMI T, SAHM C C, et al. Anomalously broad spin distributions in sub-barrier fusion reactions [J]. Phys. Rev. Lett., 1986, 56: 1234.

[33] GIL S, VANDENBOSCH R, CHARLOP A, et al. Spin distribution of the compound nucleus formed by $^{16}O + ^{154}Sm$ [J]. Phys. Rev. C, 1991, 43: 701.

[34] VANDENBOSCH R. Angular momentum distributions in subbarrier fusion reaction [J]. Annu. Rev. Nucl. Part. Sci., 1992, 42: 447.

[35] DASSO C H, ESBENSEN H, LANDOWNE S. Comment on 'anomalously broad spin distributions in sub-barrier fusion reactions' [J]. Phys. Rev. Lett., 1986, 57: 1498.

[36] STOKSTAD R G, DIGREGORIO D E, LESKO K T, et al. Observation of a constant average angular momentum for fusion at sub-barrier energies [J]. Phys. Rev. Lett., 1989, 62: 399.

[37] GIL S, ABRIOLA D, DIGREGORIO D E, et al. Observation of mean-spin barrier bump in sub-barrier fusion of ^{28}Si with ^{154}Sm [J]. Phys. Rev. Lett., 1990, 65: 3100.

[38] WUOSMAA A H, BETTS R R, BACK B B, et al. Gamma-ray multiplicity distributions in $^{16}O + ^{152}Sm$ fusion near and below the Coulomb barrier [J]. Phys. Lett. B, 1991, 263: 23.

[39] ESBENSEN H. Fusion and zero-point motions [J]. Nucl. Phys. A, 1981, 352: 147.

[40] DASSO C H, LANDOWNE S, WINTHER A. Channel-coupling effects in heavy-ion fusion reactions [J]. Nucl. Phys. A, 1983, 405: 381.

[41] DASSO C H, LANDOWNE S, WINTHER A. A study of Q-value effects on barrier penetration [J]. Nucl. Phys. A, 1983, 407: 221.

[42] BROGLIA R A, DASSO C H, LANDOWNE, S et al. Estimate of enhancements in sub-barrier heavy-ion fusion cross sections due to coupling to inelastic and transfer reaction channels [J]. Phys. Lett. B, 1983, 133: 34.

[43] KRAPPE H J, MÖHRING K, NEMES M C, et al. On the interpretation of heavy-ion sub-barrier fusion data [J]. Z. Phys. A, 1983, 314: 23.

[44] STELSON P H. Neutron flow between nuclei as the principal enhancement mechanism in heavy-ion subbarrier fusion [J]. Phys. Lett. B, 1988, 205: 190.

[45] ROWLEY N, THOMPSON I J, NAGARAJAN M A. Neutron flow and necking in heavy-ion fusion reactions [J]. Phys. Lett. B, 1992, 282: 276.

[46] BROGLIA R A, DASSO C H, POLLAROLO G, et al. Role of particle transfer and excitation of collective surface vibrations in the damping processes leading to deep inelastic reactions [J]. Phys. Rev. Lett., 1978, 41: 25.

[47] ESBENSEN H, WINTHER A, BROGLIA R A, et al. Fluctuations due to zero-point motion of surface vibrations in deep-inelastic reactions [J]. Phys. Rev. Lett., 1978, 41: 296.

[48] HENDRIE D L, GLENDENNING N K, HARVEY B G, et al. Determination of Y_{40} and Y_{60} components in the shapes of rare earth nuclei [J]. Phys. Lett. B, 1968, 24: 127.

[49] RASMUSSEN J O, SUGAWARA-TANABE K. Theoretical studies of nuclear collision processes of deformed nuclei [J]. Nucl. Phys. A, 1971, 171: 497.

[50] ZAGREBAEV V I, SAMARIN V V. Near-barrier fusion of heavy nuclei: coupling of channels [J]. Phys. Atom. Nucl., 2004, 67: 1462.

[51] TANIMURA O, MAKOWKA J, MOSEL U. Adiabatic approach to subbarrier fusion cross section [J]. Phys. Lett. B, 1985, 163: 317.

[52] DASSO C H, LANDOWNE S. Finite range effects in multi-dimensional barrier penetration problems [J]. Phys. Lett. B, 1987, 183: 141.

[53] HAGINO K, TAKIGAWA N, DASGUPTA M, et al. Validity of the linear coupling approximation in heavy-ion fusion reactions at sub-barrier energies [J]. Phys. Rev. C, 1997, 55: 276.

[54] DASSO C H, POLLAROLO G. Macroscopic formfactors for pair transfer in heavy ion reactions [J]. Phys. Lett. B, 1985, 155: 223.

[55] DASSO C H, VITTURI A. Macroscopic description of pair transfer in heavy-ion collisions with deformed nuclei [J]. Phys. Lett. B, 1986, 179: 337.

[56] POLLAROLO G, BROGLIA R A, WINTHER A. Calculation of the imaginary part of the heavy ion potential [J]. Nucl. Phys. A, 1983, 406: 369.

[57] Mahon J C, LEE Jr L L, LIANG J F, et al. Fusion and transfer in $^{37}Cl + ^{98,100}Mo$, ^{93}Nb at near barrier energies [J]. J. Phys. G, 1997, 23: 1215.

[58] DASSO C H, LANDOWNE S. CCFUS—a simplified coupled-channel code for calculation of fusion cross sections in heavy-ion reactions [J]. Comput. Phys. Commun., 1987, 46: 187.

[59] FERNÁNDEZ-NIELLO J, DASSO CH, LANDOWNE S. CCDEF—a simplified coupled-channel code for fusion cross sections including static nuclear deformations [J]. Comput. Phys. Commun., 1989, 54: 409.

[60] DASGUPTA M, NAVIN A, AGARWAL Y K, et al. Fusion of $^{28}Si + ^{68}Zn$, $^{32}S + ^{64}Ni$,

^{37}Cl + ^{59}Co and ^{45}Sc + ^{51}V in the vicintiy of the Coulomb barrier [J]. Nucl. Phys. A, 1992, 539: 351.

[61] DASGUPTA M. Australian national university department of nuclear physics report [R]. 1997, ANU – P1333.

[62] NEWTON J O, MORTON C R, DASGUPTA M, et al. Experimental barrier distributions for the fusion of ^{12}C, ^{16}O, ^{28}Si, and ^{35}Cl with ^{92}Zr and coupled-channels analyses [J]. Phys. Rev. C, 2001, 64: 064608.

[63] HAGINO K, ROWLEY N, KRUPPA A T. A program for coupled-channel calculations with all order couplings for heavy-ion fusion reactions [J]. Comput. Phys. Commun., 1999, 123: 143.

[64] CCFULL—A FORTRAN77 program for coupled-channels calculations with all order couplings for heavy – ion fusion reactions[EB/OL]. http://www.nucl.phys.tohoku.ac.jp/~hagino/ccfull.html.

[65] BALANTEKIN A, TAKIGAWA N. Quantum tunneling in nuclear fusion [J]. Rev. Mod. Phys., 1998, 70: 77.

[66] HAGINO K, TAKIGAWA N. Subbarrier fusion reactions and many-particle quantum tunneling [J]. Prog. Theor. Phys., 2012, 128: 1061.

[67] SIMENEL C, DASGUPTA M, HINDE D J, et al. Microscopic approach to coupled-channels effects on fusion [J]. Phys. Rev. C, 2013, 88: 064604.

[68] LEIGH J R, DASGUPTA M, HINDE D J, et al. Barrier distributions from the fusion of oxygen ions with ^{144,148,154}Sm and ^{186}W [J]. Phys. Rev. C, 1995, 52: 3151.

[69] UDAGAWA T, KIM B T, TAMURA T. Direct reaction description of sub-and above-barrier fusion of heavy ions [J]. Phys. Rev. C, 1985, 32: 124.

[70] SATCHLER G R. Absorption cross sections and the use of complex potentials in coupled-channels models [J]. Phys. Rev. C, 1985, 32: 2203.

[71] FRANZIN V L M, HUSSEIN M S. Dispersion relation approach to sub-barrier heavy-ion fusion reactions [J]. Phys. Rev. C, 1988, 38: 2167.

[72] SATCHLER G R, NAGARAJAN M A, LILLEY J S, et al. Heavy-ion fusion: channel-coupling effects, the barrier penetration model, and the threshold anomaly for heavy-ion potentials [J]. Ann. Phys., 1978, 178: 110.

[73] LIN C J, XU J C, ZHANG H Q, et al. Threshold anomaly in the ^{19}F + ^{208}Pb System [J]. Phys. Rev. C, 2001, 63: 064606.

[74] ROWLEY N, SATCHLER G R, STELSON P H. On the 'distribution of barriers' interpretation of heavy-ion fusion [J]. Phys. Lett. B, 1991, 254: 25.

[75] WEI J X, LEIGH J R, HINDE D J, et al. Experimental determination of the fusion-barrier distribution for the ^{154}Sm + ^{16}O reaction [J]. Phys. Rev. Lett., 1991, 67: 3368.

[76] BALANTEKIN A B, KOONIN S E, NEGELE J W. Inversion formula for the internucleus

potential using sub-barrier fusion cross sections [J]. Phys. Rev. C, 1983, 28: 1565.

[77] BALANTEKIN A B, DEWEERD A J, KUYUCAK S. Relations between fusion cross sections and average angular momenta [J]. Phys. Rev. C, 1996, 54: 1853.

[78] ROWLEY N, LEIGH J R, WEI J X, et al. Obtaining average angular momenta from fusion excitation functions near the Coulomb barrier [J]. Phys. Lett. B, 1993, 314: 179.

[79] ACKERMANN D. Heavy ion fusion below the Coulomb barrier: average angular momenta and features of the excitation function [J]. Acta Phys. Pol., 1997, 26: 517.

[80] ACKERMANN D, BACK B B, BETTS R R, et al. Spin distributions—another approach for experimentally probing the fusion barrier distribution [J]. J. Phys. G, 1997, 23: 1167.

[81] TIMMERS H, LEIGH J R, DASGUPTA M, et al. Probing fusion barrier distributions with quasi-elastic scattering [J]. Nucl. Phys. A, 1995, 584: 190.

[82] HAGINO K, ROWLEY N. Large-angle scattering and quasielastic barrier distributions [J]. Phys. Rev. C, 2004, 69: 054610.

[83] ROWLEY N, TIMMERS H, LEIGH J R, et al. Barrier distributions from elastic scattering [J]. Phys. Lett. B, 1996, 373: 23.

[84] ZHANG H Q, YANG F, LIN C J, et al. Barrier distributions for $^{16}O + ^{152}Sm$ quasielastic and elastic scattering [J]. Phys. Rev. C, 1998, 57: R1047.

[85] MITSUOKA S, IKEZOE H, NISHIO K, et al. Barrier distributions derived from quasielastic backscattering of ^{48}Ti, ^{54}Cr, ^{56}Fe, ^{64}Ni, and ^{70}Zn projectiles on a ^{208}Pb target [J]. Phys. Rev. Lett., 2007, 99: 182701.

[86] ZAGREBAEV V I. Understanding the barrier distribution function derived from backward-angle quasi-elastic scattering [J]. Phys. Rev. C, 2008, 78: 047602.

[87] DASGUPTA M, HINDE D J, ROWLEY N, et al. Measuring barriers to fusion and references therein [J]. Annu. Rev. Nucl. Part. Sci., 1998, 48: 401.

[88] JIA H M, LIN C J, YANG F, et al. Extracting the hexadecapole deformation from backward quasi-elastic scattering [J]. Phys. Rev. C, 2014, 90: 031601(R).

[89] HAGINO K, TAKIGAWA N, DASGUPTA M, et al. Adiabatic quantum tunneling in heavy-ion sub-barrier fusion [J]. Phys. Rev. Lett., 1997, 79: 2014.

[90] BECKERMAN M, SALOMAA M, SPERDUTO A, et al. Dynamic influence of valence neutrons upon the complete fusion of massive nuclei [J]. Phys. Rev. Lett., 1980, 45: 1972.

[91] BECKERMAN M, SALOMAA M, SPERDUTO A, et al. Sub-barrier fusion of $^{58,64}Ni$ with ^{64}Ni and ^{74}G [J]. Phys. Rev. C, 1982, 25: 837.

[92] BROGLIA R A, DASSO C H, LANDOWNE S, et al. Possible effect of transfer reactions on heavy ion fusion at sub-barrier energies [J]. Phys. Rev. C, 1983, 27: 2433(R).

[93] ALJUWAIR H A, LEDOUX R J, BECKERMAN M, et al. Isotopic effects in the fusion of ^{40}Ca with ^{40,44,48}Ca [J]. Phys. Rev. C, 1984, 30: 1223.

[94] TROTTA M, STEFANINI A M, CORRADI L, et al. Sub-barrier fusion of the magic nuclei ^{40,48}Ca + ^{48}Ca [J]. Phys. Rev. C, 2001, 65: 011601(R).

[95] BIRGES A M, DA SILVA C P, PEREIRA D, et al. Pair transfer and the sub-barrier fusion of ^{18}O + ^{58}Ni [J]. Phys. Rev. C, 1992, 46: 2360.

[96] TIMMERS H, CORRADI L, STEFANINI A M, et al. Strong isotopic dependence of the fusion of ^{40}Ca + ^{90,96}Zr [J]. Phys. Lett. B, 1997, 399: 35.

[97] STEFANINI A M, CORRADI L, VINODKUMAR A M, et al. Near-barrier fusion of ^{36}S + ^{90,96}Zr: the effect of the strong octupole vibration of ^{96}Zr [J]. Phys. Rev. C, 2000, 62: 014601.

[98] STEFANINI A M, SCARLASSARA F, BEGHINI S, et al. Fusion of ^{48}Ca + ^{90,96}Zr above and below the Coulomb barrier [J]. Phys. Rev. C, 2006, 73: 034606.

[99] ZHANG H Q, LIN C J, YANG F, et al. Near-barrier fusion of ^{32}S + ^{90,96}Zr: the effect of multi-neutron transfers in sub-barrier fusion reactions [J]. Phys. Rev. C, 2010, 82: 054609.

[100] KOHLEY Z, LIANG J F, SHAPIRA D, et al. Near-barrier fusion of Sn + Ni and Te + Ni systems: examining the correlation between nucleon transfer and fusion enhancement [J]. Phys. Rev. Lett., 2011, 107: 202701.

[101] JIA H M, LIN C J, YANG F, et al. Fusion of the ^{16}O + ^{76}Ge and ^{18}O + ^{74}Ge systems and the role of positive Q-value neutron transfers [J]. Phys. Rev. C, 2012, 86: 044621.

[102] JACOBS P, FRAENKEL Z, MAMANE G, et al. Sub-Coulomb barrier fusion of O + Sn [J]. Phys. Lett. B, 1986, 175: 271.

[103] SCARLASSARA F, BEGHINI S, MONTAGNOLI G, et al. Fusion of ^{40}Ca + ^{124}Sn around the Coulomb barrier [J]. Nucl. Phys. A, 2000, 672: 99.

[104] LEE S Y. Comment on the transfer channel correction to the heavy ion subbarrier fusion cross section [J]. Phys. Rev. C, 1984, 29: 1932.

[105] DASSO C H, VITFURI A. Does the presence of ^{11}Li breakup channels reduce the cross section for fusion processes? [J]. Phys. Rev. C, 1994, 50: R12.

[106] ZAGREBAEV V I. Sub-barrier fusion enhancement due to neutron transfer [J]. Phys. Rev. C, 2003, 67: 061601(R).

[107] POLLAROLO G, WINTHER A. Fusion excitation functions and barrier distributions: a semiclassical approach [J]. Phys. Rev. C, 2000, 62: 054611.

[108] SARGSYAN V V, ADAMIAN G G, ANTONENKO N V, et al. Role of neutron transfer in capture processes at sub-barrier energies [J]. Phys. Rev. C, 2012, 85: 024616.

[109] WOLSKI R. Compound nucleus aspect of sub-barrier fusion: a new energy scaling behavior [J]. Phys. Rev. C, 2013, 88: 041603(R).

[110] JIA H M, LIN C J, YANG F, et al. Fusion of ^{32}S + ^{94}Zr: further exploration of the effect of the positive Q_{xn} value neutron transfer channels [J]. Phys. Rev. C, 2014, 89: 064605.

[111] MORTON C R, BERRIMAN A C, DASGUPTA M, et al. Coupled-channels analysis of the ^{16}O + ^{208}Pb fusion barrier distribution [J]. Phys. Rev. C, 1999, 60: 044608.

[112] NEWTON J O, BUTT R D, DASGUPTA M, et al. Systematics of precise nuclear fusion cross sections: the need for a new dynamical treatment of fusion? [J]. Phys. Lett. B, 2004, 586: 219.

[113] NEWTON J O, BUTT R D, DASGUPTA M, et al. Systematic failure of the woods-saxon nuclear potential to describe both fusion and elastic scattering: possible need for a new dynamical approach to fusion [J]. Phys. Rev. C, 2004, 70: 024605.

[114] HAGINO K, TAKEHI T, BALANTEKIN A B, et al. Surface diffuseness anomaly in heavy-ion potentials for large-angle quasielastic scattering [J]. Phys. Rev. C, 2005, 71: 044612.

[115] LIN C J, JIA H M, ZHANG H Q, et al. Systematic study of the surface properties of the nuclear potential with high precision large-angle quasi-elastic scatterings [J]. Phys. Rev. C, 2009, 79: 064603.

[116] WASHIYAMA K, HAGINO K, DASGUPTA M. Probing surface diffuseness of nucleus-nucleus potential with quasielastic scattering at deep sub-barrier energies [J]. Phys. Rev. C, 2006, 73: 034607.

[117] HINDE D J, AHLEFELDT R L, THOMAS R G, et al. Probing the tail of the nuclear potential between identical nuclei with quasi-elastic Mott scattering [J]. Phys. Rev. C, 2007, 76: 014617.

[118] GASQUES L R, EVERS M, HINDE D J, et al. Systematic study of the nuclear potential through high precision back-angle quasi-elastic scattering measurements [J]. Phys. Rev. C, 2007, 76: 024612.

[119] EVERS M, DASGUPTA M, HINDE D J, et al. Systematic study of the nuclear potential diffuseness through high precision back-angle quasi-elastic scattering [J]. Phys. Rev. C, 2008, 78: 034614.

[120] JIANG C L, ESBENSEN H, REHM K E, et al. Unexpected behavior of heavy-ion fusion cross sections at extreme sub-barrier energies [J]. Phys. Rev. Lett., 2002, 89: 052701.

[121] LIN C J. Comment on 'unexpected behavior of heavy-ion fusion cross sections at extreme sub-barrier energies' [J]. Phys. Rev. Lett., 2003, 91: 229201.

[122] HAGINO K, ROWLEY N, DASGUPTA M. Fusion cross sections at deep sub-barrier energies [J]. Phys. Rev. C, 2003, 67: 054603.

[123] JIANG C L, REHM K E, JANSSENS R V F, et al. Influence of nuclear structure on

sub-barrier hindrance in Ni + Ni fusion [J]. Phys. Rev. Lett., 2004, 93: 012701.

[124] JIANG C L, BACK B B, ESBENSEN H, et al. Origin and consequences of $^{12}C + ^{12}C$ fusion resonances at deep sub-barrier energies [J]. Phys. Rev. Lett., 2013, 110: 072701.

[125] JIANG C L, STEFANINI A M, ESBENSEN H, et al. Fusion hindrance for a positive-Q-value system $^{24}Mg + ^{30}Si$ [J]. Phys. Rev. Lett., 2014, 113: 022701.

[126] DASSO C H, POLLAROLO G. Investigating the nucleus-nucleus potential at very short distances [J]. Phys. Rev. C, 2003, 68: 054604.

[127] MIŞICU Ş, ESBENSEN H. Hindrance of heavy-ion fusion due to nuclear incompressibility [J]. Phys. Rev. Lett., 2006, 96: 112701.

[128] MIŞICU Ş, ESBENSEN H. Signature of shallow potentials in deep sub-barrier fusion reactions [J]. Phys. Rev. C, 2007, 75: 034606.

[129] ESBENSEN H, MIŞICU Ş. Hindrance of $^{16}O + ^{208}Pb$ fusion at extreme sub-barrier energies [J]. Phys. Rev. C, 2007, 76: 054609.

[130] LIN C J. Impacts of the cutoff of coupled-channels effects on heavy-ion fusion reactions at extreme sub-barrier energies [J]. Prog. Theor. Phys. Supp., 2004, 154: 184.

[131] DASGUPTA M, HINDE D J, DIAZ-TORRES A, et al. Beyond the coherent coupled channels description of nuclear fusion [J]. Phys. Rev. Lett., 2007, 99: 192701.

[132] TAKATOSHI ICHIKAWA, KOUICHI HAGINO, AKIRA IWAMOTO. Signature of smooth transition from sudden to adiabatic states in heavy-ion fusion reactions at deep sub-barrier energies [J]. Phys. Rev. Lett., 2009, 103: 202701.

[133] BACK B B, ESBENSEN H, JIANG C L, et al. Recent developments in heavy-ion fusion reactions [J]. Rev. Mod. Phys., 2014, 86: 317.

第 7 章 裂 变 反 应

重离子引起的裂变反应牵涉到核物质大规模的重排过程:两个核接触后形成一个复合系统,可以熔合成一体,也可以再次分开。本章虽名为裂变反应,实则为熔合-裂变过程,包括了熔合和不完全熔合、裂变和类裂变。重离子反应生成的复合核或复合系统处于高激发、高角动量的状态,其裂变特征与自发裂变或轻离子引起的裂变有很大不同。本章将介绍重体系的熔合-裂变过程,包括基本的物理图像、裂变机制、势能曲面与演化途径、超重核合成等内容。

7.1 熔合-裂变过程的基本图像

弹核和靶核接触(半密度半径处交叠)之前,两核保持相对独立的状态,可以认为是密度冻结的状态,突然近似适用,此阶段的相互作用势称为冻结势(frozen potential)或者突然势(sudden potential);弹靶接触之后,形成一个复合系统,在绝热状态下演化,此阶段的相互作用势称为绝热势(adiabatic potential),参见2.5节的讨论。绝热势是一个动态的势,其形状随体系的演化而不停地改变,反之也影响着演化进程,导致反应途径非常复杂,至今难以很好地描述。为简单起见,我们考虑几种静态的情况,从图像上介绍一些典型的耗散过程、演化途径的条件和重体系的熔合等,以此建立熔合-裂变过程的基本物理图像。

7.1.1 四种典型的耗散过程

图 7.1 显示了在重离子碰撞过程中四种典型的耗散过程[1],按照反应的深浅程度或者时序依次为:

1. 深部非弹性散射

冻结势无鞍点,弹核没有被俘获而散射出来,有较大的能量耗散,往往发生在入射道轨道角动量较大之时。

2. 快裂变(fast fission)

越过冻结势的鞍点被势阱俘获形成复合系统,但绝热势无鞍点,复合体系快速分离。往往发生在复合系统自旋较大之时,反应过程快,各种自由度来不及弛豫,碎片质量分布集中在弹核和靶核附近。

3. 准裂变(quasifission)

越过冻结势的鞍点形成复合系统,但未克服绝热势的鞍点。质量自由度、K 自由度(复合体系总自旋在对称轴上的投影)等未平衡,复合核尚未形成。碎片角分布前倾,质量分布不对称。

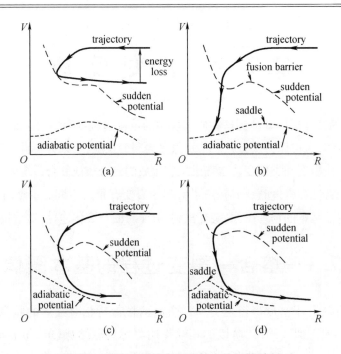

图 7.1 重离子碰撞中四种基本的耗散过程
(a)深部非弹性散射;(b)复合核形成;(c)快裂变;(d)准裂变

4. 复合核形成

越过冻结势的鞍点并克服绝热势鞍点被俘获,复合系统有较长的存活时间,如果所有自由度均达到平衡,忘记了自己形成的历史,则标志着复合核形成(此时冻结势鞍点可称为熔合鞍点)。复合核处于高激发态,可通过蒸发粒子(n,p,α,γ 等)而存活下来,也可能再次克服绝热势的鞍点(由于体系的演化,该绝热势鞍点与前一个绝热势鞍点非同一个,可称为裂变鞍点)而裂变,即为全熔合裂变(complete fusion-fission),在不引起歧义的情况下可称为熔合裂变,其碎片角分布呈各向同性。

※ 预平衡裂变(pre-equilibrium fission):K 自由度尚未平衡而发生的裂变。通常,K 自由度的弛豫是较慢的。广义上,快裂变、准裂变等非平衡裂变均可认为是预平衡裂变。值得注意的是:在复合核形成过程中,除了 K 自由度未平衡,其他自由度(如质量自由度等)都达到了平衡,此时发生的预平衡裂变,其碎片的质量分布与全熔合裂变一致,但角分布是前倾的。

7.1.2 典型演化途径的条件

图 7.2 给出了俘获后几个典型演化途径的近似条件以及相应冻结势和绝热势的形状[1],其中,$\alpha = (A_2 - A_1)/(A_1 + A_2)$ 是质量不对称性,$\eta = Z^2/A$ 是可裂变性(fissility)的一个总体量度,ξ 是有效可裂变性,l_{Bf} 是裂变势垒为 0 时的最大角动量,垂直的虚线表示两核接触点的位置。可以看出,复合核形成的必要条件是:运动学上需要克服冻结势的势垒,动力学上需要克服绝热势的势垒。

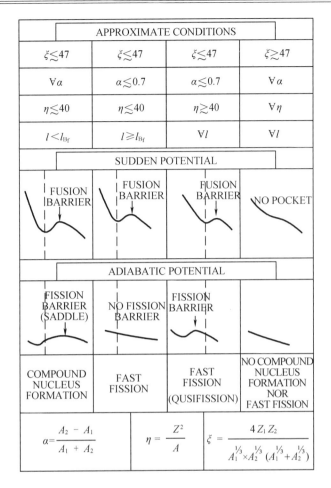

图 7.2　几种典型演化途径的条件

1. 可裂变参数(fissility parameter)

在描述原子核裂变时,N. Bohr 和 J. A. Wheeler 使用 Z^2/A 来衡量原子核的可裂变性(fissility)[2]。利用液滴模型(Liquid Drop Model,LDM),可以估计原子核的能量随形变参数的变化:库仑能随形变参数增大而下降,表面能随形变参数增大而增大,二者之和使得总形变能随形变参数增大先增大然后下降,最大处为裂变鞍点。在断点处形变能为 0,此时可估计 Z^2/A 的极限值,即

$$(Z^2/A)_{\text{limiting}} = \frac{2(4\pi r_0^2 \gamma)}{(3/5) e^2/r_0} \tag{7.1}$$

式中,r_0 为同体积球的约化半径,γ 是表面张力系数。粗略估计有 $(Z^2/A)_{\text{limiting}} \approx 47.8$,这是原子核能够裂变的阈值。

定义可裂变参数为

$$x \equiv \frac{Z^2/A}{(Z^2/A)_{\text{limiting}}} = \frac{(Ze)^2}{10(4/3)\pi R_0^3 \gamma} = \frac{(\text{Charge})^2}{10(\text{Volume})(\text{Surface tension})} \tag{7.2}$$

式中,$R_0 = r_0 A^{1/3}$。W. D. Myers 和 W. J. Swiatecki[3-4]定义可裂变系数为

$$x \equiv \frac{E_{\mathrm{C}}^{(0)}}{2E_{\mathrm{S}}^{(0)}} = \frac{(3/5)(Ze)^2/R_0}{2(4\pi R_0^2 \gamma)} = \frac{(Ze)^2}{10(4/3)\pi R_0^3 \gamma} \tag{7.3}$$

二者是等价的,这里 $E_{\mathrm{C}}^{(0)}$ 和 $E_{\mathrm{S}}^{(0)}$ 分别是球形核的库仑能和表面能。参数化后可以得到

$$x = \frac{Z^2/A}{50.883\{1 - 1.7826[(N-Z)/A]^2\}} \tag{7.4}$$

式中,分母即为 $(Z^2/A)_{\text{limiting}}$。式(7.4)是常用的估计原子核(或复合核)可裂变参数的公式。

由此可知,可裂变系数是原子核反抗形变而保持稳定能力的一种度量。大体而言,对于低激发能和低自旋的复合核,当 $x > 0.75$ 时容易裂变($B_{\mathrm{f}} < 5$ MeV),相应的 $Z > 90$。需要指出的是:对于重离子反应生成的复合核,一般具有较高激发能和较高自旋,此时即使 x 较小,也会有可观的裂变成分。

2. 有效可裂变参数(effective fissility parameter)

对于由两个核组成的复合系统,定义有效可裂变性[5]为

$$(Z^2/A)_{\text{eff}} \equiv \frac{4Z_1 Z_2}{A_1^{1/3} A_2^{1/3}(A_1^{1/3} + A_2^{1/3})} \tag{7.5}$$

类似地,有效可裂变参数为

$$x_{\text{eff}} \equiv \frac{(Z^2/A)_{\text{eff}}}{(Z^2/A)_{\text{crit}}} \tag{7.6}$$

式中,临界可裂变性 $(Z^2/A)_{\text{crit}}$ 可取 $(Z^2/A)_{\text{limiting}}$,这样

$$x_{\text{eff}} = \frac{4(3/5)Z_1 Z_2 e^2/(R_1 + R_2)}{2(4\pi R_1 R_2 \gamma)} \tag{7.7}$$

与式(7.3)对比,不难看出其物理意义。此外,有效可裂变参数有不同的定义[6-7],但基本类似。

3. 条件鞍点和无条件鞍点

在上述讨论中,相互作用势仅在一维 R 坐标(两核中心间距)上,实际情况应在多维参量的空间内讨论。通常而言,描述体系的演化最少需要三个参量[8]:①拉伸率(elongation),在一维时常用两核中心间距;②质量不对称性;③颈部自由度。例如,相互作用势可以在拉伸率和质量不对称性的二维空间内表达,这是我们常见的势能曲面(Potential-Energy Surface, PES),将在后文中谈及。在二维势能曲面上可以看到:复合系统在趋向复合核途径中可能存在多个鞍点,这些称为条件鞍点(conditional saddle-point);形成复合核必须要克服的最后一个鞍点称为无条件鞍点(unconditional saddle-point)。

7.1.3 重体系的熔合——额外推力和额外-额外推力

对于轻体系,两核接触时处于鞍点之内,此时相互作用势将驱动体系趋向熔合;对于重体系,两核接触时仍处于鞍点之外,此时驱动势将使体系重新分开,如图7.3所示。具体地

说,对重体系而言,即使入射能量在库仑势垒以上,两核接触时仍在鞍点之外,并且运动学能量迅速耗散而无法越过鞍点,这样需要额外推力(extra push)[8]使体系越过库仑势垒而俘获,否则将导致深部非弹性散射;俘获后,如果体系能量仍不足以克服无条件鞍点,则需要额外-额外推力(extra-extra push)使体系形成复合核,否则将导致快裂变、准裂变等非复合核裂变。

从上面的概念介绍可以知道:通过实验的俘获截面与理论的俘获截面对比,可以抽取额外推力的能量 E_x;同样,对比实验的复合核形成截面(包括熔合蒸发残余核截面和全熔合裂变截面)与理论的俘获截面,可以抽取额外-额外推力的能量 E_{xx}。例如:

$$E_{xx} = (E_{c.m.} - B_0)(1 - \sigma_{CN}/\sigma_{cap}) \tag{7.8}$$

式中 B_0 为 s 波势垒高度。

作为一个例子,图 7.4 显示了 B. B. Back 从多个反应体系抽取的额外-额外推力能量随复合系统可裂变参数的变化[9],其中 E_{ch} 是体系特征能量,x_m 为平均可裂变参数。可以看到,$(E_{xx}/E_{ch})^{1/2}$ 与 x_m 之间存在一个较好的线性关系,并且给出一个阈值 $x''_{th} = 0.63$,即可裂变参数大于此值时,需要额外-额外推力。此外,分析 ^{208}Pb 和 ^{238}U 反应体系的俘获截面,可以得到需要额外推力时所对应的可裂变参数阈值为 $x_{th} = 0.70$。更多系统性的研究可参考文献[10]和文献[11]。

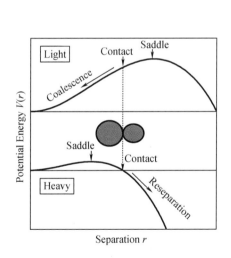

图 7.3 轻体系(上)和重体系(下)接触点和鞍点的位置示意图

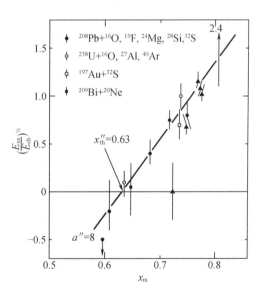

图 7.4 额外-额外推力能量随平均可裂变参数的变化

7.1.4 自旋分布

对于重离子引起的核反应,复合体系往往处于高角动量的状态,熔合-裂变的动力学对角动量十分敏感,不同的反应机制对应着不同的角动量区间。

图 7.5 显示了各反应的分波截面(下)以及裂变势垒 B_f 和中子结合能 B_n (上)随角动量的变化[12]。可以看到:①不同反应类型所占角动量的区间,随着角动量增大,依次有熔合蒸发、复合核裂变、非复合核裂变(类裂变)和周边反应;②复合核的裂变势垒随角动量的增大快速下降,而平均中子结合能(约 8 MeV)不随角动量变化,因此通过裂变而退激发的概率远大于通过蒸发中子而退激发的概率。熔合蒸发残余核的截面仅占低角动量的很小一部分,这也是超重核合成截面极低的原因之一。

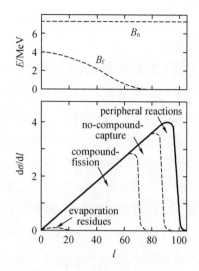

图 7.5　反应的自旋分布(下)以及 B_f 和 B_n 随自旋的变化(上)

7.1.5 重离子碰撞的三个里程碑

从本节的介绍可以知道,对于重体系核反应,形成复合核需要经历三个重要的节点,即 Ⅰ 两核接触点, Ⅱ 克服条件鞍点, Ⅲ 克服无条件鞍点,这被称作重离子碰撞中的三个里程碑[13]。

作为本节小结,图 7.6 显示了重离子核反应中的三个里程碑,可以看到相隔的四种耗散反应类型以及相应所需的额外推力和额外-额外推力。

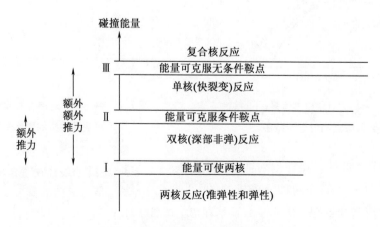

图 7.6　重离子碰撞的三个里程碑

7.2 裂变的实验观测

本节主要介绍与裂变测量相关的实验方法和概念以及典型的观察量等。

7.2.1 符合测量

相对于弹性散射而言,由于裂变截面较低,因此对一对互补裂变碎片进行符合测量十分必要。值得一提的是,在 20 世纪 60 年代,人们已经建立了对一对互补裂变碎片进行双能量或双速度(双 ToF)的符合测量方法,实现了高精度的质量、能量和角度分布的测量。

7.2.2 坐标转换

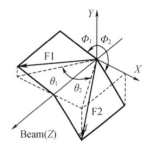

图 7.7 裂变碎片的坐标定义

探测器坐标常用直角坐标 X,Y,Z 定义,在进行数据分析时,需要转换到 r,θ,ϕ 的球坐标中。对于一对裂变碎片,坐标定义如图 7.7 所示:两个碎片 F1,F2 在反应平面内与束流(Z 轴)夹角为 θ_1,θ_2;相应的两个离面角,即在 XY 平面内与 Y 轴夹角分别为 ϕ_1,ϕ_2。

7.2.3 折叠角

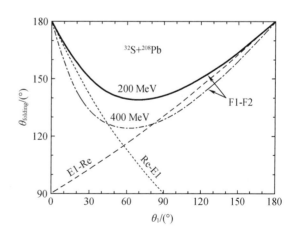

图 7.8 裂变碎片(实线、点画线)以及弹散与反冲(虚线、点线)的折叠角分布

在对互补碎片进行符合测量时,折叠角(folding angle)的概念非常重要。折叠角是对实验室系而言的,定义有两种:①两个碎片出射方向之间的夹角;②两个碎片出射方向在反应平面内投影之间的夹角,即 $\theta_1 + \theta_2$。注意:任何一对互补的出射产物都有折叠角的概念,包括散射和反冲。对于全熔合裂变而言,束流带来的线性动量和角动量全部转移到复合核中,这称为全动量转移(Full Momentum Transfer,FMT);而对于弹性散射而言,没有动量的转移。这造成两种反应机制的折叠角存在很大的不同。图 7.8 显示了在 E_lab = 200 MeV 和 400 MeV 时,^{32}S + ^{208}Pb 体系裂变碎片 F1-F2(实线和点画线)以及弹散 – 反冲 El-Re(虚线)和反冲 – 弹散 Re-El(点线)的

折叠角分布。

注意：

① 弹散与反冲的折叠角分布与能量无关，因为质心系和实验室系转换的 $\gamma_{El} = A_P/A_T$；而对于裂变碎片，折叠角与能量强烈相关。假设两个碎片质量相同时，$\gamma_{FF} = (E_{CN}/\langle TKE \rangle)^{1/2}$，这里复合核能量 $E_{CN} = A_P/(A_P + A_T) * E_{lab}$，$\langle TKE \rangle$ 为裂变碎片最可几平均总动能。对于两个碎片质量不同时，γ_{FF} 稍微复杂一些，读者可自行推导。

② 由于线性动量转移的不同，利用折叠角可以进行反应机制的判别，这将在 7.4 节中进一步阐述。

7.2.4 实验观察量

质量分布、能量分布和角分布是三个重要的直接实验观察量。下面，我们以两个早期的实验结果为例子，展示这三个分布的形状。

图 7.9 显示了在 E_{lab} = 40, 65, 80, 120 MeV 时 $\alpha + ^{209}Bi$ 体系裂变碎片的质量分布（上）和总动能分布（下）[14]。图 7.9 中，左侧是实验结果，总动能经过了中子蒸发的修正；右侧是 J. R. Nix 和 W. J. Swiatecki 液滴模型[15]的计算结果。可以看到：实验分布与理论预言的一致，呈高斯分布，宽度与核温度（图 7.9 中的 θ 单位为 MeV）有关，这是统计平衡的结果。

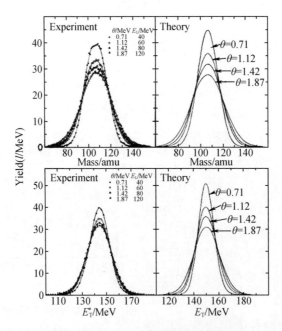

图 7.9 $\alpha + ^{209}Bi$ 体系裂变碎片的质量
分布（上）和总动能分布（下）

图 7.10 显示了 E_{lab} = 32.3, 41.7 MeV 时 $\alpha + ^{233}U$ 体系（下）和 E_{lab} = 37, 43 MeV 时

α + ^{238}U 体系(上)裂变碎片的角分布[16]。图 7.10 中仅显示了后角区一个碎片的角分布(质心系 90°对称),其中实线是采用勒让德多项式 $W(\theta) = 1 + \alpha_2 P_2(\cos\theta) + \alpha_4 P_4(\cos\theta) + \alpha_6 P_6(\cos\theta)$ 拟合的结果,没有明显的大于 P_6 的成分存在。我们知道,$P_l(\cos\theta)$ 是角动量的本征函数,由此推知由 α 粒子带入的角动量为 $12\hbar$。

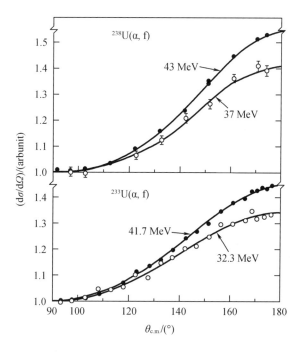

图 7.10 α + ^{233,238}U 的裂变角分布

7.3 全熔合裂变

全熔合裂变是复合核在统计平衡状态下的裂变,产物分布带有统计平衡的特征,这是理解快裂变、准裂变和预平衡裂变等机制的一个出发点。重离子引起的熔合反应,复合核一般处于高激发和高角动量的状态,裂变基本上是对称裂变。当复合核激发能较低,如 E_x < 50 MeV 时,壳效应开始显现,对于某些锕系核,有可能出现不对称裂变(双峰裂变),通常是对称裂变和不对称裂变的混合(三峰裂变)。对于自发裂变或者低激发能的裂变,现有书籍已经描述很充分,在此不再累述。本节主要介绍较高激发能状态下的全熔合裂变的主要实验观察量(能量、质量和角分布)及其相关描述。

7.3.1 能量分布——高斯分布

裂变的能量分布是指一对互补碎片的总动能(Total Kinetic Energy,TKE)分布,主要由两个碎片之间的库仑能转化而来($\propto Z^2/A^{1/3}$),此外与鞍点到断点的动力学过程以及断点的构形(如断点处核体系的拉长)等相关。对于统计平衡的裂变,TKE 是一个高斯分布(见图 7.9),中心值为最可几平均总动能⟨TKE⟩,宽度 σ_{TKE} 约为十几个兆电子伏特,与体系的核温度有关,也与碎片质量、断点形状等相关。

在拟合了大量实验观测值后,如图 7.11 所示,V. E. Viola 等人[17]给出了最可几的平均总动能,即

$$\langle TKE \rangle = \frac{(0.1189 \pm 0.0011)Z_{CN}^2}{A_{CN}^{1/3}} + 7.3 \pm 1.5 \quad (7.9)$$

式中,⟨TKE⟩的单位为 MeV,Z_{CN} 和 A_{CN} 为复合核的电荷和质量。此即著名的 Viola TKE 系统学,一直沿用至今。

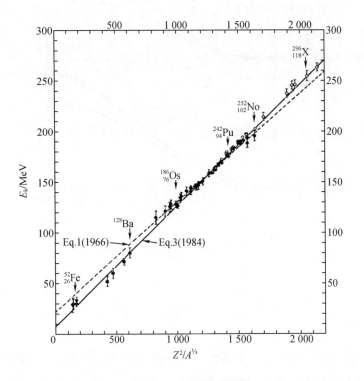

图 7.11　Viola TKE 系统学

在不变电荷分配(Unchanged Charge Distribution,UCD),即 $Z_1/A_1 = Z_2/A_2 = Z_{CN}/A_{CN}$ 的假设下,可以得到⟨TKE⟩随质量的分布(见图 7.12)为

$$\langle TKE \rangle = \frac{(0.7550 \pm 0.0070)Z_1 Z_2}{A_1^{1/3} + A_2^{1/3}} + 7.3 \pm 1.5 \quad (MeV) \quad (7.10)$$

即存在一个 $8 \cdot (1/2)^{1/3}$ 的因子。

上面谈到,TKE 主要由两碎片的库仑能贡献,也与鞍点到断点的动力学以及断点处的构形相关。在这里,需要提及的是赵耀林等人的工作[18-19]:根据 TKE 反推出断点处两个碎片的距离 $D(A_1, A_2) = Z_1 Z_2 e^2/TKE(A_1, A_2)$,从而得到断点处核体系的形状拉长 $\beta = D(A_1, A_2)/D_0(A_1, A_2)$,这里 D_0 是两个球形核之间的距离;观察到了三种拉长形状,即液滴

属性的质量对称形变 $\beta \approx 1.65$,质量不对称的形变 $\beta \approx 1.53$ 和壳效应影响的质量对称形变 $\beta \approx 1.43$;据此,给出对称和不对称裂变的 $\langle \mathrm{TKE} \rangle$ 经验公式,即

$$\langle \mathrm{TKE} \rangle_{\mathrm{sym}} = \frac{0.1173 Z_{\mathrm{CN}}^2}{A_{\mathrm{CN}}^{1/3}} + 7.5 \quad (\mathrm{MeV}) \tag{7.11}$$

和

$$\langle \mathrm{TKE} \rangle_{\mathrm{asym}} = \frac{0.1217 Z_{\mathrm{CN}}^2}{A_{\mathrm{CN}}^{1/3}} + 3.5 \quad (\mathrm{MeV}) \tag{7.12}$$

这是对 Viola TKE 系统学的一个改进。

7.3.2 质量分布 – 高斯分布

对于高激发能的裂变,碎片质量分布是一个高斯分布(见图 7.9),中心在 $A_{\mathrm{CN}}/2$,宽度 σ_{M} 与质量决定点处的核温度 T 相关:

$$\sigma_M = \sqrt{T/k} \tag{7.13}$$

式中,k 是裂变体系的刚性系数(stiffness parameter),与核物质的黏滞性(viscosity)有关,可以通过拟合实验质量分布给出。例如:M. G. Itkis 等人[20]拟合 ^{12}C, ^{16}O + ^{206}Pb 熔合裂变的质量分布,给出 $k = 0.0048$ MeV/u^2。核温度 T 与体系的激发能 E_x 和能级密度参数 a 有关[21]:

$$T = \sqrt{E_x/a} \tag{7.14}$$

式中,a 一般取 $A/8 \sim A/10$ MeV^{-1} 之间,A 为质量数。可以看出:$\sigma_{\mathrm{M}} \propto (E_x)^{1/4}$。

如果用鞍点处的温度来估计质量分布宽度,这被称为鞍点统计模型(saddle-point statistical model)。鞍点处的激发能[22]为

$$E_x^{\mathrm{sad}} = E_x^{\mathrm{CN}} - B_f - E_{\mathrm{pre}}^{\mathrm{sad}} - E_{\mathrm{rot}}^{\mathrm{sad}} \tag{7.15}$$

式中:复合核激发能 $E_x^{\mathrm{CN}} = E_{\mathrm{c.m.}} + Q_{\mathrm{fus}}$;$B_f$ 是裂变势垒高度,可以用转动液滴模型(rotating-liquid-drop model, RLDM)[23-24]计算或者采用 P. Möller 等人[25]的计算结果;$E_{\mathrm{pre}}^{\mathrm{sad}}$ 是鞍点前蒸发中子带走的能量,遗憾的是这方面的信息极少(常被忽略),可以简单认为是断前蒸发中子数的一半[26](蒸发中子数与演化时间有关);$E_{\mathrm{rot}}^{\mathrm{sad}}$ 是鞍点处体系的转动能,可以用 RLDM 计算:

$$E_{\mathrm{rot}} = \frac{l(l+1)\hbar}{2\mathscr{I}} \tag{7.16}$$

式中,$\mathscr{I}$ 是绕对称轴转动的转动惯量。估计鞍点核温度 T_{sad} 可以取 $a = A/8.5$ MeV^{-1},由此估算 σ_{M}。

通常认为,裂变质量分布是在断点决定的,这被称为断点统计模型(scission-point statistical model)。断点处的激发能[22]为

$$E_x^{\mathrm{sci}} = E_x^{\mathrm{CN}} + Q_{\mathrm{sym}} - \langle \mathrm{TKE} \rangle - E_{\mathrm{pre}}^{\mathrm{sci}} - E_{\mathrm{rot}}^{\mathrm{sci}} - E_{\mathrm{def}}^{\mathrm{sci}} \tag{7.17}$$

式中，Q_{sym} 是复合核对称裂变的 Q 值；E_{pre}^{sci} 断前中子蒸发带走的能量，可由断前中子多重性[27]估算，一般认为蒸发一个中子带走的平均能量为 8 MeV；E_{rot}^{sci} 是断点处的转动能，可以用 RLDM 计算(形式同式(7.16))或者采用 M. G. Itkis 等人的估计[28]；E_{def}^{sci} 为断点处的形变能，对于锕系核而言，约为 12 MeV[29]。估计断点核温度 T_{sci} 可以取 $a = A/10$ MeV^{-1}，由此估算 σ_M。

作为一个总结，图 7.12 显示了束流能量为 163 MeV 时 ^{34}S + ^{186}W 体系在实验室系 85.6°、60.6° 和 35.6° 的裂变质量分布、⟨TKE⟩分布以及方差 σ_{TKE}^2 分布[29]，图 7.12 中的实线分别表示：产额分布为高斯分布，宽度 σ_M = 17.14 u，并归一化为 200%；⟨TKE⟩分布为(TKE$_{Viola}$ − 8 × 2.4) MeV，即比 Viola TKE(公式(7.10))低了约 8 × 2.4 MeV，可能是蒸发中子的结果；σ_{TKE}^2 分布为假设⟨TKE⟩$^2/\sigma_{TKE}^2$ = const 得到的[30-31]，这里常数取 144。可以看到：各个分布与角度无关，这是统计平衡的结果；偏离高斯分布或宽度发生变化则意味着存在非平衡的裂变成分。注意到，在 $A_H \approx 140$ 附近，质量、⟨TKE⟩和 σ_{TKE}^2 均偏离了实线，这可能是准裂变出现的信号。

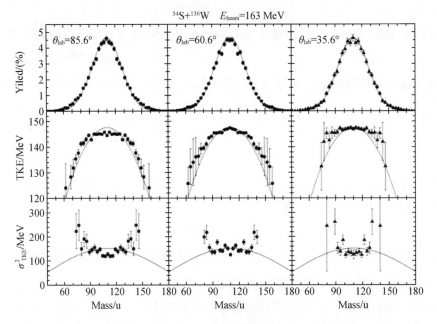

图 7.12 163 MeV 时 ^{34}S + ^{186}W 体系裂变的质量分布、⟨TKE⟩分布和 σ_{TKE}^2 分布

7.3.3 角分布——4π 各向同性分布

1955 年，A. Bohr 提出：复合核通过鞍点时的运动足够慢以至于可以合理地定义一个好的核态(即鞍点过渡态)，裂变碎片最终的方向由经过鞍点时裂变核的对称轴方向决定[32]，这为描述裂变角分布奠定了基础。后经 I. Halpern，V. M. Strutinski，J. J. Griffin 等人[33-34]的发展，成功解释了自发裂变、轻离子以及较轻重离子($A < 20$)引起的裂变碎片角分布[35-38]，

成为解释裂变角分布的一个标准模型,通常被称为鞍点过渡态(Saddle-Point Transition-State,SPTS)模型。该模型包括三个基本假设:①裂变碎片沿对称轴方向飞开;②K 量子数在鞍点后冻结,即从鞍点到断点 K 量子数守恒;K 量子数是总自旋 I 在对称轴上的投影,如图 7.13 所示;注意,在裂变过程中,原子核的形状是不断拉长的,K 是一个好量子数(K 守恒);③在高激发能下,K 分布是一个高斯分布,即

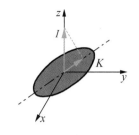

图 7.13 K 量子数的定义

$$\rho(K) = \frac{\exp(-K^2/2K_0^2)}{\sum_{K=-I}^{I} \exp(-K^2/2K_0^2)}, K \leq I \quad (7.18)$$

式中,K_0^2 是标准方差(即 σ_K^2),与鞍点的核温度 T_{sad} 和有效转动惯量 $\mathscr{I}_{eff}$ 有关,即

$$\begin{cases} K_0^2 = \dfrac{T_{sad}}{\hbar^2} I_{eff} \\ \mathscr{I}_{eff} = \dfrac{\mathscr{I}_\perp \mathscr{I}_{//}}{\mathscr{I}_\perp - \mathscr{I}_{//}} \end{cases} \quad (7.19)$$

式中,$\mathscr{I}_\perp$ 和 $\mathscr{I}_{//}$ 分别是垂直于和平行于对称轴的转动惯量,可以用 RLDM 计算。

在 A. Bohr 的假设下,裂变碎片角分布由三个量子数决定,即总自旋 I,I 在对称轴上的投影 K 和在束流方向(通常取为 z 轴)上的投影 M(磁量子数):

$$W_{MK}^I(\theta) = \frac{2I+1}{4\pi} |D_{MK}^I(\varphi,\theta,\varphi)|^2 \quad (7.20)$$

式中,D 为陀螺函数,(ϕ,θ,φ) 为欧拉角。D 函数可以分解为

$$D_{MK}^I(\Phi,\theta,\varphi) = e^{iM\varphi} d_{MK}^I(\theta) e^{iK\varphi} \quad (7.21)$$

注意,D 函数平方后与 ϕ,φ 无关。当弹核和靶核的自旋为 0 时,复合核总自旋 I 垂直于束流方向,即 $M=0$,式(7.21)可以简化为

$$W_{0K}^I(\theta) = \frac{2I+1}{4\pi} |d_{0K}^I(\theta)|^2 \quad (7.22)$$

式中 d 函数仅与 θ 相关。在三个基本假设下,上式可以写为[39]

$$W(\theta) \propto \sum_{I=0}^{\infty} (2I+1) T_I \sum_{K=-I}^{I} \left[\frac{1}{2}(2I+1) |d_{0K}^I(\theta)|^2 \rho(K) \right] \quad (7.23)$$

这里 T_I 为穿透系数。注意,$M=0$ 时,复合核自旋 I 即为入射的轨道角动量 l(全动量转移),故此处 T_I 即为 T_l。为方便计算,往往将量子的 D 函数做经典近似处理,可以得到[39]

$$W(\theta) \propto \sum_{I=0}^{\infty} \frac{(2I+1)^2 T_I \exp\left[-\dfrac{(I+\frac{1}{2})^2 \sin^2\theta}{4K_0^2}\right] J_0\left[i \dfrac{(I+\frac{1}{2})^2 \sin^2\theta}{4K_0^2}\right]}{\text{erf}\left[\dfrac{(I+\frac{1}{2})}{\sqrt{2K_0^2}}\right]} \quad (7.24)$$

式中,J_0 为虚宗量的零阶贝塞尔函数;erf 是误差函数,即 $\mathrm{erf}(x) = \dfrac{2}{\sqrt{\pi}}\displaystyle\int_0^x \exp(-t^2)\,\mathrm{d}t$。

几点说明:

(1) SPTS 模型描述自发裂变或复合核裂变(全熔合裂变),偏离 SPTS 模型预言的,则意味着非复合核裂变(快裂变、准裂变或预平衡裂变)的出现。

(2) 裂变角分布(D 函数)由鞍点决定,是实验探测鞍点形状的灵敏探针。拟合实验角分布,可以抽取鞍点的 K_0^2 值,得到有效转动惯量 $\mathscr{J}_{\mathrm{eff}}$,从而推知鞍点的形状。在使用式(7.23)或式(7.24)时,要注意熔合自旋分布 $\sigma_l = \pi\lambdabar^2(2l+1)T_l$ 的影响(关于熔合自旋分布详见 6.1 节的描述)。早期常用锐截止模型(垒上熔合公式),即三角形的自旋分布,这带来一定的误差。随着耦合道模型的发展,目前常采用 CCFULL 程序计算熔合(俘获)截面,其自旋分布是光滑截止的。为给出一个定性的概念,图 7.14 显示了对于 $^{16}\mathrm{O}+^{232}\mathrm{Th}$ 体系,采用锐截止(实心圆点)和光滑截止(空心圆点)的自旋分布所抽取的鞍点惯量随均方自旋的变化[30],鞍点转动惯量以

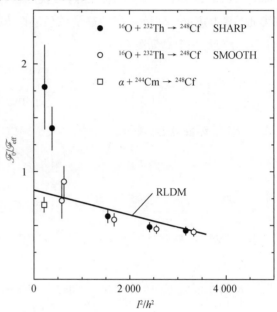

图 7.14 锐截止和光滑截止的自旋分布所抽取的鞍点有效转动惯量随均方自旋的变化

$\mathscr{J}_0/\mathscr{J}_{\mathrm{eff}}$ 来表达,$\mathscr{J}_0$ 是球形转动惯量。图 7.14 中还显示了 $\alpha+^{244}\mathrm{Cm}$ 体系(空心方形)和 RLDM 的结果的对比。可以看到,采用锐截止的自旋分布给出的鞍点形状有一定的失真,特别是在低自旋的情况。

(3) 由于复合核寿命比自旋周期长很多,在质心系中裂变碎片角分布呈 4π 各向同性分布,即 $W(\theta)\mathrm{d}\Omega = W(\theta)\sin\theta\mathrm{d}\theta\mathrm{d}\phi = \mathrm{d}\theta\mathrm{d}\phi/(2\pi^2)$ 的概率相同。因此角分布可以简单地用 $1/\sin\theta$ 分布描述,即 $W(\theta)\propto 1/\sin\theta$,这对于 $K=0$ 的裂变是适用的。对于 $K\neq 0$ 的裂变,除 90° 外,裂变角分布将偏离 $1/\sin\theta$ 分布,特别是在前角处,如图 7.15 所示。图 7.15 中虚线为 $1/\sin\theta$,实线是式(7.23)或式(7.24)的结果。由此可见,裂变碎片的各向异性(anisotropy) $\mathscr{A}$,直接反映了鞍点处 K 分布的情况:

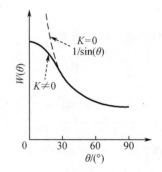

图 7.15 $K=0$(虚线)和 $K\neq 0$(实线)的裂变碎片角分布

$$\mathscr{A} \equiv \frac{W(0°)}{W(90°)} = \frac{W(180°)}{W(90°)} \approx 1 + \frac{\langle I^2\rangle}{4K_0^2} \tag{7.25}$$

上式右边的结果使用了自旋分布 σ_I 为三角形分布的假设。注意到均方自旋 $\langle I^2 \rangle = \langle L^2 \rangle$，因此，对于全熔合裂变，其角分布形状与入射道带入复合系统的角动量相关。

(4) 对于弹、靶核自旋均为 0 的体系，式 (7.23) 是量子精确的表达式，式 (7.24) 是经典近似的表达式。B. B. Back 等人[40]比较了这两个公式的差别，如图 7.16 所示。可以看到，经典公式 (7.24) 过高估计了裂变碎片的各向异性：当 $I_{max} = 10$ 时，高估了约 10%；当 $I_{max} = 100$ 时，基本接近量子公式 (7.23) 的结果。在实际应用中要注意复合核自旋的影响。

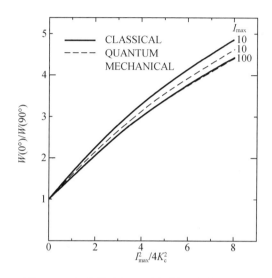

图 7.16　经典公式 (7.24) 和量子公式 (7.23)
预言裂变碎片各向异性的不同

(5) 上述角分布公式假定两个裂变碎片在断裂后在库仑排斥力作用下沿直线飞出。实际上，复合体系是一个快速转动的系统，断点处的转动对碎片飞出的径迹有一个扭曲作用，这可以通过 K_0 值对裂变角分布做一个修正[40]：

$$K_0 = K_0^f (1 + 2E_{rot}^{sci}/V_{Coul}^{sci}) \tag{7.26}$$

式中，K_0 和 K_0^f 分别为修正前和修正后的最终值，E_{rot}^{sci} 和 V_{Coul}^{sci} 分别是断点处的转动能和库仑势。这个修正可达 10%，被称作断后 K 破缺。

7.4　快裂变、准裂变和预平衡裂变

在 20 世纪 80 年代初期，先后发现了快裂变、准裂变等非平衡的裂变机制，深化了人们对熔合-裂变机制的理解。在 20 世纪 60 至 70 年代，人们已经观察到非平衡裂变的一些实验迹象，但并未意识到是新的裂变机制。到 20 世纪 70 年代末，熔合-裂变的理论已经较为完善，特别是液滴模型和相关的动力学模型 (参见 5.4 节)。这些理论清晰地给出了快裂变和准裂变的概念 (参见图 7.1 和图 7.2)，使人们逐渐认识到不同裂变机制的存在，为最终确立新的裂变机制起到了关键作用。随着准裂变的发现，又引申出预平衡裂变的概念。本节

将介绍快裂变和准裂变的发现以及相关描述,包括断点模型和预平衡裂变等。

7.4.1 快裂变(fast fission)

简单而言,快裂变是指没有裂变势垒的裂变。我们知道,当复合体系自旋增大时(如体系变重或反应能量增加时),裂变势垒将快速减小并最终消失(参见图7.5),从而导致快裂变的发生。

1978年,B. Heusch等人[41]测量了 ^{132}Xe + ^{56}Fe 体系在 E_{lab} = 5.73 MeV/u 时不同 Z 产物的能量分布和角分布,发现对于强耗散的产物,角分布呈现 $1/\sin\theta$ 分布,这无法用深部非弹性散射或者熔合裂变的机制来解释。作者指出,这是一种新的强耗散反应类型,可能与裂变势垒的消失有关。

1979年,C. Lebrun等人[42]用双能量法测量了124 MeV和206 MeV时 ^{20}Ne + ^{nat}Re体系以及192 MeV和297 MeV时 ^{40}Ar + ^{165}Ho体系裂变碎片的质量分布,在扣除了核温度的影响后,发现质量分布的半高宽(FWHM)随角动量的增加有一个突变,如图7.17所示。图7.17中还包括了另外两个体系的数据(空心符号),横坐标 l_{crit} 是熔合的临界角动量(参见式(6.5))。可以看到,在裂变势垒为零($B_f(l)$ = 0)附近,质量分布的宽度发生了突变,呈快速上升趋势。很明显,这是快裂变存在的一个证据,遗憾的是作者并未指出这一点。

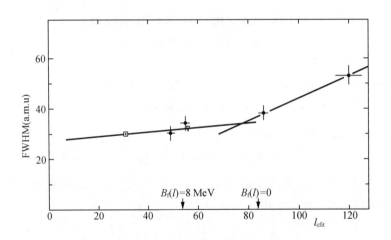

图7.17 裂变碎片的质量宽度随临界角动量的变化

随后,B. Borderie等人[43]以及C. Grégoire等人[44]对 ^{40}Ar + ^{165}Ho 等多个体系的裂变碎片质量分布随反应能量(激发能)的变化进行了系统的测量,观察到类似图7.17的结果,为快裂变机制的确定打下了坚实的实验基础。

1981年,C. Grégoire等人[45]提出了一个宏观的动力学模型,包括三种耗散机制:复合核形成、深部非弹性散射和快裂变。该模型成功地解释了观察到的质量宽度的突变,如图7.18所示。当激发能 E^* > 80 MeV 时,裂变势垒小,此时质量宽度出现突变(注意,$\sigma_M \propto$

$(E_x)^{1/4}$）。显然，在熔合和深部非弹性散射之间存在一个新的反应机制，即快裂变，发生在裂变势垒消失之处。图 7.19 显示了 E_{lab} = 340 MeV 时 ^{40}Ar + ^{165}Ho 体系的准弹性散射（l = 195）、深部非弹性散射（$l>$136）和快裂变（72 < l < 134）的反应径迹，图中给出了快裂变过程的形状演化，旁边对应的数字是反应时标，以 10^{-23} s 为单位。从图 7.19 中可以看到，整个快裂变过程约 3.86×10^{-20} s，其中，从复合体系形成（约 3×10^{-20} s）到断点仅 8.6×10^{-21} s，这远比复合核裂变要快得多。可以说，该模型为最终确定快裂变机制奠定了必要的理论基础。

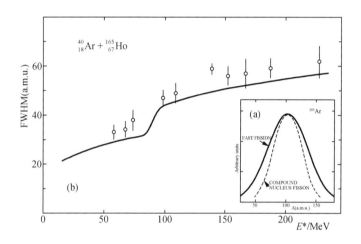

图 7.18 ^{40}Ar + ^{165}Ho 体系裂变碎片质量宽度随激发能的变化

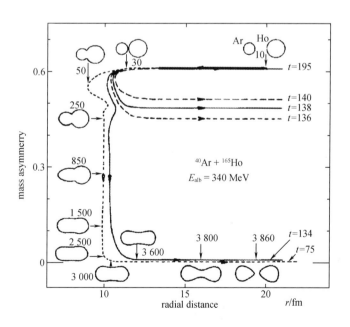

图 7.19 准弹性、深部非弹性散射和快裂变的径迹

几乎与此同时，B. B. Back 等人[46]用 218 MeV 的 ^{32}S 轰击重靶核，观察到裂变碎片的角

分布显著偏离 SPTS 模型的预言,如图 7.20(a)所示。作为对比,^{16}O 引起的裂变角分布显示在图 7.20(b)中,基本符合 SPTS 模型的预言。图 7.20 中,实线是拟合实验的结果,虚线是 SPTS 模型的结果。这种偏离意味着鞍点形状偏离 RLDM 的预言(准裂变)或者根本就没有鞍点的存在(快裂变)。

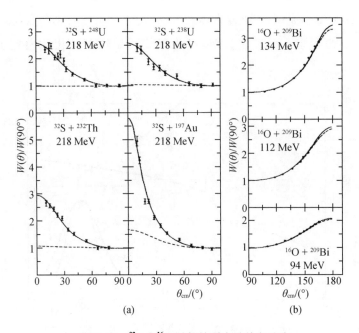

图 7.20 ^{32}S 和 ^{16}O 引起的裂变碎片角分布

(a)^{32}S 引起的裂变碎片角分布;(b)^{16}O 引起的裂变碎片角分布

在 RLDM 中,有两个重要的参数:一个是 x 参数,即可裂变系数(详见式(7.2)~式(7.4));另一个是 y 参数,表征转动能与表面能之比,其定义为

$$y \equiv \frac{E_R^{(0)}}{E_S^{(0)}} = \frac{5}{16\pi} \frac{(\text{Angular Momentum})^2}{(\text{Mass})(\text{Radius})^4 (\text{Surface tension})} \tag{7.27}$$

式中,$E_R^{(0)} = L^2/(2\mathscr{J}_0) = (1/2) \cdot L^2/[(2/5)MR^2]$,为同体积球的转动能,可以得到

$$y = \frac{1.9249}{\{1 - 1.7826[(N-Z)/A]^2\}} \frac{l^2}{A^{7/3}} \tag{7.28}$$

图 7.21 显示了 α(空心圆)、^{12}C、^{14}N、^{16}O、^{22}Ne(实心圆)和 ^{32}S(实心三角形)引起的裂变反应的最大角动量随可裂变系数的变化情况,这里最大角动量以 y 参数来表述,$y \propto l_{\max}^2$。图 7.21 中,实线是裂变势垒 $B_f > 0$ 和 $B_f = 0$ 的分界线。可以看到,对于炮弹 $A_P < 20$ 的反应体系,存在裂变势垒;而对于 $A_P > 20$ 的反应体系,不存在裂变势垒。很明显,在图 7.20 中 ^{32}S 反应角分布的各向异性是由于快裂变的出现而导致的。

上面谈及了质量分布的展宽、角分布的各向异性可视为非平衡裂变出现的信号,此外,TKE 分布的展宽也是信号之一[47]。需要说明的是,虽然质量和 TKE 分布的宽度对裂变机制敏感,但其中心值并不是敏感量。

总而言之,快裂变发生在裂变势垒消失之处,容易出现在较高能量时且 $A_P > 20$ 的反应体系中。

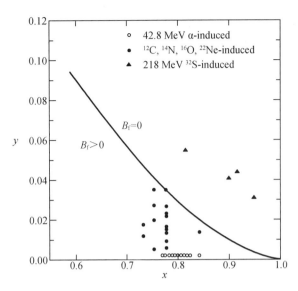

图 7.21　一些典型体系的最大角动量随可裂变系数的变化

7.4.2　准裂变(quasi-fission)

准裂变一词很早就存在,早期人们用它来泛指非平衡的类裂变。1981 年,W. J. Swiatecki 在额外推力模型[8]中,清晰地描述了准裂变的图像(参见图 7.1 ~ 图 7.3),这为实验发现准裂变提供了基础。

1983 年,B. B. Back 等人[48]测量了 E_{beam} = 90 ~ 148 MeV 时 ^{16}O + ^{238}U 体系和 E_{beam} = 185 ~ 225 MeV 时 ^{32}S + ^{208}Pb 体系的裂变角分布,如图 7.22 所示,实验角分布(实线是拟合结果)均偏离了 SPTS 模型的预言(虚线)。对于 ^{32}S + ^{208}Pb 体系,在高能点可能存在快裂变的影响,而在低能点,裂变势垒是存在的;对于 ^{16}O + ^{238}U 这样的非对称体系,虽然裂变角分布的各向异性比较小,但是明显存在。实验结果可以用额外推力模型[8]理解,被认为是准裂变存在的一个信号。

1985 年,J. Tōke 等人[49]用 6.0 MeV/u 的 ^{238}U 束流轰击 ^{16}O、^{27}Al、^{48}Ca、^{45}Sc、^{48}Ti、^{58}Fe、^{64}Ni、^{89}Y 靶,测量了这些体系的质量 - 能量分布(Mass-Energy Distribution, MED)和质量 - 角度分布(Mass-Angle Distribution, MAD),对准裂变、快裂变现象做了系统性的研究。图 7.23 ~ 图 7.25 分别显示了这些体系的 MED、MAD 和投影的质量分布。对于 ^{238}U + ^{48}Ca 体系,还包含了 E_{beam} = 5.4 MeV/u 的结果。图 7.23 中,点画线是准弹性散射和耗散反应(包括深部非弹性散射)的分界线;虚线是拟合实验的〈TKE〉,综合考虑所有体系,最终给出 〈TKE〉= 0.1240$Z^2/A^{1/3}$,比 Viola TKE 要高(参见式(7.9)),这可能与所测量体系有很大的 $Z^2/A^{1/3}$有关[50]。图 7.24 中,点画线代表准裂变的成分,分成类弹和类靶两个部分。从这些图中我们可以看到准裂变、快裂变随靶核的系统学变化:对于 ^{16}O 靶核,复合核裂变(对称裂变)占主要部分,TKE 分布和质量分布较窄,MAD 分布是垂直的、前后角度呈 90°对称的分布;对于^{27}Al靶,开始出现明显的准裂变成分,TKE和质量分布开始弥散,类弹和类靶的准裂变开始分开(不对称裂变),MAD分布开始倾斜,前后角度不对称;随着靶核的增大,TKE和质量弥散越来越大,MAD倾斜得越来越厉害,质量分布和角度分布越来越不对称;对于^{48}Ca、^{45}Sc和^{48}Ti靶核,可以看到明显的对称裂变和不对称裂变的混合;对于^{54}Fe、^{64}Ni和^{89}Y靶核,几乎没有对称裂变的成分,不对称的准裂变和深部非弹性散射占优势;对于^{89}Y靶核,只剩下了深部非弹性散射的成分。

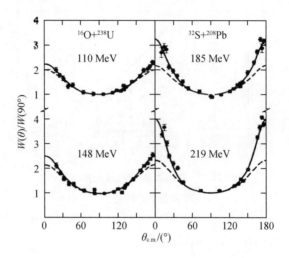

图 7.22 ^{16}O + ^{238}U 和 ^{32}S + ^{208}Pb 体系的裂变角分布

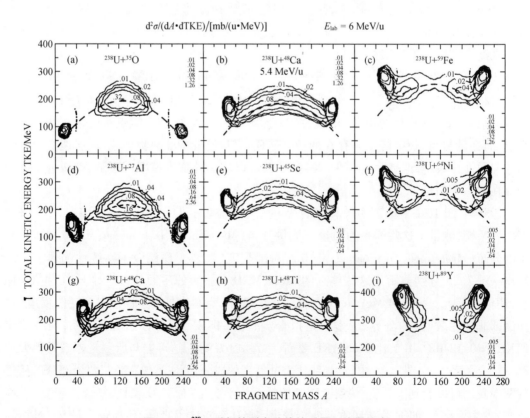

图 7.23 ^{238}U 引起的裂变碎片的质量-能量分布

第 7 章 裂变反应

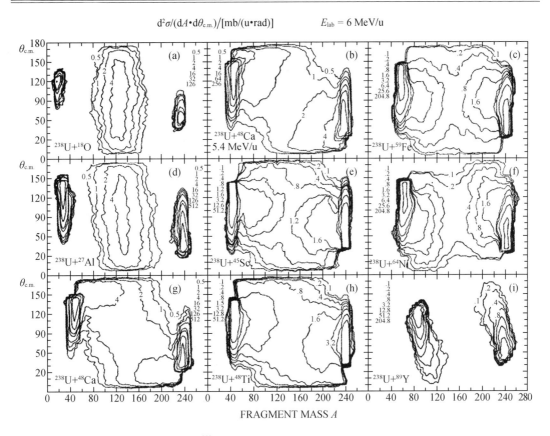

图 7.24 ^{238}U 引起的裂变碎片的质量－角度分布

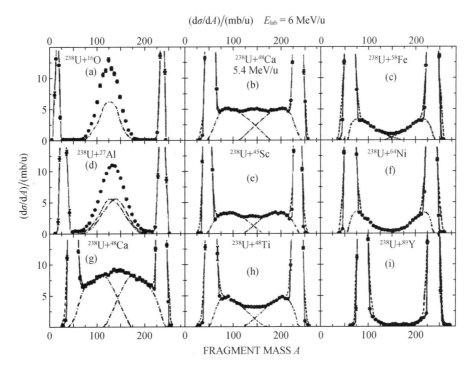

图 7.25 ^{238}U 引起的裂变碎片的质量分布

在这里,需要特别提及的是对 MAD 分布的理解以及从中提取质量弛豫的时标。在 5.3 节关于深部非弹性散射中集体自由度的弛豫中,我们讨论过相关内容。两核接触时间,即反应时间 τ_{reac} 与复合体系转过的角度 $\Delta\theta$ 和体系转动的平均角速度 $\langle\omega\rangle$ 相关[51-52]:

$$\tau_{\text{reac}} = \Delta\theta/\langle\omega\rangle \tag{7.29}$$

$$\Delta\theta = \pi - \theta_i - \theta_f - \theta_{\exp} \tag{7.30}$$

此处,θ_i 和 θ_f 分别是入射道和出射道库仑偏转角的一半,$\theta_{\exp}$ 是实验测量的出射角度(参见式(5.7)和式(5.8)),如图 7.26 所示。质量的扩散与反应时间的关系为

$$\Delta A/\Delta A_{\max} = 1 - \exp[-(t-\tau_0)/\tau_A] \tag{7.31}$$

式中,$\Delta A = |A_P - \langle A \rangle| = |A_T - \langle A \rangle|$,$\langle A \rangle$ 为质量分区的平均质量;$\Delta A_{\max} = |A_P - A_T|/2$;$\tau_0$ 是质量开始漂移的延迟时间;τ_A 是弛豫时间。图 7.27 显示了平均角动量 $\langle l \rangle$、质量的扩散度 $\Delta A/\Delta A_{\max}$ 随体系转动角 $\Delta\theta$ 和反应时间 τ_{reac} 的变化。从拟合图 7.27(b) 中的结果可以得到:$\tau_0 = 1\times10^{-21}$ s,$\tau_A = (5.2\pm0.5)\times10^{-21}$ s。

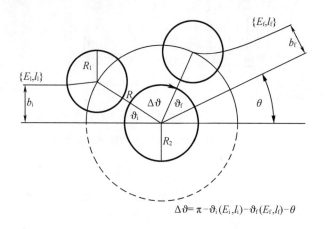

图 7.26　复合体系的偏转和接触时间

此外,通过实验的俘获截面与理论的俘获截面对比,可以抽取额外推力的能量 E_x;假设对称裂变为全熔合裂变,通过与实验俘获截面做比较,可以得到额外-额外推力 E_{xx};参见图 7.4 以及文献讨论,在此不再累述。

除了 J. Tōke 等人的工作,沈文庆等人[53]利用能量为 4.6~7.5 MeV/u 的 ^{238}U 束流轰击 ^{16}O、^{26}Mg、^{27}Al、^{32}S、^{35}Cl、^{40}Ca、^{48}Ca 和 ^{nat}Zn 靶,开展了多个能量点的更为深入细致的系统学工作。这些工作为探明准裂变机制提供了丰富的实验素材,奠定了坚实的实验基础,产生了广泛的学术影响。

7.4.3　断点模型

前面谈到,SPTS 模型对描述全熔合裂变的角分布是成功的,然而无法解释快裂变和准裂变角分布的各向异性。对于准裂变,复合体系没有经过无条件鞍点;对于快裂变,复合体

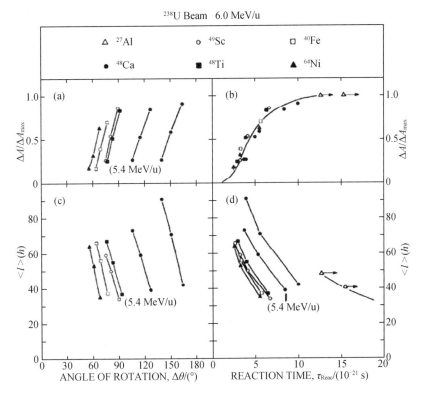

图 7.27 ^{238}U 引起的裂变碎片的质量分布

系甚至没有鞍点存在,这导致 $K_0^2 \to \infty$,在 SPTS 模型中显然是不合理的。因此,对于快裂变和准裂变这样的类裂变过程,需要一个新的模型来描述其裂变的角分布。

首先进行尝试的是 P. D. Bond[54],类比于 K 量子数,引入了道自旋 S 量子数描述断点处的两个碎片的自旋之和,其分布也是一个高斯分布:

$$\rho(S) \propto (2S+1)\exp\left[-\frac{(S+\frac{1}{2})^2}{2S_0^2}\right] \tag{7.32}$$

这样,类似于鞍点公式(7.23),裂变角分布写成

$$W(\theta) \propto \sum_{I,l,S,K}(2I+1)T_I(2l+1)T_l\frac{|\langle Ikl0|SK\rangle|^2}{2S+1}\left[\frac{1}{2}(2I+1)\right]|d^I_{0K}(\theta)|^2\rho(S)\rho(K) \tag{7.33}$$

式中,$(2l+1)T_l|\langle Ikl0|SK\rangle|^2$ 是裂变道概率,l 是两个碎片之间的相对运动角动量。可以看到:①式(7.33)是式(7.23)的扩展,本质上裂变角分布仍由鞍点 K 量子数决定,但和鞍点的态密度 $\rho(K)$ 和断点的态密度 $\rho(S)$ 有关;②当 $S_0^2 \to \infty$ 时,式(7.33)变为式(7.23)。

虽然式(7.33)能够很好地描述一些类裂变的角分布,但是对于无鞍点的快裂变而言,需要一个纯粹的断点模型。根据 T. Ericson 的统计理论[55],H. H. Rossner 等人[56]提出一个改进的统计断点模型(Statistical Scission Model):

$$W(\theta) \propto \sum_{I,l,S,m} (2I+1) T_I \left[(2l+1) T_l | \langle Sml0 | Im \rangle |^2 \frac{\rho(S)}{\Gamma(I)} \right] \left[\frac{1}{2}(2I+1) \right] | d_{0m}^I(\theta) |^2 \tag{7.34}$$

式中,m 是道自旋 S 在裂变出射方向 $\boldsymbol{n}$ 的投影($m = \boldsymbol{n} \cdot \boldsymbol{S}$),决定角分布的形状;断点处各量子数的定义如图7.28所示,$\boldsymbol{l} + \boldsymbol{S} = \boldsymbol{I}$;$\Gamma(I)$ 是总的裂变宽度,$(2l+1) T_l | \langle Sml0 | Im \rangle |^2 \rho(S) / \Gamma(I)$ 则为裂变道的分宽度。对所有 l 和 S 求和,式(7.34)可以写为

$$W(\theta) \propto \sum_{I=0}^{\infty} (2I+1) T_I \frac{\sum_{m=-I}^{I} \left[\frac{1}{2}(2I+1) | d_{0m}^I(\theta) |^2 \exp(-m^2/2S_0^2) \right]}{\sum_{m=-I}^{I} \exp(-m^2/2S_0^2)} \tag{7.35}$$

注意:断点公式(7.35)与鞍点公式(7.23)有着相同的形式,但物理意义不同。道自旋 S 的分布宽度 $S_0^2 = \sigma_1^2 + \sigma_2^2$,$\sigma_i^2 (i = 1, 2)$ 是两个碎片自旋分布的宽度:

$$\sigma_i^2 = \frac{1}{5} M_i (c^2 + a^2) T_{\text{sci}} / \hbar^2 \tag{7.36}$$

式中,c 和 a 是椭球(碎片形状)的两个主半轴,通常取 $c/a = 1.85$。

与鞍点无关,断点模型可以统一解释裂变和类裂变的角分布。作为一个例子,图7.29显示了 $E_{\text{lab}} = 266$ MeV 时 ^{32}S + ^{208}Pb 体系和 $E_{\text{lab}} = 340$ MeV 时 ^{40}Ar + ^{238}U 体系裂变碎片角分布的实验值与断点模型计算值的比较,理论和实验符合很好。

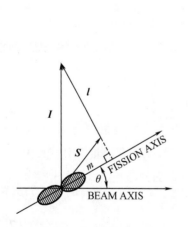

图7.28 断点量子数的定义

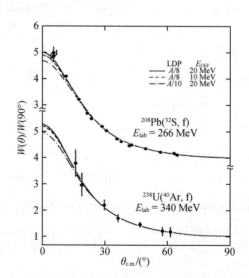

图7.29 ^{32}S + ^{208}Pb 和 ^{40}Ar + ^{238}U 体系裂变碎片的角分布

7.4.4 预平衡裂变

原则上,预平衡裂变可以指所有非复合核的裂变。在这里以及文献中,预平衡裂变一

般指 K 自由度未平衡的裂变,有时也用 K 预平衡裂变一词以避免歧义。1985 年 V. S. Ramamurthy 和 S. S. Kapoor 指出一种新的非复合核裂变模式[57]:在近垒和垒下能区,裂变势垒高度接近于核的本征温度,K 自由度的弛豫时间与裂变时间相当,K 自由度可能尚未完全平衡但裂变已经发生,即预平衡裂变。从而非复合核裂变概率 P_{NCNF} 与裂变势垒高度 B_f 和核温度 T 的比值之间的关系为

$$P_{NCNF}(I) = \exp[-0.5 B_f(I, K=0)/T] \tag{7.37}$$

通过式(7.37)可以判断 K 自由度的弛豫时间 τ_K,如图 7.30 所示。图 7.30 中显示了三组 P_{NCNF} 随 B_f/T 的变化情况,从上到下分别对应着全熔合裂变、预平衡裂变和准裂变的过程,竖线代表误差范围,虚线是式(7.37)的结果。对大量实验角分布拟合的结果给出 $\tau_K = 8 \times 10^{-21}$ s,这大于质量自由度的弛豫时间 τ_A(参见图 7.27),意味着存在一种新的裂变机制:质量自由度已经平衡,此时"复合核"已初步形成,但 K 自由度仍未完全平衡。

从上述讨论可以看出,K 预平衡裂变的角分布偏离 SPTS 模型的分布,但质量分布符合统计模型的分

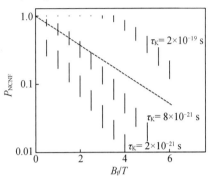

图 7.30 ^{32}S + ^{208}Pb 和 ^{40}Ar + ^{238}U 体系裂变碎片的角分布

布,这与准裂变的实验特征不同,需要注意。预平衡裂变是比准裂变更为深部的一种熔合-裂变过程。图 7.31 显示了 ^{19}F,^{24}Mg,^{28}Si,^{32}S + ^{208}Pb 体系裂变碎片角分布的实验值与 SPTS 理论值(虚线和点线)以及预平衡裂变理论值(实现)之间的比较。显然,当复合核角动量 I_C 明显低于由 RLDM 模型给出的裂变势垒消失时的角动量 I_f^{RLDM} 时,存在显著的预平衡裂变的成分,如图 7.31 中最下面一行小图所示。

我们知道,入射道的质量不对称性 $\alpha = (A_T - A_P)/(A_T + A_P)$ 在熔合-裂变过程中扮演了重要角色。当 $\alpha > \alpha_{BG}$ 时,在质量不对称自由度上的驱动力使得复合体系向复合核方向发展;当 $\alpha < \alpha_{BG}$ 时,该驱动力使得复合体系向裂变方向发展。图 7.32[58]中显示了液滴模型(LDM)计算的鞍点能量随入射道质量不对称性的变化,黑点代表能量最高点,相应的质量不对称性即为 α_{BG}。α_{BG} 是 U. L. Businaro 和 S. Gallone[59-61]提出的在质量不对称自由度上的一个临界点,被称为 Businaro-Gallone 临界点。α_{BG} 值可由下面的经验公式进行估算[62]:

$$\alpha_{BG} = \begin{cases} 0, & x < x_{BG} \\ p\sqrt{\dfrac{x - x_{BG}}{x - x_{BG} + q}}, & x > x_{BG} \end{cases} \tag{7.38}$$

式中,$p = 1.12$,$q = 0.240$,x 为可裂变系数(参见式(7.4)),$x_{BG} = 0.396$。

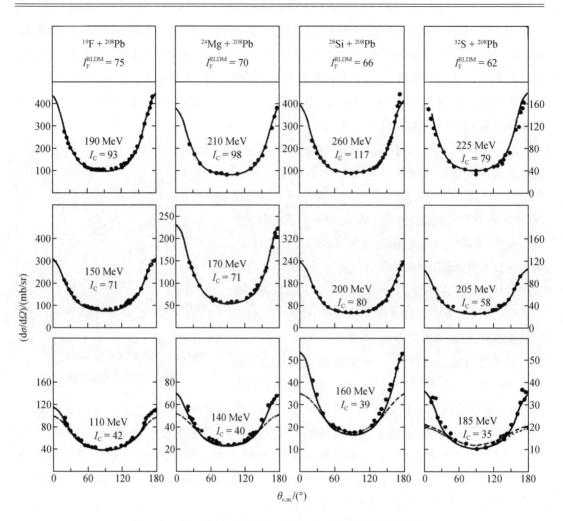

图 7.31 ^{19}F, ^{24}Mg, ^{28}Si, ^{32}S + ^{208}Pb 体系裂变碎片的角分布

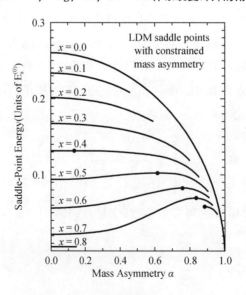

图 7.32 鞍点能量随入射道质量不对称性的变化

根据 Businaro-Gallone 临界点的概念，V. S. Ramamurthy 和 S. S. Kapoor 等人[63]提出：裂变碎片角分布的各向异性与入射道质量的不对称性相关，这可以作为预平衡裂变存在的直接实验信号。他们测量了 ^{10}B，^{12}C，^{16}O + ^{232}Th，^{237}Np 和 ^{19}F + ^{237}Np 体系的裂变碎片角分布，抽取了各向异性值，如图 7.33 所示。图 7.33 中实线是 SPTS 理论值，各个体系的入射道质量不对称性 α 也标明在图中，箭头所指为熔合势垒的位置。对于这些体系，$\alpha_{BG} \approx 0.9$。可以看出，对于 $\alpha > \alpha_{BG}$ 的体系，各向异性值是正常的；对于 $\alpha < \alpha_{BG}$ 的体系，各向异性值明显异常，存在着预平衡裂变的成分。

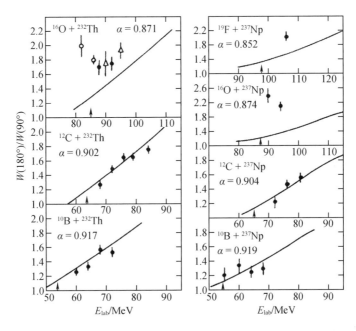

图 7.33 ^{10}B，^{12}C，^{16}O + ^{232}Th，^{237}Np 和 ^{19}F + ^{237}Np 体系
裂变碎片角分布的各向异性

7.5 熔合-裂变碎片角分布各向异性的异常

一般而言，较轻的重离子引起的裂变基本上是全熔合裂变，例如对于炮弹质量 $A \leqslant 20$ 的反应体系[9]。在近垒和垒下能区，由于激发能较低，通常要求靶核很重，如锕系核，才能观察到显著裂变成分，即复合核主要以裂变模式衰变。在 20 世纪 80 年代中期，人们意外地在这些体系中发现裂变碎片角分布的各向异性明显大于 SPTS 模型的计算值，且与反应能量强烈相关。这一异常现象似乎对 SPTS 这个标准模型形成了挑战，引起了强烈而持久的关注，迄今仍没有统一的机制解释。本节将介绍该异常现象的实验观察以及可能的理论解释等。

7.5.1 各向异性异常的现象

1. 异常现象的发现

1986年,R. Vandenbosch等人[64]报道了在近垒和垒下能区 ^{12}C + ^{236}U 和 ^{16}O + ^{232}Th 体系(它们形成相同的复合核 ^{248}Cf)中观察到两种异常现象。

① 裂变碎片角分布的各向异性明显大于SPTS模型计算值,如图7.34所示。相关参数,如自旋分布 $\langle I \rangle$、均方自旋分布 $\langle I^2 \rangle$ 和分波穿透系数 T_l 等,从熔合激发函数上抽取。注意到,^{248}Cf的裂变势垒很低(约为7 MeV),裂变截面 σ_{fission} 基本上等于熔合截面 σ_{fusion},可由裂变角分布积分得到。图7.35显示了 ^{16}O + ^{232}Th 体系裂变激发函数实验结果以及分别用H. Esbensen的零点振动模型(实线)和C. Y. Wong的形变模型(虚线)拟合的结果(两个模型参见6.3节)。抽取的参数输入SPTS模型(参见式(7.24))中,结果分别以实线和虚线显示在图7.34中。

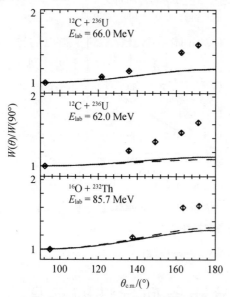
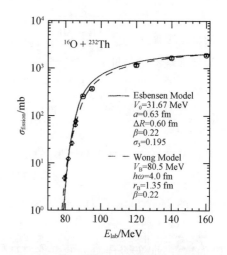

图7.34　^{12}C + ^{236}U 和 ^{16}O + ^{232}Th 体系裂变碎片角分布实验结果与SPTS模型结果的对比

图7.35　^{16}O + ^{232}Th 体系裂变激发函数的实验结果和两个模型的拟合结果

② 从裂变角分布抽取的均方自旋值显著大于从熔合截面上抽取的值,如图7.36所示。图7.36中实线和虚线分别是Esbensen模型和Wong模型的结果。结合式(7.25)我们可以判断,各向异性的异常总是伴随着自旋分布的展宽,它们有着相同的物理起源。

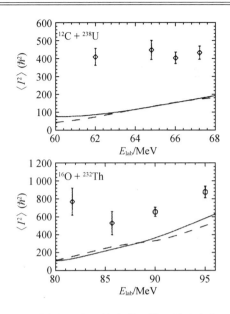

图 7.36　从裂变角分布和熔合截面抽取的均方自旋的对比

值得一提的是,原子能院的张焕乔小组在 $^{19}\text{F} + {}^{232}\text{Th}$ 体系中也观察到了类似的异常现象[65],此后开展了多个体系的系统性实验研究,率先采用折叠角技术区分了全熔合裂变和非复合核裂变的成分,并且发展了预平衡裂变模型,为解释这一异常现象做出了出色的工作。

2. 异常现象的确证

需要注意的是,锕系靶核的裂变势垒比较低(为 5~6 MeV),直接反应(例如非弹激发、核子转移等)容易诱发靶核或类靶核的裂变。考虑到非弹激发引起的裂变不会产生角分布各向异性的异常;而转移反应引起的裂变,由于束流带来的线性动量仅部分转移到靶核上,将会导致类靶核裂变角分布的各向异性出现异常。因此,区分全熔合裂变和转移跟随裂变成为关键问题。张焕乔和刘祖华等人[66]利用折叠角技术(参见 7.2 节),很好地解决了这个问题。图 7.37 显示了 $^{16}\text{O} + {}^{232}\text{Th}$ 体系在能量为 78 MeV 和 86 MeV 时不同角区(每 10°一个角区)裂变碎片的折叠角分布,其中右侧主峰对应于全动量转移(Full Momentum Transfer, FMT)的事件,即全熔合裂变的事件,左侧小峰对应于转移跟随裂变的成分,实线是高斯拟合实验数据的结果。可以看出,转移跟随裂变的事件很少(≤15%)。

在扣除转移跟随裂变的事件后,对全熔合裂变事件进行分析,发现角分布的各向异性仍然存在异常。图 7.38 显示了 $^{16}\text{O} + {}^{232}\text{Th}$,$^{238}\text{U}$ 和 $^{19}\text{F} + {}^{232}\text{Th}$ 体系裂变碎片角分布各向异性实验值与理论值的比较;其中,实心符号是实验结果,空心符号是理论结果,实线是式(7.25)的结果。很明显,实验的各向异性值远大于理论值,并且在库仑势垒能量附近存在一个"鼓包",这与自旋分布上的"鼓包"(参见 6.2 节)有着相同的物理来源,即核形变效应所致。

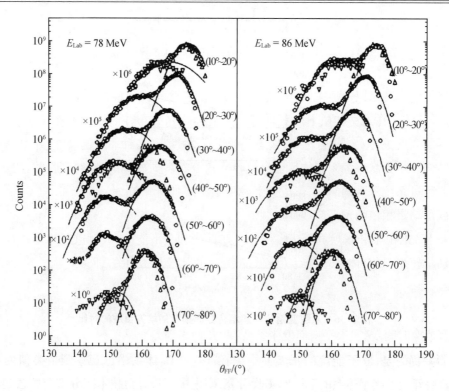

图 7.37 $^{16}O + ^{232}Th$ 体系裂变碎片的折叠角分布

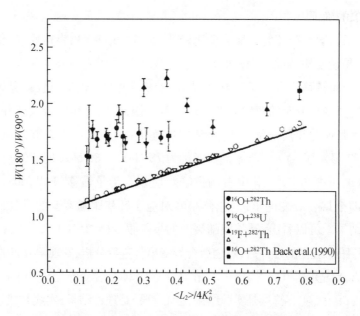

图 7.38 $^{16}O + ^{232}Th$,^{238}U 和 $^{19}F + ^{232}Th$ 体系裂变碎片
角分布各向异性实验值与理论值的比较

7.5.2 各向异性异常的机制解释

利用折叠角技术以及后来双速度测量的 FMT 技术,可以很好地剔除非全熔合裂变的事件,进一步证实了在近垒和垒下能区全熔合裂变碎片角分布各向异性存在异常,引起了国际学术界的高度关注[67]。熔合-裂变是一个复杂的过程,各种非平衡裂变、非复合核过程以及核结构和初始状态等因素均可能导致碎片角分布各向异性的异常,到目前还没有一致的解释。经过系统深入的研究,形成如下两种主流的机制解释。

1. 低角动量相依的预平衡裂变机制

1995 年,刘祖华和张焕乔等人[68]提出:在近垒和垒下能区,入射道迁移到复合体系的轨道角动量较少,复合体系总自旋 J 较低,K 分布的弛豫与 J 相关,即

$$\sigma_K^2(J) = K_0^2[1 - \exp(-\mathscr{J}J^2)] \tag{7.39}$$

式中,$\mathscr{J} = c\mathscr{J}_{\parallel}^2 / \mathscr{J}_{\perp}^2 \mathscr{J}_{\text{eff}}$,$c$ 是与轨道角动量迁移张量相关的一个常数。这样,低角动量使得 K 自由度弛豫时间变长,未平衡而发生裂变,即 K 预平衡裂变。

图 7.39 显示了 ^{11}B + ^{237}Np, ^{16}O + ^{232}Th, ^{238}U 和 ^{19}F + ^{232}Th 体系从实验裂变碎片角分布抽取的均方自旋值与 SPTS 理论值的比较,这里分别采用了 SPTS 理论和预平衡裂变模型,即 K 分布的方差经过式(7.39)的修正。显然,对于 $\alpha > \alpha_{\text{BG}}$ 的体系,如 ^{11}B + ^{237}Np 体系,由于质量不对称性的驱动,复合核很快就形成,其自旋分布是正常的;而对于 $\alpha < \alpha_{\text{BG}}$ 的体系,实验抽取的 $\langle J^2 \rangle$ 值明显大于 SPTS 理论值,但符合低角动量相依的预平衡裂变模型的预言值。

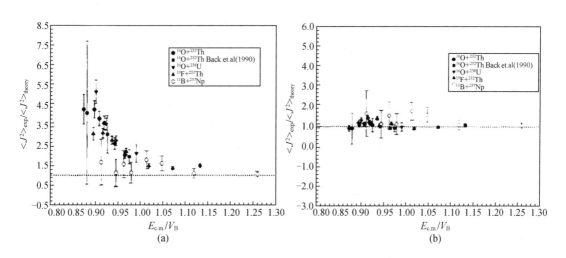

图 7.39 实验均方自旋值与 SPTS 理论和预平衡裂变模型计算值的比较

(a) 实验均方自旋值与 SPTS 理论值的比较;(b) 实验均方自旋值与预平衡裂变模型计算值的比较

2. 形变方向相依的准裂变机制

同样是 1995 年,在对 ^{16}O + ^{238}U 进行深入研究后,D. J. Hinde 等人[69]提出了形变方向相依的准裂变模型。图 7.40 显示了该体系的熔合势垒分布和裂变碎片各向异性随能量的变

化。采用折叠角技术,可以鉴别全动量转移(FMT)的裂变事件,如图 7.40 中的实心圆点所示,空心圆点代表所有裂变的事件。对于 ^{238}U 这样的大形变核($\beta_2 \approx 0.29$),势垒分布在低能端形成一个拖尾(参见 6.4 节),但是 FMT 裂变与所有裂变的势垒分布近乎一致,表明形变的影响是共同存在的。对于裂变角分布的各向异性,对所有裂变事件而言,其异性值随能量降低而下降,并在势垒附近出现一个"鼓包",这是我们此前常见的情况。然而,对于 FMT 裂变,随能量降低各向异性值在势垒附近呈现快速上升的趋势,并在垒下达到饱和值。这是一个非常特殊的现象,它表明:在 FMT 裂变事件中存在非复合核裂变的成分,并随能量降低比例增加。D. J. Hinde 等人用图 7.41 阐明了他们的观点,并解释了上述实验现象。图 7.41 最上方显示了弹核与靶核碰撞时两种典型情况:A 对应于尖碰撞,B 对应于腰碰撞。图 7.41 表达的是最趋近距离 $D(R_0)$ 随入射道质量不对称性 α 的变化,虚线为球形核熔合势垒的构形,实线和点线表示形变核的构形,两个箭头分别表示 A 和 B 两种情况下的穿透径迹,C 则为中间情况。可以看到:对于尖碰撞,虽然熔合势垒较低,俘获概率较大,但是隧穿后两核距离仍在无条件鞍点之外,没有形成复合核;对于腰碰撞,虽然熔合势垒较高,俘获概率较小,但隧穿后处于无条件鞍点之内,形成复合核。

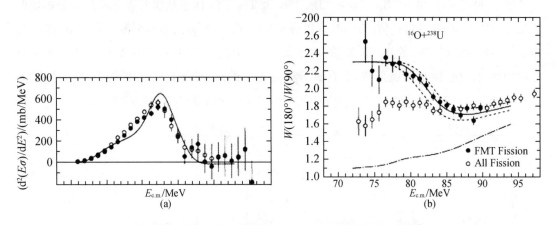

图 7.40 ^{16}O + ^{238}U 体系熔合势垒分布和裂变碎片各向异性

(a) ^{16}O + ^{238}U 体系熔合势垒分布;(b) ^{16}O + ^{238}U 体系裂变碎片各向异性随能量的变化

综合而言,在垒上能区,尖碰撞和腰碰撞均可能形成复合体系,准裂变和熔合裂变同时存在,碎片的各向异性存在一定的异常;在垒下能区,仅有尖碰撞能够大概率产生复合体系,准裂变占主要成分,而且随着能量降低,能够俘获得越来越靠近尖端,准裂变的比重越来越大,可观察到随能量降低各向异性值呈快速上升趋势并在某个能量处趋于饱和,详见图 7.40。图 7.40 中点画线是 SPTS 模型的结果,实线是形变方向相依的准裂变模型的结果(虚线代表误差范围),与实验值符合得很好。

上述两个模型,低角动量相依的预平衡裂变模型是从 K 自由度上阐释裂变机制,形变方向相依的准裂变模型是从质量自由度上阐释裂变机制。需要特别关注的是预平衡裂变,从质量自由度上看,"复合核"已经形成,K 自由度尚未平衡,有可能处于某些高 K 的同质异能态上,这可能有利于超重核的合成[70]。

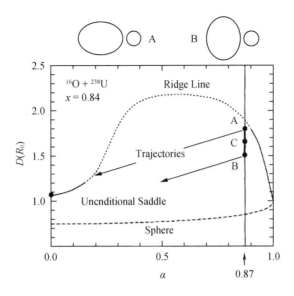

图 7.41 熔合势垒构形以及尖碰撞 A 和
腰碰撞 B 的隧穿径迹

参 考 文 献

[1] NGÔ CH. Fusion dynamics in heavy ion collisions [J]. Prog. Part. Nucl. Phys., 1986, 16: 139.

[2] BOHR N, WHEELER J A. The mechanism of nuclear fission [J]. Phys. Rev., 1939, 56: 426.

[3] MYERS W D, SWIATECKI W J. Nuclear masses and deformations [J]. Nucl. Phys., 1966, 81: 1.

[4] MYERS W D, SWIATECKI W J. Anomalies in nuclear masses [J]. Ark. Fys., 1967, 36: 343.

[5] SWIATECKI W J. The dynamics of the fusion of two nuclei [J]. Nucl. Phys. A, 1982, 376: 275.

[6] BASS R. Fusion of heavy nuclei in a classical model [J]. Nucl. Phys. A, 1974, 231: 45.

[7] BOCK R, CHU Y T, DAKOWSKI M, et al. Dynamics of the fusion process [J]. Nucl. Phys. A, 1982, 388: 334.

[8] SWIATECKI W J. The dynamics of nuclear coalescence or reseparation [J]. Phys. Scr., 1981, 24: 113.

[9] BACK B B. Complete fusion and quasifission in reactions between heavy ions [J]. Phys.

Rev. C, 1985, 31: 2104.

[10] SWIATECKI W J. Macroscopic treatment of nuclear dynamics [J]. Nucl. Phys. A, 1984, 428: 199c.

[11] BLOCKI J P, FELDMEIER H, SWIATECKI W J. Dynamical hindrance to compound-nucleus formation in heavy-ion reactions [J]. Nucl. Phys. A, 1986, 145:459.

[12] SAHM C C, SCHULTE H, VERMEULEN D, et al. The influence of the fission barrier on the mass distribution in reactions with symmetric fragmentation [J]. Z. Phys. A, 1980, 297: 241.

[13] BJORNHOLM S, SWIATECKI W J. Dynamical aspects of nucleus-nucleus collision [J]. Nucl. Phys. A, 1982, 471:391.

[14] PLASIL F, BURNETT D S, BRITT H C, et al. Kinetic energy-mass distributions from the fission of nuclei lighter than radium [J]. Phys. Rev., 1966, 142: 696.

[15] NIX J R, SWIATECKI W J. Studies in the liquid-drop theory of nuclear fission [J]. Nucl. Phys. A, 1965, 71, 1.

[16] VANDENBOSCH R, WARHANEK H, HUIZENGA J R. Fission fragment anisotropy and pairing effects on nuclear structure [J]. Phys. Rev., 1961, 124:846.

[17] VIOLA V E, KWIATKOWSKI K, WALKER M. Systematics of fission fragment total kinetic energy release [J]. Phys. Rev. C, 1985, 31:1550.

[18] ZHAO Y L, NISHINAKA I, NAGAME Y, et al. Symmetric and asymmetric scission properties: identical shape elongations of fissioning nuclei [J]. Phys. Rev. Lett., 1999, 82: 3408.

[19] ZHAO Y L, NAGAME Y, NISHINAKA I, et al. Degrees of deformation at scission and correlated fission properties of atomic nuclei [J]. Phys. Rev. C, 2000, 62: 014612.

[20] ITKIS M G, LUK'YANOV S M, OKOLOVICH V N, et al. Experimental study of the mass and energy distributions of fragments from fission of excited nuclei with $Z^2/A = 33 \sim 42$ [J]. Sov. J. Nucl. Phys., 1990, 52: 15.

[21] SHLOMO S. Energy level density of nuclei [J]. Nucl. Phys. A, 1992, 539: 17.

[22] LIN C J, DU RIETZ R, HINDE D J, et al. Systematic behavior of mass distributions in ^{48}Ti-induced fission at near-barrier energies [J]. Phys. Rev. C, 2012, 85: 014611.

[23] COHEN S, PLASIL F, SWIATECKI W J. Equilibrium configurations of rotating charged or gravitating liquid masses with surface tension II [J]. Ann. Phys., 1974, 82: 557.

[24] SIERK A J. Macroscopic model of rotating nuclei [J]. Phys. Rev. C, 1986, 33: 2039.

[25] MÖLLER P, SIERK A J, ICHIKAWA T, et al. Heavy-element fission barriers [J]. Phys. Rev. C, 2009, 79:064304.

[26] LESTONE J P, SONZOGNI A A, KELLY M P, et al. Influence of the ground state spin of

target nuclei on the anomalous behavior of fission fragment anisotropies [J]. Phys. Rev. C, 1997, 56: R2907.

[27] HILSCHER D, ROSSNER H. Dynamics of nuclear fission [J]. Ann. Phys. Fr., 1992, 17: 471.

[28] ITKIS M G, RUSANOV A YA. The fission of heated nuclei in reactions involving heavy ions: static and dynamical aspects [J]. Phys. Part. Nuclei, 1998, 29: 160.

[29] LIN C J, ZHANG H Q, JIA H M, et al. Fissions in $^{32}S + ^{184}W$ and $^{34}S + ^{186}W$ reactions at near-and sub-barrier energies [J]. Phys.: Conf. Ser., 2013, 420: 012126.

[30] MULGIN S I, OKOLOVICH V N, ZHDANOVA S V. Observation of new channel in the proton-induced low-energy fission of nuclei from ^{233}Pa to ^{245}Bk [J]. Phys. Lett. B, 1999, 462:29.

[31] POKROVSKY I V, ITKIS M G, ITKIS J M, et al. Fission modes in the reaction ^{208}Pb ($^{18}O, f$) [J]. Phys. Rev. C, 2000, 62: 014615.

[32] BOHR A. Proceedings of the united nations international conference on the peaceful uses of atomic energy [C]. Geneva, Switzerland, 19552: 151.

[33] HALPERN I, STRUTINSKY V M. Proceedings of the second united nations international conference on the peaceful uses of atomic energy [C]. Geneva, Switzerland, 1957:408.

[34] GRIFFIN J J. Energy dependence of fission fragment anisotropy [J]. Phys. Rev., 1959, 116:107.

[35] HALPERN I. Nuclear Fission [J]. Ann. Rev. Nucl. Sci., 1959, 9:245.

[36] VANDENBOSCH R, WARHANEK H, HUIZENGA J R. Fission fragment anisotropy and pairing effects on nuclear structure [J]. Phys. Rev., 1961, 124: 846.

[37] CHAUDHRY R, VANDENBOSCH R, HUIZENGA J R. Fission fragment angular distributions and saddle deformations [J]. Phys. Rev., 1962, 126:220.

[38] VIOLA V E, THOMAS T D, SEABORG G T. Angular distribution of fragments fromssion induced by heavy ions in gold and bismuth [J]. Phys. Rev., 1963, 129: 2710.

[39] HUIZENGA J R, BEHKAMI A N, MORETTO L G. Note on interpretation of fission-fragment angular distributions at moderate excitation energies [J]. Phys. Rev., 1969, 177:1826.

[40] BACK B B, BETTS R R, GINDLER J E, et al. Angular distributions in heavy-ion-induced fission [J]. Phys. Rev. C, 1985, 32:195.

[41] HEUSCH B, VOLANT C, FREIESLEBEN H, et al. The reaction mechanism in the system $^{132}Xe + ^{56}Fe$ at 5.73 MeV/u: evidence for a new type of strongly damped collisions [J]. Z. Phys. A, 1978, 288:391.

[42] LEBRUN C, HANAPPE F, LECOLLEY J F, et al. Influence of angular momentum on the

mass distribution width of heavy ion induced fission: what is the frontier between fission and quasi-fission? [J]. Nucl. Phys. A, 1979, 321:207.

[43] BORDERIE B, BERLANGER M, GARDÈS D, et al. A possible mechanism in heavy ion induced reactions: "fast fission process" [J]. Z. Phys. A, 1980, 299: 263.

[44] GRÉGOIRE C, LUCAS R, NGÔ C, et al. Fast fission phenomena: a possible intermediate time scale between deep inelastic reactions and compound nucleus formation [J]. Nucl. Phys. A, 1981, 361:443.

[45] GRÉGOIRE C, NGÔ C, REMAUD B. Three dissipative regimes in heavy ion reactions-a macroscopic dynamical model [J]. Phys. Lett. B, 1981, 99: 17.

[46] BACK B B, CLERC H G, BETTS R R, et al. Observation of anisotropy in the fission decay of nuclei with vanishing fission barrier [J]. Phys. Rev. Lett., 1981, 46: 1068.

[47] ZHENG Z, BORDERIE B, GARDES D, et al. Further experimental evidence for fast fission [J]. Nucl. Phys. A, 1985, 422: 447.

[48] BACK B B, BETTS R R, CASSIDY K, et al. Experimental signatures of quasifission reactions [J]. Phys. Rev. Lett., 1983, 50:818.

[49] TŌKE J, BOCK R, DAI G X, et al. Quasi-fission—the mass-drift mode in heavy-ion reactions [J]. Nucl. Phys. A, 1985, 440:327.

[50] SIERK A J, KOONIN S E, NIX J R. Modified one-body nuclear dissipation [J]. Phys. Rev. C, 1978, 17:646.

[51] WOLSCHIN G, NÖRENBERG W. Analysis of relaxation phenomena in heavy-ion collisions [J]. Z. Phys. A, 1978, 284: 209.

[52] RIEDEL C, WOLSCHIN G, NÖRENBERG W. Relaxation times in dissipative heavy-ion collisions [J]. Z. Phys. A, 1979, 290: 47.

[53] SHEN W Q, ALBINSKI J, GOBBI A, et al. Fission and quasifission in U-induced reactions [J]. Phys. Rev. C, 1987, 36:115.

[54] BOND P D. Fission-fragment angular distributions [J]. Phys. Rev. Lett, 1984, 52: 414.

[55] ERICSON T. The statistical model and nuclear level densities [J]. Adv. Phys., 1960, 9: 425.

[56] ROSSNER H H, HUIZENGA J R, SCHRÖDER W U. Statistical scission model of fission-fragment angular distributions [J]. Phys. Rev. Lett., 1984, 53: 38.

[57] RAMAMURTHY V S, KAPOOR S S. Interpretation of fission-fragment angular distributions in heavy-ion fusion reactions [J]. Phys. Rev. Lett., 1985, 54:178.

[58] THOMAS K, DAVIES R, SIERK ARNOLD J. Conditional saddle-point configurations [J]. Phys. Rev. C, 1985, 31:915.

[59] BUSINARO U L, GALLONE S. On the interpretation of fission asymmetry according to the

liquid drop nuclear model [J]. Il Nuovo Cimento, 1955, 1: 629.

[60] BUSSINARO U L, GALLONE S. Saddle shapes, threshold energies and fission asymmetry on the liquid drop model [J]. Il Nuovo Cimento, 1955, 1: 1277.

[61] BUSINARO U L, GALLONE S. Asymmetric equilibrium shapes in the liquid drop model [J]. Il Nuovo Cimento, 1957, 5: 315.

[62] SAXENA A, CHATTERJEE A, CHOUDHURY R K, et al. Entrance channel effects in the fusion-fission time scales from studies of prescission neutron multiplicities [J]. Phys. Rev. C, 1994 49: 932.

[63] RAMAMURTHY V S, KAOOR S S, CHOUDHURY R K, et al. Entrance-channel dependence of fission-fragment anisotropies: a direct experimental signature of fission before equilibration [J]. Phys. Rev. Lett., 1990, 65:25.

[64] VANDENBOSCH R, MURAKAMI T, SAHM C C, et al. Anomalously broad spin distributions in sub-barrier fusion reactions [J]. Phys. Rev. Lett, 1986, 56: 1234.

[65] ZHANG H Q, XU J C, LIU Z H, et al. Anomalous anisotropies of fission fragment angular distributions in sub-barrier fusion-fission reaction [J]. Phys. Lett.. B, 1989, 218: 133.

[66] ZHANG H Q, LIU Z H, XU J C, et al. Anomalous anisotropy of fission fragments in near- and sub-barrier complete fusion-fission reactions of $^{16}O + ^{232}Th$, $^{19}F + ^{232}Th$, and $^{16}O + ^{238}U$ [J]. Phys. Rev. C, 1994, 49:926.

[67] KAILAS S. Heavy-ion induced fission at near-barrier energies [J]. Phys. Rep., 1997, 284: 381.

[68] LIU Z H, ZHANG H Q, XU J C, et al. Preequilibrium fission for low angular momentum [J]. Phys. Lett. B, 1995, 353: 173.

[69] HINDE D J, DASGUPTA M, LEIGH J R, et al. Fusion-fission versus quasifission: effect of nuclear orientation [J]. Phys. Rev. Lett., 1995, 74: 1295.

[70] XU F R, ZHAO E G, WYSS R, et al. Enhanced stability of superheavy nuclei due to high-spin isomerism [J]. Phys. Rev. Lett., 2004, 92:252501.